TEGAOYA B. ..QI JUEYUAN YU XIANCHANG YUNWEI JISHU

特高压变压器绝缘
与现场运维技术

徐攀腾　主编

中国电力出版社

CHINA ELECTRIC POWER PRESS

内 容 提 要

本书共分 10 章，主要针对特高压变压器绝缘理论及应用、现场运维的先进技术和运维技术体系进行详细介绍。本书内容包括特高压直流输电与换流变压器、换流变压器绝缘结构、特高压变压器油纸绝缘局部放电特性、特高压变压器绝缘老化特性、特高压变压器的振动与噪声、特高压变压器试验、特高压变压器的运维技术、特高压变压器运维技术体系、特高压变压器状态评价与运维案例。

本书适合特高压变电站电气设备运维技术管理人员、特高压变压器生产制造企业技术人员、电力工程设计技术人员、高校教师和研究生等从事相关技术研究工作人员阅读参考。

图书在版编目（CIP）数据

特高压变压器绝缘与现场运维技术/徐攀腾主编 . —北京：中国电力出版社，2023.6（2024.11重印）
ISBN 978－7－5198－7182－6

Ⅰ.①特… Ⅱ.①徐… Ⅲ.①电力变压器－绝缘－结构 ②电力变压器－运行－管理 ③电力变压器－检修－管理 Ⅳ.①TM41

中国国家版本馆 CIP 数据核字（2023）第 045873 号

出版发行：中国电力出版社
地　　　址：北京市东城区北京站西街 19 号（邮政编码 100005）
网　　　址：http://www.cepp.sgcc.com.cn
责任编辑：牛梦洁
责任校对：黄　蓓　常燕昆
装帧设计：赵丽媛
责任印制：吴　迪

印　　　刷：北京天宇星印刷厂
版　　　次：2023 年 6 月第一版
印　　　次：2024 年 11 月北京第二次印刷
开　　　本：787 毫米×1092 毫米　16 开本
印　　　张：17.75
字　　　数：428 千字
定　　　价：69.00 元

编 委 会

前　言

　　特高压输电是世界上最先进的输电技术，具有输送容量大、距离远、效率高和损耗低等优越性，是我国能源战略安全与"双碳"目标早日实现的必然选择。截至2021年年底，中国南方电网有限责任公司超高压输电公司已建成"八交十直"共18条西电东送大通道，以及两回500kV海南联网输电线路，其中包括±800kV乌东德电站送电广东广西特高压多端直流示范工程、±800kV滇西北送电广东特高压直流输电工程、±800kV糯扎渡送电广东特高压直流输电工程、±800kV云南送电广东特高压直流示范工程、±500kV云贵互联通道工程、±500kV溪洛渡送电广东同塔双回直流输电工程等，运维500kV及以上线路长度23 711km，其中800kV线路6195km、海底电缆7×30.5km，通道设计送电能力5660万kW。2020年12月，乌东德电站送电广东广西特高压多端直流示范工程（昆柳龙直流工程）正式投产送电，工程创造了19项电力技术的世界第一。昆柳龙直流工程采用更加经济、运行更为灵活的多端直流系统，将云南水电分送广东、广西，送端的云南昆北换流站采用特高压常规直流，受端的广西柳北换流站、广东龙门换流站采用特高压柔性直流。然而目前同特高压电网建设速度不一致的是特高压电网装备，尤其是特高压变压器的运维技术水平发展较为缓慢，亟待提高先进运维技术手段，对特高压变压器的运维技术体系研究也迫在眉睫。

　　特高压变压器是超高压直流输电工程中至关重要的关键设备，是交、直流输电系统中的整流、逆变两端接口的核心设备。它的投入和安全运行是工程取得发电效益的关键和重要保证。特高压变压器的关键作用，要求其具有高可靠性和高技术性能。因为有交、直流电场、磁场的共同作用，温度场、强电场和电磁振动的多因子耦合作用，所以特高压变压器的结构特殊、复杂，关键技术难，运维技术要求严格。开展特高压变压器设计制造关键技术的研究、攻克和制造条件改造工作，不断提高试验、运维手段，将有利于全面掌握特高压变压器的设计、制造和运行维护技术，填补国内空白，为特高压交、直流输变电设备的发展打下基础，做好关键特高压输变电装备全寿命周期管理运维技术体系应用推广，切实保障我国特高压电网安全。

本书在参照当前国内外特高压变压器重要理论研究成果基础上，在国内首次提出了特高压变压器完整的运维技术体系：特高压变压器运维技术标准、特高压变压器运维工作标准、特高压变压器运维作业标准、特高压变压器运维评价标准。同时，本书对特高压变压器油纸绝缘的局放特性、高压变压器油纸绝缘的油流带电特性、高压变压器油纸绝缘的击穿特性、高压变压器油纸绝缘的老化特性首次进行了全面的梳理总结，为工程技术人员提供有针对性的理论参考。本书中除了专门针对换流变压器的内容，均使用"特高压变压器"，适用于交直流特高压变压器。

本书共分10章：第1章简要介绍了特高压输电技术发展和代表性特高压直流输电工程，第2章介绍了特高压直流输电系统组成与换流变压器结构运行特点，第3章介绍了换流变压器绕组绝缘结构、出线套管绝缘等，第4章介绍了特高压变压器油纸绝缘局部放电特性、油流带电特性和油纸绝缘击穿特性，第5章介绍了特高压变压器绝缘老化特性和老化特征量变化规律，第6章介绍了特高压变压器的振动分析与噪声计算及降噪措施，第7章介绍了特高压变压器的试验，包括例行试验、型式试验和交接试验等，第8章系统介绍了包括状态检修、现场更换、现场干燥的基于全寿命周期管理的特高压变压器运维技术，第9章全面介绍了特高压变压器运维技术体系，第10章介绍了特高压变压器运维技术体系的应用实例与应用效果。

本书内容既有特高压变压器绝缘的理论基础，又密切结合特高压变压器实际运维工作，可供电力运维技术管理和专业技术人员、电力变压器生产制造企业技术人员、高校教师和研究生等技术研究人员参考。

本书在编写过程中，得到了中国南方电网有限责任公司超高压输电公司（简称南方电网超高压公司）许多专家和领导的大力支持，中国南方电网有限责任公司超高压输电公司广州局提供了大量的帮助。在此谨对所有支持和参与本书编写、出版的编委会各位专家与领导表示衷心的感谢。

由于本书涉及内容广泛，限于编者水平，加之时间仓促，书中难免存在不妥之处，敬请广大读者不吝批评指正。

编　者
2022 年 06 月

目 录

第1章

绪　　论

1.1　特高压输电的发展

1.1.1　输电电压等级的发展

我国是能源大国，但能源分布非常不均。改革开放以来，随着国家经济长期稳定快速增长，工业用电、农业用电、商业用电及居民用电不断地增加，电力工业作为关系国家经济命脉的基础产业，更是发展到了前所未有的高度。但这也对电力行业提出了挑战，随着用电量的不断增加，交流输电电压等级不断地提高，对电力传输系统中的电力设备的容量的要求也越来越高。随着设备容量的增大及电压等级的提高，系统的稳定性、输电损耗等问题也日益凸显，并带来许多环境问题。为了降低输电损耗、提高电网运行的稳定性，我国开始逐步采用直流输电系统进行电力的传输，高电压直流输电技术由于其所具备的优势，如不产生低频振荡、不增加短路容量、不存在稳定性制约、可方便地调节潮流等，越来越受到电力行业的青睐，特别是在远距离电网联络、跨海输电及大容量输电等情况时，高压直流输电的优越性越来越明显。但是由于其所要求的技术条件较高，直流输电的发展较为缓慢。

1888年，在伦敦泰晤士河畔，由费朗蒂设计的大型交流电站开始输电。它采用铜心电缆将10kV单相交流电送往相距10km外的市区变电站，在市区变电站内首先将10kV降为2500V，并分送到各街区的二级变压器，之后再降为100V供用户照明用。1889年，多利沃·多布罗沃斯基又率先研制出功率为100W的三相交流发电机，并在德国、美国得到推广应用。随后，三相高压交流输电方式在全世界范围内得到迅速推广。由于交流输电可以采用变压器比较方便地提高输电电压，实现更远距离、更大容量的输电，这样交流输电就越来越显现出其明显的经济技术优势，并得到持续迅猛的发展，它逐渐变得普遍起来并替代了最初的直流输电，最终成为在电能传输领域占据绝对主导地位的输电方式。科学家自1888年开始采用10kV的交流输电方式，至1898年就借助交流变压器将输电电压提升至33kV。到1907年、1923年则将输电电压分别提升至高压110kV和230kV，到了1952年、1959年和1965年则又将输电电压分别提升至超高压380、500kV和735kV，到1985年苏联更是将输电电压提升至特高压1150kV。中国自1981年第一条平顶山—武汉500kV超高压交流输电线路投运，500kV超高压电网逐步普及。

1890 年交流输电方式开始应用后，直流输电在超过半个多世纪的时间内几乎停止了发展，直到 1954 年采取汞弧阀换流方式的直流海缆输电系统瑞典哥特兰岛（Gotland）直流输电工程投运。但由于汞弧阀换流方式的可靠性较差，它并没能有效地推动直流输电方式向前发展。20 世纪 70 年代以后，随着电力电子和微电子技术的迅速发展，出现了高压大功率晶闸管新器件，由于晶闸管换流阀没有逆弧故障，而且制造、试验、运行、维护和检修都比汞弧阀简单、方便，它有效地改善了直流输电的运行性能和可靠性，迅速在直流输电工程中得到良好应用，大大促进了直流输电技术的发展。1970 年，瑞典首先在原有哥特兰岛直流输电工程基础上，扩建了直流电压为 50kV、输送功率为 10MW 的晶闸管换流阀试验工程。2003 年，全世界共建设和投运晶闸管换流阀工程 65 个，其中有相当一部分是输电电压±500、±600kV 的重要长距离、超高压直流输电项目，还有少量的多端直流输电项目。目前，世界上已投入运行的最高直流电压等级是±1100kV。

我国直流输电技术在 20 世纪 80 年代得到发展，建成了我国自行研制的舟山直流输电工程（±100kV，100MW，55km）和代表当时世界先进水平的葛洲坝—上海（简称葛上）±500kV 直流输电工程。20 世纪 90 年代，开始建设天广（天生桥—广州）直流输电工程和三常（三峡—常州）直流输电工程，天广直流输电工程于 2000 年 12 月单极投产，2001 年 6 月双极投产；三常直流输电工程于 2003 年 5 月投入运行。2001 年开工建设三峡—广东（简称三广）直流输电工程和贵州—广东（简称贵广）直流输电工程。三广直流输电工程于 2004 年 6 月正式投产，贵广直流输电工程于 2004 年 9 月双极投产。同年，我国第一个背靠背直流工程，同时又是一个直流设备国产化示范工程—灵宝背靠背直流工程顺利建成，标志着中国已经逐渐成为世界上运行直流工程数量最多、容量最大、线路最长的直流输电大国。截至 2021 年 6 月 21 日，雅中—江西±800kV 特高压直流输电工程正式投运，该工程是国家电网有限公司服务"西电东送"能源战略、保障西部水电消纳、满足中东部地区绿色发展需求的重大输电项目。

目前，"西电东送、南北互供、全国联网"是电力发展的总趋势。电网互联，采用直流"背靠背"方式，有利于电网稳定性的提高。随着全国联网步伐的加快，作为大区互联的西北—华中、华北—华中、东北—华北等直流"背靠背"工程，也逐步进入实施阶段。

输电技术的发展，基本目的是提高输送容量和减少线路损耗。提高输电电压是提高输送容量的有效方法，同时也是降低线损的有效方式。因此，输电技术的全部发展史几乎就是不断地提高输电等级，从而使输送功率不断加大、输送距离不断加长的过程。对于输电等级的划分，有多种不同的规定方法。对于交流输电来说，结合实际科研和应用，目前通常这样来划分电压等级：110、220kV 的电压等级称为高压；330、500、750kV 称为超高压，1000kV 及以上的电压等级称为特高压。对于直流输电则情况有所不同，按美国国家标准，±100kV 以上的电压等级称为高压，±500kV 和±600kV 称为超高压，超过±600kV 的电压等级称为特高压；中国一般认为±800kV 及以上电压等级称为特高压，表 1-1 为交流输电电压等级的发展。

新的输电电压等级的出现取决于诸多因素。首先是长距离、大容量输送方式的需求，其次是输电技术水平、经济效益和环境影响等方面的考虑。发展一个新的电压等级需要完成选择电压值、确定绝缘水平、研制设备和建设试验线路等多项工作，使其能与原有电压等级相配合，并适应未来 20 年或更长时间。

2

表 1-1		交流输电电压等级的发展	
年份	电压/kV	国家	电压等级
1890	10	英国	中压
1898	33	美国	
1906	110	美国	高压
1923	220	美国	
1937	287	美国	超高压
1952	380	瑞典	
1959	500	苏联	
1965	735	加拿大	
1985	1150	苏联	特高压

　　根据中国产能布局和电网发展特点，未来中国直流输电的规模将远远超过其他国家。如果仍然按照每个工程确定一个特定的额定电压，必然造成研发和工程建设投资的巨大浪费，为了提高效率，节约成本，实现设备的通用化，就需要形成直流输电系统电压等级序列。

　　新的电压等级不能选得太低，否则会造成电磁环网多、潮流控制困难、电网损耗大等问题；也不能选得太高，否则传输能力得不到充分利用。目前 154kV-345kV-765kV-1500kV 级和 110kV-220kV-500kV-1000kV 级是国际上公认的两个比较合理的电压等级。从中国电网结构的现状来看，除西北为 330kV 网架外，其余如东北、华北、华东、南方等均为 500kV 网架。中国建设特高压电网是在华北、华中和华东建成坚强的交流特高压网架，并逐步向周边区域延伸，共同形成覆盖基地和负荷中心的特高压电网。由于西北地区已形成 330kV 和 750kV 超高压电网，采用 330kV 和 750kV 交流输电已经能满足要求，因此在目前的规划中，中国的西北地区不需建设特高压交流输电线路，但它可以通过规划建设特高压直流线路与全国联网。所以，中国的特高压输电电压等级选为 1000kV，即主网架按照 110kV-220kV-500kV-1000kV 级电压等级系列发展是合适的。

　　从经济和环境等角度考虑，输送距离在 1000~3000km 时，高于 ±600kV 的直流输电是优选的输电方式；±800kV 直流输电系统的设计、建设和运行技术难度相对较小，在中国已经成功建设并投入正常运行。基于目前的技术及可预见的发展，±1000kV 直流输电系统在理论上是可行的，但在实践过程中还必须经过大量的研究、开发工作；发展 ±1200kV 及以上电压等级直流输电系统尚需要在技术上有较大的突破性进展。

　　建设 ±800kV 级直流特高压工程可以实现大容量远距离的电力输送，减轻煤电运输和环保压力，同时显著降低工程造价、减少占用土地资源和降低网损。因此中国直流特高压输电的额定电压为 ±800kV，在技术和经济上看是合理的。随着输电需求和输电距离的不断增加，±1000kV、±1100kV 直流输电技术不断成熟，从原理和结构上而言，与 ±500kV 直流输电类似，但由于承受的直流电压更高，因此对其内、外绝缘的要求更严格。

1.1.2　特高压输电的重要作用

　　随着近几年来中国对特高压直流输电工程的论证和特高压能源输送战略的实施，国内电力公司、大型变压器制造厂家和科研院所也着手开展特高压换流变压器的研究。这些研究内容主要集中于换流变压器内部绝缘结构设计、换流变压器内电场分布分析、换流变压器试验方法、直流电压作用下油纸绝缘局部放电特性、换流变压器的谐波损耗与发热、换流变压器噪声及抑制等方面。

为实现中国能源优化配置，增加电力系统长期稳定性，更好地服务经济社会的大规模发展，国家实行了一系列的发展战略。"十三五"期间，以"西电东送""一带一路"倡议为契机，国家提出了"西电东送、南北互供、全国联网"的政策。凭借中国西部资源丰富的优势，建立特大型能源基地，依托山西、陕北、宁东、蒙西、锡盟、呼盟、哈密等水、火电基地，建设多条交直流特高压输电线路及与之配套的大规模电网，将电能输送至经济发展迅速、用电量大的东南沿海地区，传输距离将扩展至约2000km，预计投运的直流输电工程将超过30个，初步估算需换流变压器1000余台，价值600亿元以上，为行业发展提供了广阔的市场空间。直流输电系统有以下几点优势：

（1）稳定性能优越。在交流输电系统中，由于受发电机功角特性的限制，所有连接在电力系统的同步发电机必须保持同步运行以维持系统的稳定。如果采用直流线路连接两个交流系统，直流输电没有相位和功角问题，所以不存在上述的稳定问题，因此直流输电也不受输电距离的限制。

（2）有效限制短路容量。如果用交流输电线连接两个交流系统，短路容量将增大，甚至需要更换断路器或增设限流装置。用直流输电线路连接两个交流系统，直流系统的"定电流控制"将快速把短路电流限制在额定值附近，短路容量不因互联而增大。

（3）调度、控制性能极为优越。直流输电采用电子换流装置，具有快速调节响应的特点。直流传输功率在20~30ms就能跟随功率指令而发生阶跃变化。因此，利用直流输电线路的这一特点，快速调整交流系统的潮流分布，并参与对交流网络的功率调制，对提高交流系统运行可靠性、灵活性，改善电网质量和限制系统故障等方面，都起到积极的作用。

（4）对于长距离大容量输电，经济性显著。在电压等级相同、输送容量相等时，当输电距离超过一定的距离（一般认为架空线路超过600km，电缆线路超过60km）时，直流输电比交流输电经济。随着高电压大容量晶闸管及控制保护技术的发展，换流设备造价逐渐降低，直流输电的经济优势将更为明显；同时，由于直流输电的功率损耗比交流输电小得多，所以其运行费用也低很多。

（5）节约走廊，节省占地，有利于可持续发展。直流输电采用双极运行时只需要架设两根导线，而交流输电则需要3根导线。

（6）抗故障能力强。发生故障后直流输电系统响应快、恢复时间短，不受稳定制约，可多次再启动和降压运行来创造消除故障恢复正常运行条件。

（7）电容充电电流小。直流线路虽然也存在对地电容，但由于其电压波形纹波较小，所以稳态时电容电流很小，沿线电压分布平稳，没有电压异常升高的现象，也不需要并联电抗补偿。

1.2 我国特高压输电工程建设

1.2.1 特高压交流工程

特高压交流输电是指1000kV及以上的交流输电，是目前世界上电压等级最高的输电。

我国发展特高压交流输电技术，既面临高电压、强电流的电磁与绝缘技术世界级挑战，又面临重污秽、高海拔的严酷自然环境影响，而国际上没有成熟适用的技术和成套设备，创新难度极大。

加快特高压工程建设，可有力拉动上下游企业发展，以乘数效应带动经济增长。中国的特高压交流工程采用中国自主研发、国际领先的特高压输电技术，在本质安全可靠、核心技术装备全自主可控、智能化机械化施工与绿色建造方面迈上了新台阶。

目前国家电网有限公司已累计建成 29 项特高压工程，预计到 2030 年，跨区跨省输电能力将由目前的 2.4 亿 kW 提高到 3.7 亿 kW 以上。

1.2.2　特高压直流输电

特高压直流输电主要设备及作用如下。

（1）换流装置：主体是可控的汞弧阀或晶闸管阀（可控硅阀），其作用为把交流电变换成直流电或反之。汞弧阀在运行中易产生逆弧，温度控制与运行维护都比较复杂，近年来大多采用晶闸管阀。

（2）换流变压器：向换流装置提供交流功率或从换流器接受功率的变压器。换流变压器与普通电力变压器基本相同，但要求具有足够大的漏抗以限制短路电流，防止损坏阀体。但漏抗太大将引起功率因数过低，因此换流变压器最好能带负荷调压，并具有第三绕组以提供一个适当的电压等级连接无功耗补偿和滤波设备。

换流变压器的位置通常在换流桥与交流系统之间，因此它关系着整个输电系统的可靠性和利用率。由于工况的特殊性，换流变压器阀侧绕组的激励电压类型与普通电力变压器有很大差别，除承受交流电压、雷电冲击和操作过电压外，还受直流、交直流叠加和极性反转等电压的作用。因此换流变压器内部的电场分布较为复杂，相应的绝缘问题就成为了重点和难点。最突出的是换流变压器中阀绕组与网绕组之间的主绝缘问题和高压套管的内部绝缘问题。换流变压器与电力变压器的比较分析直流输电具有交流输电网络所不具有的优势：

① 背靠背换流站所连接的两侧交流电网相对独立，可控制性较强，可以相互提供紧急功率潮流的支援。

② 两侧所连接的交流输电网络系统发电机可以异步，电源相位允许不同，甚至频率也可以不同。如在我国的西北电网采用的 345kV 与华中电网额定电压为 535kV 通过背靠背换流站联网。再如频率分别为 50Hz 和 60Hz 的两个交流系统也可以通过直流背靠背联网。

③ 所连接的两侧交流电网系统中的一侧电网中发生短路等故障不会波及另一侧，不会造成事故扩大和大面积停电事故。

（3）平波电抗器：串联在换流装置和线路之间，抑制直流过电流的上升速度，并用于直流线路的滤波，同时对于沿直流线路向换流站入侵的过电压也将起缓冲的作用。

（4）滤波器：主要作用是对交流侧和直流侧进行滤波。交流滤波器装于交流侧，直流滤波器装于直流侧。交流滤波器除了对交流侧进行滤波外，还可为换流站提供一部分无功功率。

（5）无功补偿装置：换流器在运行时需要消耗无功功率，除了滤波器提供部分无功外，其余则由安装在换流站内的无功补偿装置（包括电力电容器、同步调相机和静止补偿器）提供。逆变站的无功补偿装置，一般还应供给部分受端交流系统负载所需要的无功功率。

（6）直流避雷器：它是直流输电系统绝缘配合的基础，其保护水平决定设备的绝缘水平。

图 1-1 为高压直流系统的简化示意图，表示了从一个交流系统或节点传递电能到另一个的基本原理。该系统由两个换流站和直流线路组成。图 1-2 为典型单极直流系统换流站的单线图，这个直流系统配置通常用于长的海底电缆传输。特高压直流系统的换流变压器在交流和直流侧都会产生谐波电压和谐波电流，不利于电网系统的稳定控制。同时，对国内现有 ±500kV 直流工程故障原因的分析表明，由直流控制和保护导致的系统强迫停运的概率较高，特高压直流系统的二次设备运行控制更加复杂，系统的故障率可能更高。整体上，特高压直流输电系统的可靠性不如特高压交流输电系统。

图 1-1　高压直流系统的简化示意图

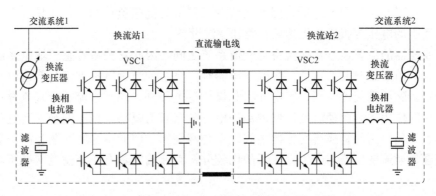

图 1-2　典型单极直流系统的换流站的单线图

结合现有的常规高压直流输电运行经验，尽量采用使其各自独立、拆解相互之间的技术措施可以大幅提高特高压直流输电系统的设计以及制造和运行维护水平，避免一些典型故障在特高压直流输电系统中频繁发生，具体为：

（1）在换流站系统方面，对于交流馈电间隔、阀厅、交直流电源系统、冷却空调系统等，要尽量彼此独立，设计各自高度独立的控制系统等，提高输电工程的可靠性。另外，采用换流器旁通开关，使每一换流器单独启动、停运、退出检修时不影响其他换流器的运行，从而降低单极停运的概率。

（2）在系统设计方面，为提高双极系统运行的可靠性，应尽可能使双极独立，杜绝一极故障、停运或检修失误导致另一极停运的可能性。

特高压直流输电方式用于大容量输电时也可能出现稳定问题。由于特高压直流输电线路的输电容量很大，当该线路上的输电容量相对于受端系统容量占有一个较大的比率时，若该线路失电，将会对送受端电网的安全稳定产生严重影响。实际上，一条大容量特高压直流线路对送受端电网交流系统稳定性的影响可以用失去一个大负荷和失去一个大电荷来模拟。

特高压直流输电的稳定性能直接与受端电网电气强弱有关。当多条特高压直流输电线路的受端落点电气距离很近，形成多馈入直流输电系统的时候，由于直流逆变站很容易受端电压波动发生换相失败，进而会引起多个逆变站同时或相继发生换相失败，甚至导致直流功率传输的中断，给整个多馈入直流输电系统带来巨大冲击。研究表明，在特高压直流多馈入的受端电网，多条直流同时与交流系统相互作用，系统暂态、动态的功角和电压稳定问题可能非常严重，应该引起高度重视。日前南方电网有多条超高压±500kV直流线路落点于广东电网，再考虑±800kV特高压直流输电线路的建设，南方电网将成为世界上拥有最大多反馈直流输电系统的电网之一。对于反馈直流输电系统，交流系统或直流系统的故障都有可能成为引发系统不稳定的因素，甚至可能导致整个系统的崩溃。因此，考虑到交直流系统之间存在复杂的相互作用，必须采取相应的针对性措施以保证多馈入直流输电系统安全稳定。

1.3 全球能源互联网中的特高压

1.3.1 全球能源互联网规划的骨干网架

全球能源互联网（Global Energy Interconnection，GEI）是以特高压电网为骨干网架，以输送清洁能源为主导，全球互联的智能电网。全球能源互联网由跨洲、跨国骨干网架和涵盖各电压等级输、配电网的国家（地区）级智能电网构成，能够连接"一极一道"和大型能源基地，将水能、风能、太阳能、海洋能、地热能等清洁能源输送到各类用户，是服务范围广、配置能力强、安全可靠性高、绿色低碳的全球能源配置平台。

基于已有区域互联电网骨干网架规划，结合电网新技术发展趋势，全球能源互联网骨干网架指以特/超高压输电、柔性直流输电和海底电缆等先进技术为支撑，联接大型清洁能源基地和主要电力消费中心，实现多能源跨区外送、跨时区互补、跨季节互济、全球配置的战略通道，是跨越五大洲、联接四大洋、横贯东西、纵穿南北、覆盖全球的能源电力配置平台。

全球能源互联网骨干网架规划目标是将大规模远距离输送性价比更高的清洁能源至负荷中心，提升清洁能源开发效率，加速供给侧和消费侧电气化进程。规划流程如图1-3所示。

资源紧缺、环境污染、气候变化、无电人口是当前全球能源发展面临的四大挑战。应对挑战的出路是转变能源发展方式，加快实施清洁替代和电能替代，构建清洁高效的全球能源配置平台，即全球能源互联网。

构建全球能源互联网，是一项史无前例、错综复杂的系统工程，对能源电力互联、互通、互信、互操作有着更高的要求，需要开展跨国界、跨领域、跨专业的合作。因此，迫切需要构建全球能源互联网标准体系，消除国际合作中的技术壁垒、促进技术进步、加强国际经济技术交流与合作。

全球能源互联网标准体系，是落实全球能源互联网发展总体战略的重要内容，是指导

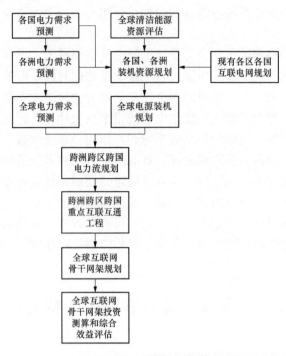

图 1-3　全球能源互联网骨干网架规划流程图

全球能源互联网相关标准研究和制订的战略性、纲领性文件，对促进全球能源互联网相关技术研发、装备制造、工程建设、运行管理以及商业应用有着深远而重要的意义。这里采用国际通用的标准研究系统方法论，借鉴国际标准组织提出的参考架构、概念模型等方法，吸取世界各国在特高压及新型输电、智能电网、清洁能源等方面的研究成果和实践经验，研究提出了全球能源互联网标准体系的顶层设计。

密切结合全球能源互联网总体发展目标和骨干网架建设需要，并遵循系统性、继承性、开放性的原则：

（1）系统性。构建全球能源互联网是一项规模大、复杂程度高的系统工程，须经过集成优化和互联整合的过程。集成优化是指各国、各区域电网向更加智能的方向改造升级；互联整合是指跨国、洲际电网的普遍互联以及大型清洁能源基地的广泛接入。相比较而言，互联整合过程更为复杂，不仅涉及电网、二次设备的互联互通，还涉及运行控制、市场交易、信息共享等方面的整合，需要以系统性视角，从多个不同维度综合考虑、各种组成要素，进而打造一个协调、完整的全球能源互联网技术标准体系。

（2）继承性。全球能源互联网建设涵盖智能电网、特高压及新型输电、清洁能源、电网互联等，而上述领域目前已有大量理论研究成果和工程实践基础。建设全球能源互联网，需结合发展愿景，对现有电力基础设施进行升级改造与互联整合。全球能源互联网技术标准体系应与之相适应，在继承和完善已有相关技术标准的基础上，固化新技术、新装备、新方向的研究成果，制定新的标准。

（3）开放性。随着全球能源互联网建设的深入，全球能源互联网在规划设计、设备材料、工程建设、安全环保、运行维护等技术领域将面临许多创新需求，需要坚持"标准先行"的工作思路，持续制订或修订相关技术标准。因此，其标准体系应是开放、包容、可扩展的。

因为变压器的增多,大幅增加了换流站成套设计、设备制造、运输安装、场站布置、工程建设、系统试验、施工验收和运行维护的难度。亟需在新材料、新技术上取得突破,以支撑特高压直流输电技术发展。

跨国直流互联工程对其控制保护系统的保护策略、协调配合、站间通信等技术提出了更高要求;可听噪声、无线电干扰、地面场强等环境参数控制难度增加;对交直流交互影响方面提出新要求。

跨海直流输电对大容量、远距离直流电缆制造、铺设和运维等提出了更高要求。在以上技术需求的推动下,特高压直流输电工程技术相关标准制定工作显得尤其重要。一方面要发挥标准的"技术引领"作用,另一方面可以规范指导相关技术进步,避免重复劳动。

工程建设方面,目前世界范围内投运和在建设的特高压交、直流输电工程已达数十条,从提高电网安全可靠性、提升特高压输电容量和距离等角度出发,需要在设计和建设方面开展特高压输电技术的标准制订工作;产业发展方面,从提升交直流输变电装备抵御极热极寒、高海拔等极端环境条件的能力等角度出发,需要研制更高效、更稳定的设备并制订相关技术标准。在已发布标准基础上,特高压输电领域重点开展的技术标准系列和具体标准内容包括特高压交流变电站与线路设备、特高压交流输电系统设计类标准等。

全球能源互联网骨干网架是实现各洲各国电网互联互通,清洁能源大规模开发、全球配置、互补互济、高效利用的战略通道,是建设全球能源互联网的核心任务。立足全球能源发展现状,从分析能源问题、应对能源挑战出发,提出世界能源转型思路,重点研究全球经济社会、能源电力发展趋势,清洁能源资源禀赋、开发方式和电力流格局,在各洲能源互联网规划基础上,提出了全球能源互联网骨干网架方案和跨洲跨区跨国联网重点工程,并系统分析了全球能源互联网的综合价值和效益。研究成果旨在为促进清洁能源大规模开发、全球配置和高效利用,实现世界经济、社会、环境可持续发展提供解决方案。

基于资源禀赋、能源电力需求和气候环境治理需要,在构建各国骨干网架和跨国联网基础上,未来,全球形成"九横九纵"能源互联网骨干网架,广泛互联大型清洁能源基地与负荷中心,实现清洁能源全球配置,跨时区、跨季节大规模互济。"九横九纵"骨干网架包括亚欧非"四横六纵"互联通道、美洲"四横三纵"和北极的互联通道。2035年,建成"五横五纵"互联通道,亚洲—欧洲—非洲率先实现跨州联网,全球跨洲跨区电力流2.8亿kW。"五横五纵"骨干网架包括亚欧非"两横四纵"互联通道和美洲"三横一纵"互联通道。2050年,建成"七横七纵"互联通道,建成全球互联网骨干网架,形成清洁能源全球开发,配置和使用新格局,承载跨洲跨区电力流7.2亿kW。"七横七纵"骨干网架包括亚欧非"四横六纵"互联通道和美洲"三横一纵"互联通道。2050年以后,加快推进建设北极能源互联通道,促进北极清洁能源基地开发,使之成为能源接续基地。考虑各国能源互联网建设及电源、电网造价水平地区差异性,经测算2021~2050年,全球能源总投资约38万亿美元,其中电源投资约27万亿,电网投资约11万亿美元,见表1-2。

表 1-2　　　　　　　　全球能源互联网骨干骨架投资规模　　　　单位：km、万 kW、亿美元

骨干通道	2018~2035 年			2035~2050 年		
	距离	容量	投资	距离	容量	投资
亚欧	30974	12250	770	45784	22500	971
亚欧非	15160	7000	385	36540	10800	873
美洲	22200	9000	464	26400	10200	472
合计	68334	28250	1619	108724	43500	2317

至 2035 年，建成"五横五纵"互联网通道，新增输电线路 6.8 万 km、输电容量 2.8 亿 kW，跨海输电容量 9150 万 kW，亚洲—欧洲—非洲实现跨洲联网。2050 年，建成"七横七纵"互联网通道，新增输电线路 10.9 万 km、输电容量 4.35 亿 kW，其中海缆 4190 km、跨海输电容量 1.12 亿 kW，形成全球能源互联网骨干网架。远期，加快建设北极能源互联通道，到 2070 年建成"九横九纵"全球能源互联网骨干网架。2018~2050 年，骨干网架总投资 3900 亿美元；全球能源互联网总投资约 38 万亿美元，其中电源投资 27 万亿美元，电网投资 11 万亿美元。

亚洲各区域互联电网已初具雏形，中国以特高压技术为支撑形成特大型电网，东南亚和南亚等区域电网基础设施相对薄弱。亚洲最大负荷 16.3 亿 kW，装机容量 28 亿 kW，无电人口 4 亿人。亚洲发展重点是加快东南亚、南亚电网建设，提高电力可及性，解决经济发展电力需求和无电人口问题。加快东南亚水电、西亚太阳能等大型清洁能源基地开发，将资源优势转化为经济优势。发挥特高压技术优势，构建中国能源互联网。到 2050 年，亚洲电网最大负荷 63.5 亿 kW，装机容量 160.3 亿 kW，通过加强各区域互联电网建设，实现中亚、西亚太阳能，中国西北风电和太阳能，以及东南亚和中国西南水电向中国东部、东北亚、南亚等负荷中心的输送，提高区域间丰枯互补、水火风光互济等联网效益。

欧洲已形成较为紧密的跨国互联电网，目前，欧洲最大负荷 7.4 亿 kW，装机容量 14.2 亿 kW。欧洲发展重点是清洁能源开发与洲外输电并重，加强输电通道建设，提升电网传输效率，支撑清洁能源大规模开发利用，推进亚欧非联网，扩大能源供给。到 2050 年，欧洲电网最大负荷 12.7 亿 kW，装机容量 37 亿 kW，形成覆盖欧洲的特高压柔性直流电网；跨洲通过特高压直流接受来自北非、西亚和中亚的清洁电力，形成以欧洲大陆电网为核心，联接北海和北极风电基地、北欧水电基地、北非西亚中亚太阳能基地的互联格局。

非洲除北部、南部非洲外，各区域电网整体十分薄弱，电力可及率低。北非五国已实现同步互联、并与欧洲西部同步联网。南部非洲各国已基本实现互联。目前，非洲最大负荷 1.24 亿 kW，装机容量 1.75 亿 kW，无电人口 6 亿人。非洲发展重点是满足自身电力需求，加强能源电力基础设施建设，解决经济发展的电力需求和无电人口问题。通过加快水电等清洁能源开发，将资源优势转化为经济优势，促进洲内及跨洲联网。到 2050 年，非洲电网最大负荷 6 亿 kW，装机容量 15.3 亿 kW。北非通过 1000kV 交流联接大型太阳能基地与负荷中心，并为大型太阳能基地特高压直流外送欧洲提供坚强支撑。中西部同步电网和东南部同步电网内部各国主要通过 400/765kV 交流互联，清洁能源基地电力通过特高压直流送出。

在北美洲美国、加拿大，区域间联网紧密，已形成坚强主网架，墨西哥、中美洲各国

及南美跨国联网较弱、电压等级低。目前，美洲最大负荷 10.3 亿 kW，装机容量 15.6 亿 kW。美洲发展重点是加快电网升级改造、加强电网互联，实现清洁能源大规模开发和大范围配置，提升电网安全可靠水平。

到 2050 年，美洲电网最大负荷 20.3 亿 kW，装机容量 53 亿 kW。北美通过特高压交流和直流实现清洁能源基地电力的大范围配置和高效利用；南美巴西、阿根廷电网升级至 1000 kV，承接亚马孙河水电、智利太阳能和阿根廷风电等项目。

在北极已与东北亚地区形成输电通道，北极地区的喀拉海风电基地到中国华北地区的距离 4400km 左右，白令海峡风电基地到中国华北、日本和韩国的输电距离在 5000km 左右，处于 ±1100kV 特高压直流输电经济距离的覆盖范围内。未来，这些风电基地可考虑向东北亚地区送电，到中国的输电通道均为陆上通道，可采用架空线的特高压直流输电技术，到日本、韩国可采用特高压直流海底电缆。

在北极与欧洲地区已形成的输电通道未来会随着欧洲北部陆地和北海风电资源完成开发，可以加快格陵兰岛、挪威海和巴伦支海风能资源向欧洲输送北极与北美洲输电通道。白令海峡风电基地在向东北亚地区送电的同时，还可建设特高压输电通道，跨过白令海峡向北美洲西海岸的负荷中心地区送电。格陵兰岛南部风电可通过特高压直流海底电缆输送到加拿大东海岸，再向美国东部负荷中心地区送电，可采用陆上 ±1100kV 特高压直流输电线路。

以上输电通道不仅可以解决北极地区风电外送问题，而且以北极地区重点风电基地为支点，实现北半球的亚洲、欧洲、北美洲电网环形互联，充分发挥大电网互联优势。此外，利用各大洲间的时差，将北极风电分时段送各大洲，以满足各洲白天的高峰负荷需要，同时提高北极风电利用效率。

在北非已与欧洲建成输电通道，北非地区的太阳能发电基地到欧洲电网南部的距离，最近的仅为几十千米，最远的也不超过 100km，跨洲电网互联的地理条件优越，基于当前技术就可实现联网送电。而在中东方面与南亚已有输电通道，中东地区太阳能发电基地向南亚的印度西部地区送电距离在 4000km 左右，可采用特高压直流海底电缆到达伊朗，再采用陆上特高压直流输电线路途经巴基斯坦送入印度西部负荷中心的孟买地区。澳大利亚与东南亚的输电通道方面，澳大利亚向东南亚送电通道距离长、跨海路段多，对联网技术要求较高，目前基础条件较为薄弱。从澳大利亚北部太阳能发电基地采用特高压海底电缆跨海 500km 左右登陆印度尼西亚，再通过较短跨海距离经新加坡并穿过马来西亚半岛到达泰国。整个通道距离在 6000km 左右，需要进一步提高 ±1100kV 特高压直流技术及跨海输电能力。

通过以上输电通道的建设，不仅可以解决赤道地区太阳能发电基地电力外送问题，而且可以实现南、北半球有关大洲电网的互联。由于这些洲在时区上相差不大，太阳辐照强度与负荷大小存在一定程度的同时性，如北非阳光高照的时候，正是欧洲负荷高峰时段，更有利于发挥太阳能发电的作用。同时，由于南北半球的季节差异，还可以取得季节互补效益。

非洲与欧洲距离较近，且存在气候差异，其负荷特性互补，联网经济效益明显，具有很好的联网条件，输电距离不超过 2000km，技术上易于实现。亚洲与欧洲时差显著，负荷特性具有较好的互补性，未来亚洲与欧洲联网优先考虑南北两个特高压输电通道，北通道形成连接中国、中亚国家和欧洲中部的特高压输电通道。国家电网有限公司对中亚与欧洲联网已开展多年研究，不存在技术问题，实施条件较好，预计在 2030 年前后可实现联网。南通道以中东太阳能发电基地为支撑向东连接印度和东南亚地区，向西延伸至欧洲南部地区。

非洲与中东地区地理位置相邻，联网优势明显，联网后有利于北非、中东太阳能发电在欧亚非之间的优化配置。北非、东非太阳能和风能基地通过中东与欧洲—亚洲南部联网通道相连，实现非洲与亚洲联网。

亚洲与北美洲联网可以发挥两洲时差优势，互联通道经由东北、西伯利亚，跨越白令海峡，联接至北美洲阿拉斯加，然后进入加拿大和美国位于太平洋西海岸的负荷中心。

欧洲电网与北美洲电网之间具有显著的错峰效益，未来可以格陵兰岛风电基地作为支撑，实现欧洲与北美洲联网。预计在 2050 年，格陵兰岛风电将得到大规模开发并向欧洲、北美洲送电。同时，综合考虑时差效应、风电出力曲线、欧洲和北美洲负荷特性以及电源装机结构的互补性，实现格陵兰岛风电基地的合理开发与电力消纳，以及欧洲和北美洲电网的联合运行。

骨干网架在实现清洁能源基地电力输送至负荷中心的同时，"九横"通道实现清洁能源基地之间跨时区互补互济，"九纵"通道实现清洁能源基地之间跨季节互补互济。

"九横"通道包括：

(1) 北极能源互联通道，从北欧挪威、经俄罗斯、跨越白令海峡联接美国阿拉斯加，长度 1.2 万 km，横跨 19 个时区，实现北半球 80% 电力系统互联，以集约化方式实现大洲间的大规模电力互济。

(2) 亚欧北横通道，联接中国、中亚哈萨克斯坦、欧洲德国、法国等国，将中亚清洁能源通过特高压分别输送至欧洲和中国，依托中国特高压交流同步电网，转送至东北亚，实现跨洲互济，长度 1 万 km。

(3) 亚欧南横通道，联接东南亚、南亚、西亚和欧洲南部，实现西亚、中亚的太阳能通过特高压直流向欧洲东南部和南亚负荷中心送电，以及东南亚和中国水电向南亚输送，长度 9000 km。

(4) 亚非北横通道，联接南亚、西亚太阳能基地及北非，实现西亚太阳能送电埃及，向西通过 1000 kV 交流延伸至摩洛哥，长度 9500km。

(5) 亚非南横通道，联接刚果河、尼罗河水电基地和西亚太阳能基地，实现非洲水电和西亚太阳能互补互济，长度 6000km。

(6) 北美北横通道，联接加拿大东西部电网，提高东西部电力交换能力，远期承接北极风电，向加拿大东部负荷中心送电，长度 4500km。

(7) 北美南横通道，汇集美国西部太阳能、中部风电以及密西西比河水电，送至东部纽约、华盛顿和西部负荷中心，长度 5000km。

(8) 南美北横通道，联接南美北部哥伦比亚、委内瑞拉、圭亚那、法属圭亚那、苏里南、巴西等国家，增强电网互联和电力交换能力，长度 3500km。

(9) 南美南横通道，汇集亚马孙河流域秘鲁、玻利维亚水电和智利太阳能基地电力，向巴西东南部负荷中心送电，长度 3000km。

"九纵"通道包括：

（1）欧非西纵通道，由冰岛经英国、法国、西班牙、摩洛哥、西非至南非，向北通过格陵兰岛与西半球互联。将格陵兰岛、北海风电送至欧洲大陆，将刚果河水电送至北非、南非，并与北非太阳能联合送电至欧洲大陆，长度1.5万km。

（2）欧非中纵通道，联接北极风电、北欧水电基地和北非太阳能基地，经德国、奥地利、意大利等国家纵贯欧洲大陆，向南联接至突尼斯，长度4500km。

（3）欧非东纵通道，由巴伦支海岸经俄罗斯、波罗的海、乌克兰、巴尔干半岛、塞浦路斯、埃及、东非至南非。将北极、波罗的海风电送至欧洲，将尼罗河水电送至北非、南非，与埃及太阳能、风能联合送电欧洲，长度1.4万km。

（4）亚洲西纵通道，联接中亚、西亚太阳能基地与俄罗斯西伯利亚水电基地，依托中亚同步电网实现多能源汇集，未来向北延伸至喀拉海风电基地，长度5500km。

（5）亚洲中纵通道，联接俄罗斯水电基地、中国西北风光基地以及西南水电基地，通过特高压直流向南亚负荷中心送电，长度6500km。

（6）亚洲东纵通道（亚太通道），依托中国特高压电网、东南亚特高压电网，联通俄罗斯、中国、东北亚、东南亚，将俄罗斯远东、中国及东南亚等清洁能源基地电力输送至负荷中心，实现丰枯互济，未来承接北极风电，并向南延伸至澳大利亚，长度1.9万km。

（7）美洲西纵通道，承接北极风电，围绕加拿大温哥华、美国西海岸、墨西哥构建特高压交流同步电网，实现加拿大水电、美国、墨西哥西部太阳能、风电的高效利用，并通过特高压直流经中美洲与南美北部电网互联，向南延伸至智利，实现北美太阳能与南美水电互补调节，长度1.5万km。

（8）美洲中纵通道，北起加拿大曼尼托巴，经美国中西部北达科他州，至得克萨斯州形成特高压交流纵向主干通道，向南进一步通过直流联网延伸至墨西哥城，汇集北部加拿大水电、中部美国风电，实现南北多能互补和清洁能源大范围配置，长度4000km。

（9）美洲东纵通道，由加拿大魁北克、美国东海岸延伸至佛罗里达，形成特高压交流纵向主干通道，承接北部加拿大水电和美国西部太阳能、中部风电，并跨海经古巴等加勒比国家与南美北部电网互联，向南进一步延伸至阿根廷，实现南北多能互补和清洁能源大范围配置，未来承接格陵兰岛风电，长度约1.6万km。

全球能源互联网是以特高压电网为骨干网架，全球互联的坚强智能电网，是能源在全球范围大规模开发、输送、使用的基础平台，其实质就是"智能电网特高压+清洁能源"。全球能源互联网发展将为技术装备创新提供巨大机遇，而技术进步和装备升级将加速全球能源互联网构建。

1.3.2 全球能源互联网技术装备创新需求

目前已建特高压通道逐步实现满送，提升输电能力3527万kW。规划建成7回特高压直流，新增输电能力5600万kW，加上南网区所建特高压输电能力，"十四五"末期，特高压输电能力有望突破1亿kW。在国家政策支持引领下，我国特高压装备制造业的技术能力、制造水平得到长足发展。2009年，我国自主研发、设计和建设的第一条特高压交流1000kV晋东南—南阳—荆门实验示范工程及±800kV云南至广东特高压直流输电工程相继建成投运，在此过程中，我国特高压上下游产业攻克了诸多技术难关，已建及在建工程在输送距离、输送容量、技术难度等方面持续提升。目前，我国在特高压直流输变电关键技术研究和关键设备制造方面进入了世界领先行列，相应的特高压中国标准已经处于国际领跑水平。以特高压工程中主设备换流阀为例，2015年，作为国内换流阀主要制造企业的许继集团研制出6250A特高压直流输电换流阀设备，全面攻克了6250A直流换流阀基础理论、成套设计、关键设备研制、集成技术和试验技术，掌握了核心技术，形成自主知识产权。特高压6250A直流输电换流阀输送容量较±800kV/5000A换流阀提升了25％。进一步提高了输送效率，大大节约了成本，在世界范围内属于同类产品通流能力之最，在国际上属首次开发。换流阀取得的技术进步一方面满足了国家实施6250A工程的需要，同时也有力地推动了国家实施更高输送容量的特高压工程。其他换流阀主要供货商如普瑞工程、西电集团等多家公司也都完成了6250A换流阀的试验鉴定等工作，整个行业呈现出欣欣向荣、共同进步趋势。国家推动技术进步与特高压装备制造业的持续创新发展间形成了良性互补。

特高压、智能电网和清洁能源技术和装备的创新突破，为构建全球能源互联网奠定了基础。我国倡导的构建全球能源互联网分三步走的计划节奏，包括"一极一道"的付诸实施，特高压在输送距离、技术难度上将逐步加大，目前的技术水平和储备尚无法满足未来发展需求，特高压装备制造业应抓住历史契机，加强研究、集中攻关，力争早日实现新突破。尽快取得一大批世界领先的创新成果，支撑和引领全球能源互联网发展。

基于特高压对全球能源互联网对"一带一路"倡议实施的重要作用，国家电网有限公司已在加快推进与俄罗斯、蒙古国、哈萨克斯坦和巴基斯坦等国电网互联互通的项目计划。自2015年起，中国已陆续与以上国家签订战略合作协议，正在规划的建设项目已有6个，其中包括俄罗斯叶尔科夫齐—中国河北霸州±800kV特高压直流工程、中国新疆伊犁—巴基斯坦伊斯兰堡±660kV直流工程、蒙古国锡伯敖包—中国天津±660kV直流工程、哈萨克斯坦埃巴斯图兹—中国南阳±1100kV特高压直流工程等。2015年5月，中国在海外中标的首个特高压输电项目巴西美丽山特高压直流输电项目启动开工仪式。特高压技术走出国门步伐加速，这些正在实施和规划中的海外工程为中国特高压技术"走出去"，推动中国高端技术走向世界，并消化产能过剩具有重要意义。

全球能源互联网格局之下，海外特高压行业市场竞争将与原有的国内竞争有本质区别，我国的特高压装备制造企业需在国际舞台上与国际一流企业，诸如ABB、西门子等同台竞技，从国内特高压装备企业现状看，绝大部分企业产品单一，规模相对较小、无论是资质业绩，海外工程经验，还是专业人才等方面都尚有一定差距。针对这种情况，我国应从国家层面，顶层设计，充分整合国内特高压领域的优势资源，让分散资源形成合力，发挥我国特高压装备制造业在国际上技术领先的优势，对于资质相对完备、实力雄厚，在国际市场中已具备一定地位国际型公司，国家应该加大政策扶持力度，进一步培育和完善其资质业绩，提高相关企业国际竞争能力。对于培育成熟的企业，在海外中标的特高压工程国产化比例明确提出要求，在支撑全球能源互联网发展的同时，力求以此促进行业全面发展，让更多的优秀的国内企业走向国际市场。

近年来，在国家政策扶持和市场双重刺激之下，中国特高压装备制造企业坚持自主创新，全面攻克并掌握了特高压领域一系列核心技术，实现了从追赶国际先进到引领国际的重大转变。推动了民族装备制造业升级；面对全球能源互联网发展战略的新形势新任务，中国特高压装备制造企业要围绕支撑构建全球能源互联网电力装备产业带来了跨越式发展的机遇，从构建全球能源互联网技术需求出发，要瞄准关键核心技术、重大装备技术和最新前沿技术，集中攻关，坚持把科技创新作为驱动发展的引擎，推进技术革新的步伐。

随着能源互联网建设发展大潮的到来，能源产品和能源服务成为有机整体，这对传统能源行业提出了新的要求，同时也对传统电网技术和装备提出了新的挑战。为满足未来电网发展格局的需要，在超大容量、超远距离电力输送方面，需进行特高压技术装备的创新，重点研发特高压交流技术装备、特高压直流技术装备。对于特殊环境、极端气候限制下的电力传输需求，需研究管道输电、超导输电等新型输电技术装备。面对全球能源互联网未来形态演进的需求，需研究未来智能电网的结构形态、能源形态、控制形态、设备形态，重点研发交流输变电技术装备、直流电网技术装备、配用电技术装备、大规模储能技术装备和信息通信技术装备。在全球化协同运营方面，需研究全球能源互联网电网调度、运行和控制技术。探索支持跨国跨洲电力交易、多种能源供应系统融合和能源共享的新型商业运营模式。重点研发与之相适应的全球互联电网仿真平台、全球互联电网安全控制与保护技术装备、全球互联电网调度技术支持系统和洲际电力交易技术支持系统。在能源系统清洁、低碳、高效开发方面，需研究适应大规模清洁能源开发和汇集及运行控制技术，重点研发清洁能源开发电技术装备、清洁能源汇集技术装备和清洁能源运行控制技术装备。

在清洁能源发电、特高压及跨海输电、大规模储能、智能电网等关键技术和装备实现突破，满足各国清洁能源开发、国内电网互联和智能电网建设需求。以推动洲内互联为目标，攻克先进输电、储能、电工新材料、主流电网等战略新兴技术，巩固提升特高压、大电网安全控制、智能电网、清洁能源发电等关键技术，满足洲内大型清洁能源基地开发和电网互联需求，促进清洁能源在洲内大规模、大范围、高效优化配置。

第 2 章

特高压直流输电与换流变压器

2.1 特高压直流输电系统

2.1.1 特高压直流输电系统的构成原理

目前电力系统中的发电和用电绝大部分为交流电，如果要采用直流输电就必须进行换流。直流输电系统由整流站、直流输电线路和逆变站三部分组成，如图 2-1 所示，其主要原理为在送端系统送出交流电经过换流变压器和整流器变换成直流电，然后由直流线路把直流电输送给逆变站，经过逆变器和换流变压器再将直流电换成交流电，送入受端交流系统。完成交、直流变换的站，称为换流站。将交流电变换为直流电的换流站，称为整流站。将直流电变换为交流电的换流站，称为逆变站。实现整流和逆变变换的电力电子装置分别称为整流阀和逆变阀，整流阀和逆变阀加上相应控制装置分别称为整流器和逆变器，它们统称为换流器。

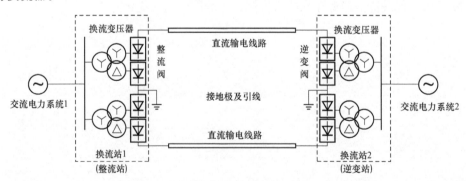

图 2-1 直流输电系统原理接线图

直流输电系统结构可分为两端或端对端直流输电系统和多端直流输电系统两大类。两端直流输电系统是只有一个整流站（送端）和一个逆变站（受端）的直流输电系统，即只有一个送端和受端，它与交流系统只有两个连接端口，是结构最简单的直流输电系统。多端直流输电系统与交流系统有三个或三个以上的连接端口，它有三个或三个以上的换流站。

对于可进行功率反送的两端直流输电工程，其换流站既可以作为整流站运行，又可以作为逆变站运行。功率正送时的整流站在功率反送时为逆变站，而正送时的逆变站在反送时为整流站。整流站和逆变站的主接线和一次设备基本相同(有时交流侧滤波器配置和无功补偿有所不同),其主要差别在于控制和保护系统的功能不同。

送端和受端交流系统与直流输电系统有着密切的关系,它们给整流器和逆变器提供换相电压,创造实现换流的条件。同时送端电力系统作为直流输电的电源,提供传输的功率;而受端电力系统则相当于负荷,接受和消耗由直流输电送来的功率。因此,两端交流系统是实现直流输电必不可少的组成部分。两端交流系统的强弱,系统结构和运行性能等对直流输电工程的设计和运行均有较大的影响。

2.1.2 系统主要一次设备

特高压直流系统承担输电功能,其中最重要和最关键的是电气设备,电气设备的运维与系统可靠安全运行息息相关。系统中主要的电气设备有:换流变压器、换流阀、平波电抗器、直流分流器、直流分压器、交直流滤波器与无功补偿装置等。

1. 换流变压器

换流变压器是特高压直流工程换流站内最重要的关键设备之一,是交、直流输电系统中的整流、逆变两端接口的核心设备。其基本工作原理与普通变压器相似,也是通过电磁耦合在两侧绕组之间传递能量。在特高压直流系统中,由于采用12脉动换流器作为基本换流单元,通过采用换流变压器绕组的不同接法,可为换流器提供两组幅值相等、相位相差30°的中性点不接地的换相电压。此外,换流变压器短路阻抗还对直流侧短路故障电流有限制作用。因为有交流电场、直流电场、磁场的共同作用,所以换流变压器的结构特殊、复杂,关键技术高难,对制造环境和加工质量要求严格。换流变压器的投入和安全运行是特高压直流输电工程取得发电效益的关键和重要保证。

图2-2是中国某特高压直流输电工程中使用的单相双绕组换流变压器,换流变压器通过阀侧套管与换流阀连接,主箱体顶部设有储油柜和连接交流系统的高压套管,后部有冷却器的风扇。主箱体内部包含变压器绕组、铁芯、高压屏蔽管和绝缘材料等。其额定容量为297.1MVA,铁芯形式为单相四柱结构,变压器容量分在两组柱上,采用直接出线结构,即阀侧引线从两个柱引出后即并联,在油箱内走线。这一设计使得安装过程更容易,产品安全性能更好,并且成本较低。

特高压换流变压器的主要技术来自ABB和西门子等公司。最近几年,国内的企业如西安西电变压器有限责任公司(西安西电)、特变电工沈阳变压器集团有限公司(特变电工)等公司也在各个合作项目中,努力积极吸收国外的先进技术,提高国产换流变压器的制造水平。2010年2月23日,第一台由中国制造的 ZZDFPZ—250000/500—800 特高压换流变压器在西安

图2-2　单相双绕组换流变压器

西电变压器公司通过全部试验,是首台国产的特高压高端换流变压器。2018年5月26日,特变电工研制的世界首台发送端±1100kV换流变压器在特变电工特高压生产基地试制成功,一次性通过全部试验,各项性能指标均优于技术协议要求,这标志着我国特高压换流

变压器国产化开启了新纪元。

2. 换流阀

换流站中实现交直流换流的功能单元称为三相桥式换流器，其每个桥臂就是换流阀。换流阀是换流站的核心设备，投资约占整个换流站设备总投资的 1/4。随着大功率半导体制造技术的发展，先后出现了汞弧阀、晶闸管阀、GTO 阀和 IGBT 阀等产品。就目前制造工艺来说，晶闸管仍是耐压水平和输出容量最高的电力电子器件。因此，晶闸管阀凭借其优越的性能和成熟的制造工艺而广泛应用于高压、大容量直流输电工程中。

（1）结构。在特高压直流系统中，特高压换流阀的接线方式采用双 12 脉动换流器串联，即每极由 2 个 12 脉动换流器串联构成。每个 12 脉动换流器布置在单独的阀厅，因此特高直流换流阀有高压阀厅和低压阀厅之分。

特高压直流换流阀由换流阀组件、换流阀控制与保护系统和换流阀冷却系统组成。在特高压直流系统中，换流阀采用模块化设计，换流阀组件是构成特高压换流阀的核心元件，1 个单阀包括 2 个换流阀组件。每个换流阀组件由 2 个相同的阀段组成，每个阀段由数个晶闸管单元和 2 台串联的饱和电抗器，以及 1 台均压电容组成。每个晶闸管单元则由晶闸管、阻尼回路及直流均压电阻等组成。

图 2-3 换流阀外形图

例如，在向家坝—上海 ±800kV 特高压直流输电工程中，复龙换流站使用的换流阀采用空气绝缘、纯水冷却、悬吊式二重阀结构，按双 12 脉动接线方式布置，两个 12 脉动桥分别安装在低压阀厅（400kV）和高压阀厅（800kV），高低压阀厅串联后最终向直流输电线路提供 800kV 直流电。换流阀外形如图 2-3 所示。该工程中，单个换流阀由 60 个晶闸管单元（2 个冗余）和 8 个阀电抗器串联而成。工程中采用模块化技术，由多个阀段串联构成单阀，每个阀段由 15 个晶闸管单元与 2 台阀电抗器串联，再与 1 台均压电容器并联组成一个阀段。复龙换流站单个换流阀参数见表 2-1。

表 2-1 复龙换流站单个换流阀参数

晶闸管型号	T4161 N80T S34（6″ETT）
晶闸管总数/个	60
晶闸管冗余数/个	2
每个阀段的晶闸管数/个	15
电抗器数/个	8
每个阀段电抗器数/个	2
阀段数/个	4
阻尼电容/μF	1.6
阻尼电阻/Ω	36
均压电容/nF	4
阀塔结构	双重阀

（2）特点。特高压直流换流阀虽然在换流阀结构、晶闸管阀触发系统、换流阀控制保护系统和冷却系统等方面与常规超高压直流换流阀具有诸多共性，但是由于特高压直流系统的电压等级更高，并且所采用的阀组件也有所不同，故特高压直流换流阀有其特殊之处，具体表现如下：

a. 采用 6 英寸晶闸管，通流能力更大。为满足特高压直流输电需求，相关设备厂家研制了 6 英寸晶闸管，其芯片面积比 5 英寸晶闸管增加了将近 50%，峰值阻断电压为 8kV，通流能力在 4000A 以上。特高压直流输电工程中，采用 6 英寸晶闸管制作的换流阀无需并联即可满足电流输送容量的要求，并提供了更高的短路电流能力和过负荷能力。对于向家坝—上海±800kV 特高压直流输电工程，其输电额定容量 6400MW，额定电流 4000A，6 英寸晶闸管可以完全满足其传输要求。晶闸管技术的进步对高压大容量直流输电有着至关重要的影响，它为直流输电系统提供了更高的短路电流能力和过负荷能力的解决方案，有利于整个系统的优化设计和动态性能的提高。

b. 采用多重阀单元结构。特高压直流换流阀的布置通常采用多重阀单元（MVU）结构，由两个、四个阀串联构成的多重阀单元分别称为二重阀、四重阀。一个多重阀单元加上电场屏蔽部件一起吊装在阀厅顶部就构成了一个阀塔。

c. 设备运行工况更加苛刻。在特高压直流系统中，由于系统运行电压的升高，换流阀需要面对更加苛刻的运行工况。尤其在换流阀的外绝缘设计时需要特别注意，对于最高端换流阀来说，需要在超高压换流阀的设计的经验基础上，对到墙壁、天花板以及地面的空气绝缘问题重新考察，并合理选择换流阀外部电极型式，通过合理的绝缘配合以降低绝缘要求。

d. 电磁干扰及噪声更加严重。换流阀的导通和关断过程会发出强烈的电磁干扰和持续的电磁骚扰噪声。通常考虑通过加装隔声罩等方式来减少噪声传播。

3. 平波电抗器

平波电抗器是高压直流换流站的重要设备之一，又称直流电抗器，一般串接在换流器与直流线路之间。其主要作用是在轻载时防止电流断续，并与直流滤波器一起构成换流站直流谐波滤波电路，使换流过程中产生的谐波电压和谐波电流减少，有利于改善线路的电磁环境。同时，能防止由直流线路或直流开关所产生的陡波冲击进入阀厅，抑制直流故障电流的快速增加，减少逆变器换相失败的概率，在一定程度上保护换流阀免受过电压和过电流的损坏。目前，常规的高压直流工程中都将平波电抗器全部布置于直流极线上，而在特高压直流工程中，平波电抗器一半布置在直流极线上，另一半布置在中性母线上，这种布置的方式简称为平抗分置。

平波电抗器具有干式和油浸式两种型式。干式平波电抗器主要由线圈、支架、绝缘支柱、均压环、底座等部件组成，如图 2-4 所示。线圈由多层铝线包封组成，每层线均浸渍环氧树脂绝缘，层间垫有隔条，以保证层间绝缘和散热。线圈顶部和底部均有水平同心（相对于线圈中心）排列的构件。这些构件通过垂直紧固件把线圈固定牢靠，以确保线圈振动时不变形。在线圈顶部、进出线接线端、各个绝缘支柱顶部及支架均安装了均压环，防止电晕放电损坏电抗器线圈。

图 2-4　干式平波电抗器

油浸式平波电抗器的结构与变压器相似，主要由线圈、铁芯和油箱、套管、冷却系统等部件组成。结构类似油浸式消弧线圈或并联电抗器，因构造上有铁芯，负荷电流与磁性呈非线性关系。为了保证油浸式平波电抗器安全运行，平波电抗器也安装了油温检测装置、绕线温度检测装置、油流检测装置、气体继电器、油温检测装置等设备，其与换流变压器的结构基本相同。

4. 直流分流器

为了保证高压直流输电系统有可靠的调节和保护功能，首先必须有可供利用的、可靠的电流电压系统数据，应在换流站设置完整的测量系统。传统的直流测量系统虽然制造技术成熟，运行经验丰富，但测量信号易受干扰，测量精度不高，测量范围有限。故在实际的工程应用中，大多采用的是光电型电流互感器、电压互感器，能更好地满足工程要求。

光电型互感器的工作原理为：在高压直流回路中串联直流分流器，测量流过直流分流器的电流值，再将电流量转换成数字量，通过光纤传输和电气隔离，把数字量传输到相应的控制或保护中。直流分流器在直流输电系统的安装位置如图 2-5 所示，高压一次部分和低压二次部分有两根光纤连接，一根光纤传输数据，另外一根光纤将低压电源用激光二极管发射能量传输到高压一次部分，经过功率转换器，作为高压一次部分电子回路的电源。光电直流分流器测量装置的结构方框图主要由信号采集单元、光电转换模块、光纤回路及光接收模块组成，如图 2-6 所示。

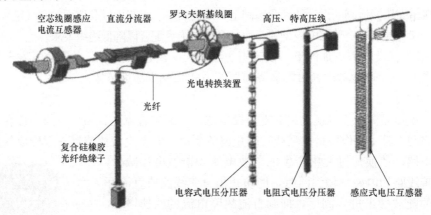

图 2-5　直流分流器及其安装位置示意图

直流分流器的工作原理如下：

（1）信号采集单元使用罗戈夫斯基线圈，采样直流回路中的电流值。该部分位于装置的高压部分。

（2）光电转换模块。实现被测信号的模数转换以及数据的发送。光电转换模块内的电子元件是通过光纤由位于控制保护屏柜内的光电源进行单独的供电。这部分也位于装置的高压部分。

（3）光纤回路。信号的传输光纤，两根分别传输数据和能量。

（4）光接收模块。该部分位于控制保护屏柜内，用于接受光纤传输的数字信号，并通过模块中处理器芯片的检验控制送到相应的控制保护装置。

光电直流分流器所测量的直流电流值以数字光信号可通过长达 300m 的光纤送至控制保

护的接收器。其测量精度可达0.5%，测量频率范围可从直流至7kHz。

5. 直流分压器

直流电压可以使用电容式分压器、电阻式分压器、感应式电压互感器、阻容式分压器进行测量。现在的直流工程中使用阻容式分压器对直流电压进行测量。

阻容式分压器的基本结构由R_1和C_1，R_2和C_2构成分压回路，以R_2、C_2及二次分压板元件的等效电阻R_G、电容C_G的电压作为输入电压，该电压经光电转换装置将电压模拟信号转换成光数字信号，经光纤传到控制保护上，其结构如图2-7所示。由于直流分压器要承受高电压，因此直流分压器一次部分采用了充油或充气（SF_6）绝缘结构，如天广直流输电工程采用了充油绝缘结构，贵广直流输电工程为充气绝缘结构。阻容式分压器中，其电阻是高精度金属

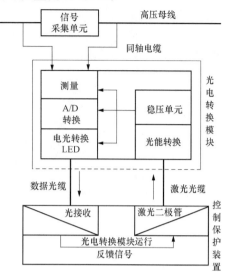

图2-6 光电直流分流器测量装置结构方框图

氧化物电阻，它被封装在玻璃钢（FRP）中，R_1和R_2均为多个高精度金属氧化物电阻串并联而成，一组并联的电阻器并联有一组相应的电容器。阻容式分压器中电阻器主要起到分压作用，电容器主要起到均压作用。直流分压器外形图如图2-8所示。

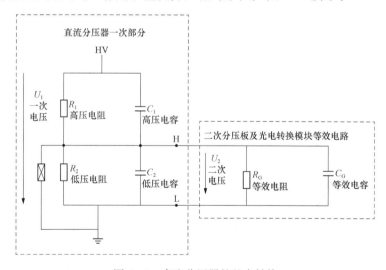

图2-7 直流分压器的基本结构

6. 交流滤波器

换流器在工作过程中，会消耗大量的无功功率，并分别在交、直流侧产生大量谐波。谐波会对运行中的电气设备产生危害并造成通信干扰，为了尽量保持系统无功平衡并消除谐波，换流站需要加装无功补偿装置和滤波装置，目前换流站在交流侧和直流侧分别配置了交流滤波器和直流滤波器。

交流滤波器有常规无源交流滤波器、有源交流滤波器和连续可调交流滤波器三种。无

图 2-8 直流分压器外形

源交流滤波器由电阻、电容和电感构成，它在一个或两个谐波频率的制定范围内或高通频带下呈低阻抗状态，使换流器产生的这些谐波电流绝大部分流入滤波器，从而减少注入交流系统的谐波，以达到降低谐波含量的要求。以前广泛使用的交流滤波器有单调谐滤波器、双调谐滤波器和两阶高通滤波器三种，目前趋向于采用双调谐带高通滤波器和多调谐高通滤波器。

交流滤波器元件包括高低压电容器，高、低压电抗器和电阻器，交流滤波器电容器组外观如图 2-9 所示。在滤波器的整个投资中，高压电容器投资占大部分，而且高压电容器的设计制造技术要求高、工艺复杂，其质量及性能直接影响着交流滤波器性能和可靠运行。

7. 直流滤波器

在特高压输电系统中，直流侧的谐波主要来自 12 脉动换流器产生的 $12n$ 次 $(n=1、2、3、\cdots)$ 特征谐波，以及少量由于交流系统和换流站各设备参数不对称等因素而导致的非特征谐波。与 $\pm500\text{kV}$ 超高压直流工程相比，特高压直流工程每个单极由两个 12 脉动换流桥串联构成，电压等级更高，其产生的谐波幅值更大，谐波也更加严重。这些直流侧谐波可能对线路邻近的通信线路产生干扰，影响系统安全稳定运行，因此需要设置直流滤波器、平波电抗器以及中性母线冲击电容器等设备，将这种干扰限制在可接受的范围。

直流滤波器结构与交流滤波器类似，包括高、低压电容器，电抗器等。其主要电气应力参数有高压直流滤波电容器两端电压应力，决定电容器和电抗器两端以及高压和低压接线端对地爬电距离的电压，通过各元件的电流应力和产生可听噪声的电流等。随着承受电压的增加，特高压直流滤波器在外形尺寸上也变得巨大。如 ABB 公司为向家坝—上海 $\pm800\text{kV}$ 特高压直流输电工程提供的特高压直流滤波器，高度超过 20m，整体质量超过80t。图 2-10 为某实际特高压直流工程中安装完成的直流滤波器。

图 2-9 交流滤波器电容器组

图 2-10 直流滤波器

直流滤波器性能的考核指标是直流极线及接地极引线上的等效干扰电流 (I_{eq})，即线路上所有频率的谐波电流对邻近平行或交叉的通信线路所产生的综合干扰作用，等同于某个频率的谐波电流干扰作用。等效干扰电流是直流滤波器中一个非常重要的因素，与设备性能、系统运行安全性，甚至整体制造成本都有关。特高压直流输电工程中规定，双极运行时在所有直流滤波器投运情况下，考虑 1～50 次谐波电流的最严重组合情况，其等效干扰电流值不得超过 3A。

8. 无功补偿装置

电力系统中无功补偿装置从早期的电容器开始，经过数十年的发展，品种繁多，被广泛应用于电力系统发输配用的各个部分，常见的有并联电容器、并联电抗器、串联电容器、同步调相机、静止无功补偿器（SVC）、静止同步补偿器（STATCOM）等，如图 2-11 所示。根据不同的分类标准，可将无功补偿装置分为静态和动态无功补偿装置、有源和无源无功补偿装置、高压和低压无功补偿装置等。

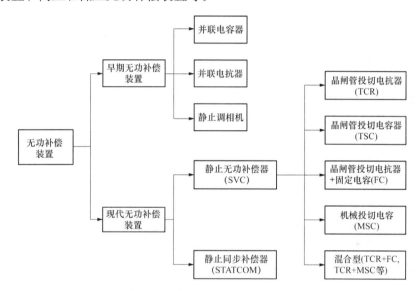

图 2-11　常见的无功补偿装置分类

静态无功补偿是指电力系统在负荷较为平稳的情况下，为达到降低线路损耗、调节电压水平而采取的一种静态补偿方式。静态补偿装置主要有并联电容器组和并联电抗器组。并联电容器组是补偿感性无功和提供电压支持的非常经济的一种方法，它具有价格低廉、安装灵活、操作简单、功率损耗小、运行稳定、维护方便等优点。并联电抗器组是一种应用较早的重要无功补偿装置，并且现在还是补偿静态容性无功的主要装置。目前高压直流输电工程的换流站普遍采用并联电容器组作为无功电压调节装置。

动态无功补偿是指阻抗可调、补偿容量能够快速实时跟踪负荷或随系统无功功率变化而变化的一种无功补偿方式。动态无功补偿的最大特征是其输出能够自动响应并实时跟踪给定的控制目标。对电力系统中无功功率进行快速动态补偿，可以改善功率因数、改善电压调整、减少电压波动、过滤谐波、提高系统的稳定极限值、抑制电压崩溃、减少电压和电流不平衡等。应当指出，这些功能虽然是相互联系的，但实际的动态无功补偿装置往往只能以其中一种或某几种功能为直接控制目标，因此其控制策略不同。在不同的应用场合，对功率补偿装置的要求也不一样。动态无功补偿设备根据有无运动件，可分为动态运动无功补偿装置和动态静止无功补偿装置。

2.1.3　两端直流输电系统

两端直流输电系统又可分为单极系统（正极或负极）、双极系统（正负两极）和背靠背直流系统（无直流输电线路）三种类型。

1. 单极直流输电系统

单极直流输电系统中换流站出线端对地电位为正的称为正极、为负的称为负极，与正极或负极相连的输电导线称为正极导线或负极导线，或称为正极线路或负极线路。单极直流架空输电线路通常多采用负极性（即正极接地），这是因为正极导线电晕的电磁干扰和可听噪声均比负极导线的大。同时由于雷电大多为负极性，使得正极导线雷电闪络的概率也比负极导线的大。单极直流输电系统运行的可靠性和灵活性不如双极直流输电系统好。因此，单极直流输电工程不多。单极直流输电系统的接线方式可分为单极大地（或海水）回线方式和单极金属回线方式两种。另外，当双极直流输电工程在单极运行时，还可以接成单极双导线并联大地回线方式运行。

（1）单极大地回线方式。单极大地回线方式（GR 方式）是两端换流器的一端通过极导线相连，另一端接地，利用大地（或海水）作为直流的回流电路，单极大地回线方式的接线图如图 2-12 所示。这种方式的线路结构简单，利用大地作为回线，省去一根导线，线路造价低。但地下（或海水）长期有大的直流电流流过，大地电流所经之处，将引起埋设于地下或放置在地面的管道、金属设施发生电化学腐蚀，使中性点接地变压器产生直流偏磁而造成变压器磁饱和等问题。因此，单极大地回线方式主要应用于直流系统建设初期，主要作为双极尚未完全建成而需要输送功率时的过渡，在双极完全建成后一般不采用此种运行方式。这种方式主要用于高压海底电缆直流工程，如瑞典、丹麦的康梯—斯堪工程，瑞典、芬兰的芬挪—斯堪工程，瑞典、德国的波罗的海工程，丹麦、德国的康特克工程等。

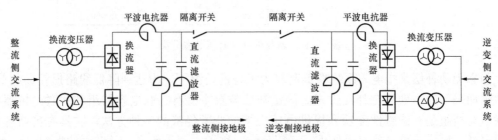

图 2-12　单极大地回线方式的接线图

（2）单极金属回线方式。单极金属回线方式（MR 方式）采用低绝缘的导线（也称金属返回线）代替单极大地回线方式中的大地回线，单极金属回线方式的接线图如图 2-13 所示。在运行中，地中无电流流过，可以避免由此所产生的电化学腐蚀和变压器磁饱和等问题。为了固定直流侧的对地电流和提高运行的安全性，金属返回线的一端接地，其不接地端的最高运行电压为最大直流电流在金属返回线上的压降。这种方式的线路投资和运行费用均较单极大地回线方式的高。单极金属回线方式通常只在不允许利用大地（或海水）为回线或选择接地极较困难以及输电距离较短的单极直流输电工程中采用，但在双极运行方式中需要单极运行时可以采用。

（3）单极双导线并联大地回线方式。单极双导线并联大地回线方式是双极运行方式中

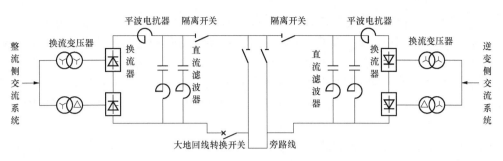

图 2-13　单极金属回线方式的接线图

需要单极运行时采用的特殊方式,与单极大地回线方式相比,由于极导线采用两极导线并联,极导线电阻减小 1/2。因此,线路损耗减小 1/2。

2. 双极直流输电系统

双极直流输电系统在直流输电工程中普遍被采用,可分为双极两端中性点接地方式、双极一端中性点接地方式和双极金属中性点接地方式三种。

(1) 双极两端中性点接地方式。双极两端中性点接地方式 (简称双极方式) 是正负两极通过导线相连,两端换流器的中性点接地,其接线图如图 2-14 所示。实际上它可看成是两个独立的单极大地回路方式,正负两极在地回路中的电流方向相反,地中电流为两极电流之差值。双极对称运行时,地中无电流流过,或仅有少量的不平衡电流流过,通常小于额定电流的 1%。因此,在双极对称方式运行时,可消除由于地中电流所引起的电腐蚀等问题。当需要时,双极可以不对称运行,这时两极中的电流不相等,地中电流为两极电流之差。运行时间的长短由接地极寿命决定。

当双极两端中性点接地方式的直流输电工程一极故障时,另一极可正常并过负荷运行,可减小送电损失。双极对称运行时,一端接地极系统故障,可将故障端换流器的中性点自动转换到换流站内的接地网临时接地,并同时断开故障的接地极,以便进行检查和检修。当一极设备故障或检修停运时,可转换成单极大地回线方式、单极金属回线方式或单极双导线并联大地回线方式运行。由于此方式运行方式灵活、可靠性高,大多数直流输电工程都采用此接线方式。

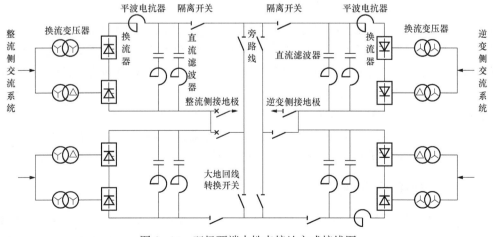

图 2-14　双极两端中性点接地方式接线图

（2）双极一端中性点接地方式。这种接线方式只有一端换流器的中性点接地，它不能利用大地作为回路。当一极故障时，不能自动转为单极大地回线方式运行，必须停运双极，在双极停运以后，可以转换成单极金属回线运行方式，因此，这种接线方式的运行可靠性和灵活性均较差，其主要优点是可以保证在运行中地中无电流流过，从而可以避免由此所产生的一系列问题。这种系统构成方式在实际工程中很少用，只在英法海峡直流输电工程中得到应用。

（3）双极金属中性线接地方式。双极金属中性线方式是在两端换流器中性点之间增加一条低绝缘的金属返回线，它相当于两个可独立运行的单极金属回线方式，为了固定直流侧各种设备的对地电位，通常中性线的一端接地，另一端中性点的最高运行电压为流经金属线中最大电流时的电压降。这种方式在运行中大地无电流流过，它既可以避免由于地电流而产生的问题，又具有比较高的可靠性和灵活性。当一极线路发生故障时，可自动转为单极金属回线方式运行。当换流站的一极发生故障需停运时，可首先自动转为单极金属回线方式，然后还可转为单极双导线并联金属回线方式运行。其运行的可靠性和灵活性与双两端中性点接地方式相类似。由于采用 3 根导线组成输电系统，其线路结构较复杂，线路造价较高，通常是当不允许地中流过直流电流或接地极地址很难选择时才采用。例如，英国金斯诺斯地下电缆直流工程、日本纪伊直流工程等。

3. 背靠背直流系统

背靠背直流系统是输电线路长度为零（即无直流输电线路）的两端直流输电系统，它主要用于两个异步运行（不同频率或频率相同但异步）的交流电力系统之间的联网或送电，也称为异步联络站，其接线图如图 2-15 所示。如果两个被联电网的额定频率不相同（如 50 和 60Hz），也可称为变频站。背靠背直流系统的整流站和逆变站的设备装设在一个站内，也称背靠背换流站。在背靠背换流站内，整流器和逆变器的直流侧通过平波电抗器相连，而其交流则分别与各自的被联电网相联，从而形成两个交流电网的联网。两个被联电网之间交换功率的大小和方向均由控制系统

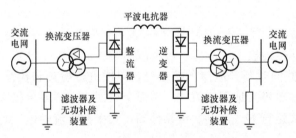

图 2-15 背靠背直流输电系统接线图

进行快速方便的控制。为降低换流站产生的谐波，通常选择 12 脉动变流单元。换流站内的接线方式有换流器组的并联方式和串联方式两种。背靠背直流系统的主要特点是直流侧可选择低电压、大电流（因无直流输电线路，直流侧损耗小），可充分利用大截面晶闸管的通流能力，同时直流侧设备（如换流变压器、换流阀、平波电抗器等）也因直流电压低而使其造价相应降低。由于整流器和逆变器均装设在一个阀厅内，直流侧谐波不会造成对通信线路的干扰，因此可省去直流滤波器，减小平波电抗器脉的电感值，由于上述因素使得背靠背换流站的造价比常规换流站的造价低15%～20%。

2.1.4 多端直流输电系统

多端直流输电系统是由三个及以上换流站，以及连接换流站之间的高压直流输电线路所组成，它与交流系统有三个及以上的接口。多端直流输电系统可以解决多电源供电或多

落点受电的输电问题，它还可以联系多个交流系统或者将交流系统分成多个孤立运行的电网。在多端直流输电系统中的换流站，可以作为整流站运行，也可以作为逆变站运行，但作为整流站运行的换流站总功率与作为逆变站运行的总功率必须相等，即整个多端系统的输入和输出功率必须平衡。多端直流输电系统接线方式根据换流站在多端直流输电系统之间的连接方式可以分为并联方式或串联方式，连接换流站之间的输电线路可以是分支形或闭环形，如图 2-16 所示。

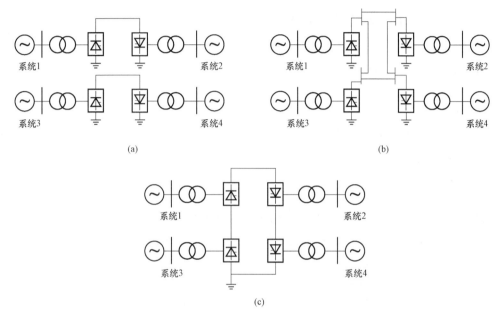

图 2-16　多端直流输电系统接线图
（a）并联—分支形；（b）并联—闭环形；（c）串联接线

1．串联方式

串联方式的特点是各换流站均在同一个直流电流下运行，换流站之间的有功调节和分配主要是靠改变换流站的直流电压来实现的。串联方式的直流侧电压较高，在运行中的直流电流也较大，因此其经济性能不如并联方式。当换流站需要改变潮流方向时，串联方式只需改变换流器的触发角，使原来的整流站（或逆变站）变为逆变站（或整流站）运行，不需改变换流器直流侧的接线，潮流反转操作快速方便。当某一换流站发生故障时，可投入其旁通开关，使其退出工作，其余的换流站经自动调整后，仍能继续运行，不需要用直流断路器来断开故障，当某一段直流线路发生瞬时故障时，需要将整个系统的直流电压降到零，待故障消除后，直流系统可自动再启动。当一段直流线路发生永久性故障时，则整个多端系统需要停运。

2．并联方式

并联方式的特点是各换流站在同一个直流电压下运行，换流站之间的有功调节和分配通过改变换流站的直流电流来实现。由于并联方式在运行中保持直流电压不变，负荷的减小是用降低直流电流来实现，因此其系统损耗小，运行经济性也好。因此目前已运行的多端直流系统均采用并联方式。

多端直流输电系统比采用多个两端直流输电系统要经济，但其控制保护系统以及运行操作较复杂，随着具有关断能力的换流阀如（IGBT、IGCT 等）的应用以及在实际工程中对控制保护系统的改进和完善，采用多端直流输电的工程将会更多。

2.2　换流变压器

2.2.1　换流变压器的功能与特点

通常，我们把用于直流输电的主变压器称为换流变压器。它在交流电网与直流线路之间起连接和协调作用，将电能由交流系统传输到直流系统或由直流系统传输到交流系统。在整流站，用换流变压器将交流系统和直流系统隔离，通过换流装置将交流网络的电能转换成高压直流电能，利用高压直流输电线路传输；在逆变站，通过逆变装置将直流电能转换成交流电能，再通过换流变压器送到交流电网；从而实现交流输电网络与高压直流输电网络的联络。

1. 换流变压器的功能

换流变压器有以下功能：

（1）提供相位差为 30° 的交流电压降低交流侧谐波电流，特别是 5 次和 7 次谐波电流。

（2）作为直流输电系统两端换流站交流系统电压、电流的交换设备。

（3）换流变压器的阻抗可以增加交流系统的阻抗，有限制系统的短路电流和抑制换相过程中阀侧峰值电流升高的作用。

（4）与换流器和其他设备共同实现交流网络与直流网络的联络。

（5）通过换流变压器可以实现对交流和直流系统电压较大范围的分档调节。

（6）作为交流系统和直流系统的电气隔离，削弱侵入直流系统的交流侧过电压幅值。

（7）对沿着交流线路侵入到换流站的雷电冲击过电压波起缓冲抑制的作用。

2. 换流变压器的特点

换流变压器主要有两大特点，一是绝缘要求大幅提高，二是其阀侧绕组运行环境的特殊性。因此，在特高压换流变压器的设计制造过程中，必须充分考虑绝缘设计、直流偏磁等问题，同时选择短路阻抗，增加分接头数目，采取一定措施来抑制高次谐波，以提高换流变压器的整体工作性能。换流变压器在漏抗、绝缘、谐波、直流偏磁、有载调压和试验等方面与普通电力变压器有着许多的不同，换流变压器与普通换流变压器最大的不同是阀侧绕组除承受交流电压外，还承受直流电压的作用。由于直流偏磁电流和谐波电流，换流变压器的噪声增大。绝缘设计上要考虑直流耐压和极性反转作用。

（1）绝缘设计。绝缘设计是换流变压器设计中非常重要的部分，特高压换流变压器的网侧绕组绝缘结构可直接沿用 500kV 的成熟技术，但其阀侧绕组所处的运行环境有其特殊性。阀侧绕组不仅要有一定的交流耐压能力，还必须承受直流偏压作用，阀侧绕组在交流电压和直流电压的共同作用下，对地电位很高；另外，当直流输电系统发生功率反转时，直流电压极性将迅速改变。阀侧绕组承受的直流电压极性也随之改变，而在极性反转过程中阀侧绕组的绝缘容易发生放电。因此，换流变压器阀侧绕组的主、纵绝缘结构都需要特别研究设计。

（2）短路阻抗。短路阻抗的选择是两方面考虑的博弈：较大的短路阻抗可以减少短路电流，防止晶闸管受过负荷的冲击同时对谐波电流起限制作用，较小的短路阻抗可以减小无功损耗和换流变压器的额定容量要求。因此，短路阻抗的确定需要综合考虑晶闸管换流阀最大短路电流水平、换流变压器无功消耗允许值、谐波电流和设备制造成本四方面因素。

1）晶闸管换流阀最大短路电流水平。确定换流变压器短路阻抗时，首先应必须保证换流阀能够安全运行，这是短路阻抗参数选择的决定性因素。短路阻抗 u_k 决定换流变压器的漏电抗，因此短路阻抗 u_k 的增加可以减少故障时流过换流阀的电流。换流阀可承受的最大短路电流为 I_M，则发生最严重故障时流过换流阀的最大冲击电流 Is、必须满足 $Is(u_k) < I_M$。即发生故障时的冲击电流不可大于换流阀可承受的范围。因此为防止阀短路冲击电流过大而损坏阀元件，换流变压器的短路阻抗应取得尽可能大。

2）换流变压器无功消耗。换流变压器会产生无功损耗，无功损耗随着变压器短路阻抗增大而增加，换流站无功补偿设备就需要提供更多的补偿容量，这会增大甩负荷时无功过剩而引起的过电压。因此考虑无功消耗时，换流变压器短路阻抗越小越好。

3）谐波电流。增大短路阻抗可以减小谐波电流幅值，并减少需要装设的交流滤波器组，降低滤波器组的成本。

4）设备制造成本。在同样的直流额定功率下，短路阻抗增大，换流变压器容量和无功补偿设备容量都将有所增加，进而增加了相应设备的制造成本。但是，较大的短路阻抗因具有限制谐波电流的作用而降低了换流站的滤波器设备成本。

总体来说，由于输送容量的大幅增加，特高压换流变压器的短路阻抗（18％左右）比超高压换流变压器（15％～16％）提高了一些。

（3）有载调压。为了补偿换流变压器交流侧电压的变化以及将触发角运行在适当的范围内以保证运行的安全性和经济性，要求有载分接开关的调压范围较大。一般在 -5%～ $+23\%$，分接头每档的档距较小，一般为 1%～ 2%，这是为了应对换流变压器阀侧电压因负载变化而发生升降的问题，以及直流系统降压运行的需要。如向家坝—上海 $\pm 800\text{kV}$ 特高压直流输电工程的换流变压器调节范围大约 -5%～ $+23\%$，分接头每档为 1.25%。

（4）谐波。换流变压器在运行中有特征谐波电流和非特征谐波电流流过。变压器漏磁的谐波分量会使变压器的杂散损耗增大，有时还可能使某些金属部件和油箱产生局部过热现象。对于有较强漏磁通过的部件要用非磁性材料或采用磁屏蔽措施。数值较大的特征谐波所引起的磁致伸缩噪音，一般处于听觉较为灵敏的频带，必要时要采取更为有效的隔音措施。

（5）直流偏磁。通过变压器绕组的电流中的直流分量会影响铁芯的磁化曲线，并产生偏离坐标零点的偏移量，这种现象称为直流偏磁。运行中由于交直流线路的耦合、换流阀触发角的不平衡、接地极电位的升高以及换流变压器交流网侧存在 2 次谐波等原因将导致换流变压器阀侧及交流网侧绕组的电流中产生直流分量，使换流变压器产生直流偏磁现象，导致变压器损耗、温升及噪音有所增加。但直流偏磁电流相对较小，一般不会对换流变压器的安全造成影响。

（6）噪声。换流变压器的噪声主要由铁芯、绕组、油箱（包括磁屏蔽等）及冷却装置的振动产生的。直流偏磁电流和高次谐波电流引起换流变压器本体噪声增加。直流偏磁电流引起铁芯周期性饱和，硅钢片的磁致伸缩引起铁芯振动加剧，发出强烈的低频噪声，它的频率只有正常励磁情况下的电力变压器噪声频率的一半，可以把这种低频的噪声作为判断换流变压器发生直流偏磁的征兆。负载电流产生的漏磁引起绕组和油箱（包括磁屏蔽等）的振动。换流变压器绕组中流过的高频谐波电流，会引起换流变压器绕组在高频下振动，使换流变压器的噪声显著增加。

2.2.2 换流变压器的结构

1. 铁芯结构

换流变压器铁芯通常为芯式结构。它有多种结构型式，如三相三柱式、三相五柱式、单相三柱式及单相四柱式等。

500kV换流变压器通常采用单相四柱式。单相四柱式铁芯有两个主柱和两个旁柱。主柱套装有线圈，旁柱构成磁路的部分。大型换流变压器通常采用单相四柱式或单相五柱式铁芯结构，带有旁柱的铁芯可以有效降低产品的高度，解决高电压大容量产品的运输问题。考虑到降低损耗、降低空载电流以及空载噪声的要求，铁芯一般采用全斜无孔绑扎芯式结构，采用高质量、低损耗、高导磁晶粒取向冷轧电工钢带。在一些大型和超大型换流变压器中，还可采用激光照排和等离子蚀刻的超低损耗硅钢片。铁芯片的叠片与普通电力变压器相同，有时也采用复杂的多级接缝铁芯叠片，这样可以有效地降低接缝处的空载损耗和空载电流。铁芯柱各级台阶用结构件撑紧，使铁芯绑扎更加牢固和规整，同时使线圈受到均匀有效的内支撑，以此提高特高压换流变压器的抗短路能力。

换流变压器在运行时绕组中存在直流偏磁电流，铁芯会出现饱和现象，很小的直流偏磁电流（通常只有几个安培）也会导致铁芯中损耗和噪声的大幅度升高。因此在设计大容量换流变压器铁芯时，除考虑铁芯的冷却外，还需采取措施提高铁芯的整体刚性，以降低铁芯的噪声水平，有时也通过间隔定厚度放置减震胶垫来降低铁芯磁致伸缩而引起的噪声。特高压换流变压器铁芯和夹件通过箱盖的端子盒引出并可靠接地，接地处有明显的接地符号或"接地"字样。

2. 绝缘结构

变压器的绝缘主要分为内部绝缘和外部绝缘两大类绝缘。内部绝缘包括绕组（或引线）对地（如对铁轭及芯柱）、对其他绕组（或引线）之间的主绝缘和同一绕组上各点（线匝，线饼，层间）之间或其相应引线之间以及分接开关各部分之间的纵绝缘。外部绝缘（空气中绝缘）包括套管本身的外部绝缘和套管间及套管对地的绝缘。

特高压换流变压器内部的绝缘种类大致可以分为主绝缘和纵绝缘两部分。主绝缘和纵绝缘又各自包括不同的部分。

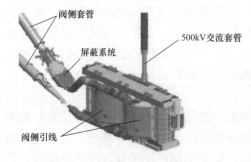

图 2-17 换流变压器器身结构示意图

（1）器身绝缘。以溪洛渡直流输电工程中昭通站所使用的换流变压器为例，简单介绍换流变压器器身的绝缘结构。换流变压器的器身结构如图 2-17 所示，该变压器的器身采用整体套装垫块压紧结构，所有绕组分别套在两个主柱上。采用层压纸板材料制作分瓣压板。绝缘筒采用数层1mm厚的绝缘纸板对接。阀侧绕组为全绝缘结构，上下端分别采用了成型角环绝缘件。网侧绕组首端为 500kV 端部出线结构，首末端也采用了适量的成型角环。器身整体再利用上下夹件的定位装置分别与箱盖和箱底用树脂浇注成一个整体，从而有效的固定器身，实现了"六向定位"，保证器身在运输过程中不发生相对位移。采用先进的套装和压装工艺，使整个器身紧固可靠，有效地提高了产品的抗短路能力。应用计算机程序对线圈间主绝缘结构、端部绝缘结构进行电场计算和优化处理，避免局部场强集中，降低局部放电量，使各个部件均具有足够的绝缘强度和可靠的绝缘裕度。

换流变压器无论是阀侧还是网侧绕组端部都需要放置多层成型角环。角环的设计角度是严格按照全域电场计算结果来进行设计的，要求与等位面平行，即与电力线垂直。角环装配时要求平整放置。为了保证爬电距离，相邻两层角环安装时，其搭接位置要使坡口形成"Z"路径。当两角环的搭接位置无法形成"Z"路径，而是单向爬电路径时，则坡口左右之间应该错开一定的距离。

（2）阀侧引线布置。特高压换流变压器研制的另一个关键问题是换流变压器的运输问题。受端换流站大多位于东部沿海沿江地区，可以充分利用水路运输的优势。但送端换流站多位于西部偏远山区，由于受运输条件的限制，即使能通过水路将换流变压器运到最近的码头，仍然需要解决陆路运输困难的问题。

特高压换流变压器的运输尺寸由换流变压器的技术性能参数和结构确定。其中，换流变压器阀侧引线结构对运输尺寸的影响很大。换流变压器阀侧引线结构，可以采用放置在油箱内部和独立放置在外部两种方式。这两种阀侧引线结构，均由大直径均压管、覆盖绝缘以及多层绝缘筒组成。通过合理地设置绝缘筒的数量以及合适的引线安装位置，可以最大程度减小引线均压管到油箱以及铁芯等接地位置的绝缘距离。

阀侧引线独立放置在油箱外部可以充分利用外部空间，减小换流变压器本体的运输尺寸。但由于特高压换流变压器阀侧引线与线圈的接口十分复杂，对产品的制造偏差的要求十分苛刻，给工厂及现场安装带来了很大的困难，需要有充分工艺保障措施和必要的专用工装设备。

阀侧引线放置在油箱内部的优势在于换流变压器的现场安装较为简单，风险小。但要在有限的油箱里，布置特高压换流变压器的阀侧引线很有难度。要做大量的计算分析和优化设计，合理布置内部的引线结构，有效地控制电场强度。同时，在工厂加工制造过程中，对器身、引线及油箱等各个部分的加工偏差要严格控制。

（3）阀侧套管与阀侧出线装置。阀侧套管和阀侧出线装置是国内变压器厂家研究特高压换流变压器的瓶颈。目前，国内套管制造厂正在开展阀侧套管研制，但与国外套管制造厂的差距较大，±500kV 及更高电压等级的换流变压器套管在短期内仍然需要依靠国外制造商供应。

直流套管与其出线装置必须配套使用，研制中不仅涉及套管自身的结构和绝缘特性，还需要相应的出线装置予以保证。随着直流技术研究方面的深入，国内厂家已能独立设计制造±500kV 及以下电压等级的换流变压器出线装置，对更高电压等级的出线装置也在进行研究和设计。在实际应用到换流变压器中时，还需要与国外直流套管制造商进行更深入地合作和研究，才能设计出可靠的阀侧出线装置。

向家坝—上海（简称向上）±800kV 特高压直流输电示范工程用换流变压器最高阀侧电压 800kV（直流）、网侧电压 500kV（交流），最大单台容量 321MVA，锦屏—苏南特高压直流输电工程高端换流变压器阀侧电压 800kV（直流）、网侧电压 500kV（交流），最大单台容量达 363MVA。相比特高压交流变压器，特高压换流变压器绝缘结构需要综合考虑交、直流电场的混合作用，设计难度更大。800kV 换流变压器的外形尺寸由换流变压器的技术性能参数和结构确定。其中，换流变压器阀侧引线结构对运输尺寸的影响很大。换流变压器阀侧引线结构，可以采用放置在油箱内部和独立放置在外部两种方式。这两种阀侧引线结构，均由大直径均压管、覆盖绝缘以及多层由瓦楞纸板与绝缘底板交替包捆的绝缘筒组成。通过合理设置绝缘筒的数量以及合适的引线安装位置，可以在有限空间内最大限度提高引线均压管到油箱以及铁心等接地位置的绝缘强度。

该方案阀侧引线结构简单，阀侧均压管较短，且工艺要求较低，但在设计中，引线装置和套管的连接处的轴向绝缘裕度较低。在试验过程中，升高座曾发生过爬电现象，从升高座上部金属板表面螺栓（固定绝缘件）沿纸板表面向出线装置均压球（罩）方向发展。为解决此问题，在轴向添加了两级由角环构成的隔板，加强了轴向绝缘，满足了绝缘性能要求。

（4）出线装置。特高压出线装置需要在很小尺度内耐受很高的电压，并确保在电、磁、热和机械等多应力共同作用下的长期可靠运行。其结构复杂，可靠性要求高，设计和制造难度大，尤其是在高场强区，出线装置稳定、良好的绝缘特性尤为重要，也是决定变压器整体结构、电气性能、制造成本、生产周期、安全运行的一个重要因素。因此对出线装置的结构设计、材料选用及工艺质量稳定性有很高要求。开展特高压变压器出线绝缘结构的设计、优化、生产制造及其性能的试验研究，对于提高变压器的绝缘可靠性、经济性，以及变压器的整体制造水平有着重要的工程应用价值。

根据变压器的绕组结构的不同和高压引出线位置的不同，高压出线装置绝缘结构主要可以分为辐向中部出线间接连线结构、辐向中部出线直接装配结构和辐向端部出线直接装配结构。

（5）网侧出线装置。位于阀侧绕组内侧的换流变压器网侧绕组，采用常见的引线出线的结构特点并运用端部出线方式来优化分析换流变压器网侧引线。基于一些原因，对于套管的空间位置已经提前定位，网侧套管油中端子距离地面接近 6.5m，还有设计之前就已经完工的换流站架空设备、换流阀厅、地基栅栏，引线的布置终端都要据此设计，依据以上的情形，最后工程中一般选择轴向端部出线直接装配结构，利用机械强度高、集肤效应低以及散热条件好等特点，并且运输高度得到降低，满足现场安装的条件。

3. 线圈排列

特高压换流变压器的网侧绕组首端要承受全波 1550kV 的雷电冲击电压，网侧线圈可采用纠结连续式，如图 2-18 所示，其电位分布如图 2-19 所示。在网侧线圈的上下端部设置静电板，以改善线圈端部电场分布，提高绝缘强度。

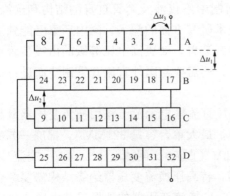

图 2-18　网侧线圈纠结段

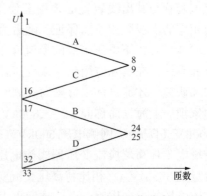

图 2-19　纠结式电位分布

此种纠结式绕圈具有以下特点：

（1）绕组内、外油道梯度电压相等，均为两个线饼电压，即 $2U$，有

$$\Delta U_1 = \Delta U_2 = 2U \qquad (2-1)$$

式中：ΔU_1 为外油道梯度；ΔU_2 为内油道梯度；U 为一个线饼工作电压。

（2）匝间梯度电压 ΔU_3 为

$$\Delta U_3 = 2U/N \qquad (2-2)$$

式中：N 为双饼匝数。

所以，绕组内、外油道可采取等油道尺寸，且匝间长时工作电压梯度与冲击电压梯度均很小。绕组纵向电容调节主要靠轴向油道尺寸来控制。

特高压换流变压器阀侧绕组首末端均要承受 1800kV 的全波雷电冲击电压，阀侧绕组为全绝缘结构。特高压换流变压器阀侧绕组电流大，交流电压较低，绕组的匝数较少，阀侧绕组一般为内屏蔽连续式或螺旋式结构。内屏蔽连续式的阀侧绕组往往采用半硬自粘组合换位导线（首末端若干个饼的导线带屏蔽线）绕制。屏蔽连续式绕组结构，如图 2-20 所示，其电位分布如图 2-21 所示。内屏蔽连续式的阀侧绕组采用纵向电容分区补偿结构，具有良好的冲击电压分布，并严格控制场强分布，确保绕组内不发生局部放电。由于作用在阀侧绕组上的交、直电压都很高，阀侧绕组的上下端部要设置静电板，为有效改善绕组端部电场分布，静电板要选择合适的曲率半径。屏蔽式绕组纵向电容的调节，主要靠每饼屏蔽线匝的深度及轴向油道尺寸控制。

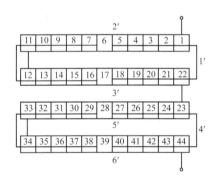

图 2-20　屏蔽连续式绕组结构

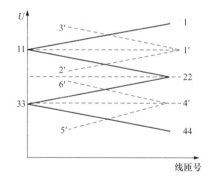

图 2-21　屏蔽连续式绕组电位分布

在图 2-20 中，1、2、…、44 为工作线匝的绕匝号，1′、2′、…、6′ 为屏蔽线匝的绕匝号，其屏蔽线位于换位工作线的线间。

由图 2-20 可知，双饼屏蔽式绕组结构，屏蔽线匝是放在每个工作线匝的线间，所以相邻线饼之间的屏蔽线实际并不相邻，故相邻饼间绝缘可以不考虑屏蔽线之间绝缘，只考虑工作线绝缘即可。此时绕组段间绝缘内、外油道梯度电压相等，与连续式绕组结构相似，这也是该种屏蔽绕组结构内、外油道可以采用相等尺寸的原因。匝间绝缘只考虑屏蔽线与工作线匝之间的情况。根据图 2-21 可知，屏蔽线与工作线之间的梯度等于每饼工作电压。

调压线圈为圆筒式，采用半硬自粘换位导线绕制，匝间和段间均无油道。各分接出头通过电缆与线圈出头原线焊接后引出，各分接间设有 ZnO 非线性电阻元件，以限制调压线圈上的雷电冲击过电压。高端换流变压器绝缘的高要求致使绝缘件用量很大，送端 800kV

高端换流变压器仅线圈绝缘件质量就超过11t。

网侧系统接1000kV交流、直流侧额定直流电压为±1100kV的特高压换流变压器，如果不增加中间联络变压器，将给变压器的研制带来较大的困难，因为在1个铁芯柱上要同时套有特高压的网侧交流绕组和阀侧直流绕组，而网侧电压的不同决定其出线结构方案的不同，这在很大程度上影响着换流变压器整体方案的优化布置。因此有必要对此类变压器进行整体方案的优化布置研究。

4. 油箱

特高压换流变压器油箱一般为桶式结构，平顶箱盖，箱壁加有特殊屏蔽。平顶箱盖进行预处理，形成一定弧度，不会形成积水，并保证油箱内部没有窝气死角。箱壁为高强度钢板拼接焊成，高强度槽钢加强铁。箱底布置有降低噪声的特殊材料隔音板或特殊降噪装置。

换流变压器的冷却方式为强油导向风冷。经由冷却器冷却后的变压器油，通过主管路在油箱短轴方向下部直接进入夹件导油盒内。通过导油盒上特定位置的导油孔经由导油垫块直接进入器身。在器身内部按照线圈端部绝缘结构布置的油路及线圈自身的油路设计自下而上流经器身后，在油箱顶部经主导油管进入冷却器。这种油直接进入器身，同时两柱各个线圈独立进油的结构，通过线圈端部的油路及线圈自身的油路设计，能够按照各线圈的损耗准确分配油量，达到较好的冷却效果。

5. 器身

特高压换流变压器所有绕组都套装在铁芯主柱上。上端利用层压纸板材料制作压装垫块和压板。绕组之间的主绝缘空道采用薄纸筒小油隙结构。对于直流输电用换流变压器的阀侧线圈是全绝缘结构，即上下端的绝缘水平是一样的，为此要求在线圈的首末端均要放置多层角环成型件。网侧绕组首端为1000kV或者500kV，若不是中部出线而采用上端部垂直出线时，在出线的部位也要放置较多的成型角环件。变压器的油中本体部分要与油箱之间可靠地定位，上部与油箱箱盖，下部与油箱箱底实现有效固定，防止运输时两者之间发生不允许的位移。变压器的器身整体要牢固可靠，具有足够的抗短路强度，同时主纵绝缘结构要合理，利用专用软件对整个全域场进行详细的计算分析，保证足够的绝缘裕度。

6. 换流变压器附件

（1）特高压套管。套管用于隔离高压导体和与其电位不同的物体，起到绝缘和支持作用。套管分电器用套管和穿墙套管两种，前者供高压导体穿过与其电位不同的隔板，后者用于导体或母线穿过建筑物或墙壁。特高压套管在整个特高压直流输电工程中起着关键作用，一旦某个套管发生问题，该极必须紧急停运，这将对电力系统造成不利影响。

1）结构。特高压套管的基本结构是一个电极插入另一个不同电位的电极的中心。以ABB公司生产的套管为例，其内绝缘采用SF_6气体和绝缘纸作为绝缘介质，铝箔作为其极间介质。这样层间的绝缘纸上覆盖的薄铝箔层构成了一串同轴的圆柱形电容器，具有很高的电气强度，且电场分布更均匀。两端的复合绝缘子由玻璃纤维增强环氧树脂管和硅橡胶构成，还配合有应力锥、电极屏蔽、均压球等设计，用于改善电场和电位分布。外绝缘采用长短交替式硅橡胶制伞裙，以提高爬距和耐雨耐污秽性能。按特高压套管的用途，可以将特高压套管分为特高压变压器套管和特高压穿墙套管。

a. 特高压变压器套管。向家坝—上海±800kV特高压直流输电工程中，复龙站的换流变压器套管如图 2 - 22 所示。

b. 特高压穿墙套管。特高压穿墙套管用于辅助阀厅内的直流母线穿过墙体与安装在户外的直流极线相连接，其最高端运行电压高达 800kV，绝缘水平要求高。工程中采用与水平方向成 10°倾斜角的安装方式，以改善套管耐淋雨性能，保证爬距。考虑到阀厅内的环境较清洁干燥，爬距可以相对减小，所以穿墙套管的室内段会比室外段短一些。图 2 - 23 为某 ±800kV 直流极线穿墙套管的外形图，其技术参数见表 2 - 2。

图 2 - 22　向家坝—上海±800kV 特高压直流输电工程复龙站的换流变压器套管

图 2 - 23　某±800kV 直流极线穿墙套管的外形图

表 2 - 2　　　　　　　　　800kV 直流极线穿墙套管技术参数

套管类型	SF₆气体绝缘，复合材料
标称直流电压/kV	±800
额定峰值电压/kV	816
额定电流/A	4000
爬电比距（户内）/（mm/kV）	＞14
爬电比距（户外）/（mm/kV）	＞15
尺寸	室内段约 8.3m，室外段约 9.9m
安装角度	与水平方向呈 10°

2) 特点。特高压套管尺寸较大，如某些穿墙套管的长度将近 19m。同时其绝缘结构比较复杂，既有内绝缘，也有外绝缘，且内外电场压力需要保持平衡。套管的运行环境也十分苛刻，既要承受外部雨、污染等环境因素，又要承受很大的电、热和机械应力。特高压套管在材料、绝缘结构等方面有以下特点：

a. 特高压套管外绝缘特点。与±500kV 直流输电工程不同，特高压套管一般采用硅橡胶作为其外绝缘材料。传统的纯瓷套管受制造工艺限制，无法制造出特高压直流输电系统绝缘要求的套管厚度。而硅橡胶憎水迁移性能优良，温度耐受范围大，且介电性能优良，其户外绝缘的爬电距离和空气间隙较瓷制套管大大减少，质量更轻。硅橡胶的耐湿耐污秽性能可以从根本上解决在许多±500kV 直流输电工程中纯瓷套管的非均匀淋雨闪络以及污闪等问题，并杜绝了纯瓷制套管可能出现的爆炸危险，消除了套管破裂对邻近设备可能造成的危害。

b. 特高压套管电场分布特点。套管的结构决定了其电场分布十分复杂。套管的垂直介质表面电场分量较强,表面电压分布极不均匀,靠近中间法兰处和法兰与导杆之间的电场强度大,容易发生放电击穿。套管的绝缘层中有许多分子正负电荷作用中心不重合的地方,它们都可能成为局部陷阱,吸引空间电荷聚集。从空间电荷分布问题角度分析,直流套管绝缘设计比交流套管更复杂。因为被吸引的空间电荷不会被时变的电场中和消散。另外,在强电场下介质的介电性能与较低外加场强下不同,空间电荷不再以电离产生为主,而是阴极、阳极有大量同性载流子注入,大大增加了场强畸变率,畸变部分场强甚至可达到原来的 8~10 倍。所以空间电荷造成绝缘材料内部电场畸变,是导致材料老化和电击穿的一大因素。

c. 特高压套管运行环境苛刻。特高压套管不仅要承受长时交直流工作电压,还可能受到系统运行方式改变、外界温度变化等因素影响。直流输电系统的运行经验表明,大多数高压设备的故障都是在极性反转时发生的。极性反转的最明显特点是空间电荷瞬间呈现异极性积聚,使得复合介质界面局部区域电场集中,不论交流或是直流套管都容易发生闪络和击穿。同时,对于直流套管来说,其电场按照电阻率分布,极易受温度变化影响。聚合物的绝缘电阻一般具有负温度特性,低温侧电导小,故而载流子易集中在低温侧,导致低温侧场强畸变。且温差越大,异极性电荷数量越多,场强分布畸变越严重。

3) 套管分类。

a. SF₆—油绝缘套管。SF₆—油绝缘套管设计如图 2 - 24 所示,SF₆—油套管分为内、外两部分。套管内部下半部分充油,与变压器油连通。外部主要包括玻璃纤维带环氧树脂管、硅外裙组成的绝缘体,并充上一定压力的 SF₆ 气体。变压器油箱应高于套管顶部。套管的油与本体油相通。

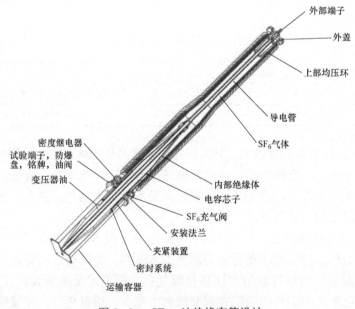

图 2 - 24 SF₆—油绝缘套管设计

b. 油绝缘套管。油绝缘套管由最内层的导电管、中间层的油浸式电容纸质芯子和分层的铝箔及最外层的瓷绝缘子外套组成,内部充满油。在套管上有 1 个油枕,可对套管中的油进行调节。套管油与本体油不相通。

该类型套管多用于阀侧套管和网侧高压套管。阀侧套管一般带有油枕,而网侧套管一般不带有油枕。

c. 环氧树脂浸纸电容式套管。环氧树脂浸纸电容式套管由导管、法兰及电容芯子连接组成。主绝缘电容芯子是由绝缘纸和铝箔电极在导电管上卷绕而成的同心圆柱形串联电容器,用以均匀电场。套管油与本体油相通。套管的中间设有供安装连接用的法兰,法兰上设有供变压器注油时放出变压器上部空气的放气塞及测量套管介损的测量引线装置。该类型套管多用于阀侧套管。

d. 干式绝缘复合电容式套管。干式绝缘复合绝缘电容式套管,由环氧树脂浸纸的圆筒状绝缘件和组成,环氧树脂浸纸干式套管的结构以环氧树脂浸纸式电容芯子作为主绝缘,外部加装高度硫化的硅橡胶材料的外壳以承担机械负荷并作为外绝缘,主绝缘与外绝缘间的空隙以硅脂类膏状物干式绝缘材料作为填充。该类型套管多用于阀侧套管。

e. 硅橡胶套管。硅橡胶套管是以树脂浸渍纸作主绝缘、硅橡胶作户外伞裙的干式套管。其优点是可以在任意方向垂直安装。套管通过两根软导线或硬导杆与换流变连接。此类套管一般用于网侧中性点套管。

f. 瓷套管。瓷套管为电容性套管,其主绝缘由油浸式芯子构成,芯子被绝缘油包裹。芯子为分层结构以优化电压分布。套管外壳为瓷绝缘子、法兰、外罩等组成。此类套管一般用于网侧中性点套管。

(2) 有载分接开关。

1) 结构。换流变压器有载分接开关有油浸式有载分接开关和真空有载分接开关,油浸式有载分接开关的切换开关完全泡在油中,靠油的绝缘性能来熄灭主触头电弧;真空有载分接开关的切换开关虽然泡在油中,但使用密闭真空泡息弧。真空有载分接开关体积小、维护量少、灭弧性能好且不易引起油炭化,广泛运用于大型换流变压器有载分接开关中。

换流变压器有载分接开关都是在制造厂安装调试完毕后与换流变压器本体一起运到现场,现场仅需完善外部管路连接,吸湿器、在线滤油装置等附件安装。

有载分接开关分三部分:切换开关、选择开关和极性开关,切换开关(如图 2 - 25 所示)独立于换流变压器油箱本体,有单独的油室,在分接头换挡时起切换电流的作用,有专门的滤油机为切换开关油室进行在线滤油,切换开关在线切换时分解油所产生的气体不会进入换流变压器本体。如图 2 - 26 所示,选择开关和极性开关置于换流变压器油箱本体内,选择开关安装在切换开关下面,起选择分接头的作用,又分单数、双数分接选择器。切换开关和选择开关通过连接齿轮的咬合来进行联动。极性开关主要起改变调压绕组电流方向的作用,以达到用 16 个挡位来实现 31 个挡位的调节功能的目的。

2) 功能。换流变压器均装备有载分接开关,有三种功能:

a. 维持阀侧直流电压恒定不变,补偿交流系统电压变化。

b. 将换流阀的控制角保持在最佳范围。

c. 实现直流系统的降压运行。

改变控制角也可以调整直流电压,但最佳调节范围很窄。一旦偏离最佳调节范围,则换流阀的性能会变差,无功功率和谐波会增加,换流阀的压力变大。利用有载分接开关可以避免出现这种情形。通过快速调整控制角,可以在小范围内调整直流电压。改变有载分接开关的挡位,可以在大范围内调节直流电压。综合使用这两种调节方式可以优化控制角和系统的性能。

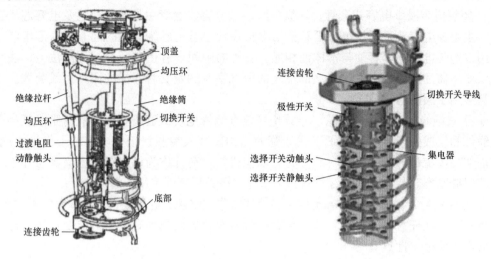

图 2-25　切换开关图　　　　　　　图 2-26　选择开关和极性开关图

根据气候和污染状况的不同,高架电线某些线段对地的绝缘性能可能会降低。降压运行可以消除或防止暂态对地短路。因此,大功率长距离高压直流输电系统配有降压运行模式,可降低到额定电压的 75%。在这种运行模式下,换流变压器需要具备高达 40% 的调压范围。分接开关在控制角的控制方式下及调压需求下也需要频繁操作。

(3)油流继电器。油流继电器是一种监视油流量、方向变化及油泵工作状态的报警信号装置。该产品可用来监视强油循环风冷却器和强油循环水冷却器的油泵运行情况,同时也可监视油泵是否反转、阀门是否打开、管路是否有堵塞等情况,当油流量减少到一定数值时发出报警信号。

1)主要结构。油流继电器主要由联管和流量指示器本体两部分组成。流量指示器本体主要由传动部分、电气部分和指示部分组成,具体结构如图 2-27 所示。

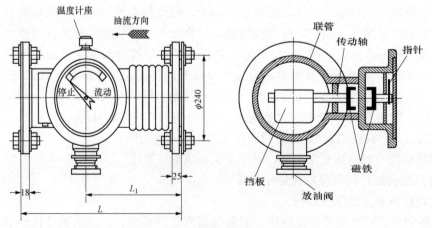

图 2-27　油流继电器结构示意图

2) 工作原理。当变压器油泵启动时就有油流循环，油流量达到额定油流量约 3/4 时挡板被冲动，而和挡板在同一轴上的磁铁也随着旋转，旋转着的磁铁带动隔着薄壁的另一个指示部分磁铁同步转动，当挡板被冲到 85°位置时，使微动开关的动合（常开）接点闭合，发出正常工作信号，指针指向"流动"位置。如果油流量减少到额定油流量的约 1/2 时，挡板借助弹簧作用力返回，耦合磁铁也跟着返回，使微动开关的动合接点打开，发出故障报警信号。

（4）冷却器。强油风冷却器控制箱是用于控制采用强迫油循环降温方式的变压器上冷却器的一种专用自动控制箱。它的箱体采用优质铝合金框架及内外双重板组合式机柜。

1）结构特点。

a. 强油风冷却器比钢板焊接构成的箱体稳定性好，刚性高，重量轻。

b. 箱体采用了内外双层板结构，可阻隔大量太阳辐射热能，使机柜内温度保持恒定。

c. 箱体内板采用的是铝合金板，使机柜的重量变轻，电磁屏蔽效果好。

d. 箱体外板采用的是不锈钢板，使机柜的强度增高，耐腐蚀性强。

e. 箱体具有高于 IP55 的户外防护等级。

2）主要功能。

a. 冷却器的风机和油泵是由两路独立的电源供电，两路电源互为备用。

b. 冷却器的风机和油泵的投切可分为手动或自动控制两种。当冷却器的风机和油泵投入方式选择开关转到手动投入位置时，即刻将该台冷却器的风机和油泵投入工作；同样，当将冷却器的风机和油泵投入方式选择开关转到自动投入位置时，冷却器的风机和油泵的投入按变压器油面温度或绕组温度及负荷自动逐台投入。

c. 当对冷却器的风机和油泵的投切采用自动控制方式时，工作冷却器和备用冷却器经一定时间自动轮换。

d. 强油风冷却器控制系统采用可编程序控制器来代替传统的继电器控制模式来对强油风冷却器的投切进行自动控制，因此，大大提高了控制系统的可靠性和灵活性，便于现场控制方式的改变。

（5）油浸式换流变压器气体继电器。气体继电器是油浸式变压器、电抗器等采用的一种保护装置。当变压器内部故障而使油分解产生气体造成油流冲动时，气体继电器的接点动作，并发出报警信号或给出切除变压器信号。换流变压器装有多个气体继电器，分别位于本体油枕和本体油箱之间的连接管道、网侧高压套管、阀侧套管、本体油箱中分接头的选择开关周围。

气体继电器由一个包含安装在顶部的报警和跳闸装置的铝盒组成。在盒的两侧都预备了两个可视窗口。上方的可视窗口有立方厘米的刻度，可以显示出被收集气体的体积。可视窗口配有带铰链的金属盖。释放收集气体的阀门安装在盒的顶盖上。盖子上有一个测试旋钮，用于报警和跳闸装置的手动测试，当不使用的时候用一个簧帽保护。

气体继电器有两级保护，第一级为轻瓦斯保护，只发报警信号，第二级保护为重瓦斯保护，发报警，且发生跳闸信号。气体继电器的原理如下：①轻瓦斯保护的原理为换流变压器在因为发生电弧、短路和过热时产生大量气体，气体聚集在气体继电器上部，使油面降低。当油面降低到一定程度时，上浮球下沉，使控制接点接通，发出报警信号。②重瓦斯保护的原理为换流变压器内部的严重故障（例如电弧）时，换流变压器油的体积会急剧增大，油流冲击挡板，挡板偏转并带动板后的连动杆转动上升，使控制接点接通，发出跳闸信号。气体继电器常用型号及规格见表2-3所示。

表2-3 气体继电器常用型号及规格

序号	型号及规格	备注
1	QJ4-25（TH）	无信号接点，带单跳闸接点
2	QJ12-80A（TH）	单信号接点，双独立跳闸接点
3	QJ13-80A（TH）	双独立信号接点，双独立跳闸接点

气体继电器实物如图2-28、图2-29所示。

图2-28 气体继电器

图2-29 打开外盖的气体继电器

（6）油温传感器和绕组温度。换流变压器有两个油温传感器，分别位于换流变压器油箱顶部和底部。测量系统中充满液体，温度变化时它的容量随着变化，温度变化还导致弹簧挡板移动。挡板的移动通过连接系统传输给信号接点。油温传感器提供4副微型开关信号接点。温包采用膨胀系数比较高的物质，利用热胀冷缩的原理使表的膨胀管及传动机构带动表针转动显示温度。

换流变压器的绕组测量温度是依据油温和绕组电流计算得出的温度。电流互感器内的调节电阻器用来补偿电流的热效应，显示绕组温度。油温传感器的实物如图2-30所示。

图2-30 油温传感器

（7）压力释放阀。换流变压器的压力释放阀分别装在有载分接开关油箱和本体油箱上。压力释放阀是一种保护装置，当换流变压器油箱或有载分接开关油箱内严重故障（例如电弧）时，换流变压器油的体积会急剧增大，并产生大量气体，就会压缩压力释放阀的弹簧，若其压力大于压力释放阀的开启压力，压力释放阀就会打开，气体和油则会从压力释放阀喷出，待油箱内的压力低于压力释放阀的开启压力后，压力释放阀会关闭。压力释放阀的外形如图2-31所示。

（8）有载分接开关的压力继电器。换流变压器

的压力继电器，装在有载分接开关油箱上。当油箱内的
气体发生过压，压力继电器将发出跳闸信号，跳开换流
变压器的进线断路器。

当作用在活塞上的压力大于活塞上弹簧的压力时，
活塞将向上移动，并触发开关元件。若在 -40℃ 到
80℃ 的温度范围内，当压力增大 20～40MPa 时，动作
时间将小于 15ms。动作时间是指有载分接开关油箱的
压力超过压力继电器的整定压力到压力继电器发出稳定
的跳开断路器信号之间的时间。

图 2-31　压力释放阀外形图

图 2-32　油位指示器

（9）电磁油位指示器。换流变压器油位指示器安装在
本体油枕和有载分接开关油枕上。

油位指示器的实物如图 2-32 所示。油位指示器用于
显示油枕内的油位，通常安装在油枕端部的法兰上。油位
指示器的指针指示范围从 0 至 1，将可指示的油枕容积分
为 10 等份。随着油位的变化，浮子的升降带动浮杆，从
而驱动联动轴。联动轴的运动使得磁铁相互作用，这个作
用力使得指针也跟着一起转动。两块磁铁分别安装在油枕
外壳端部的内外两侧。

（10）呼吸器。换流变压器的
呼吸器有本体油枕呼吸器和有载
分接开关油枕呼吸器，如图 2-33
所示。呼吸器的作用是在换流变压器负载下降、油温降低，造成油
体积减小的情况下，给换流变压器提供干燥的空气，在呼吸器中填
充有硅胶，它有很好的干燥效果，可以吸收相当于自重 15% 的水
分，吸收水分后硅胶会变成色。

图 2-33　呼吸器

在呼吸器末端有一油杯，用来防止空气直接进入呼吸器，可以
在空气进入前对空气进行净化，注油时要注到刻度线所在的位置。

（11）在线滤油机。为了对换流变压器有载分接开关的油箱进
行在线滤油，换流变压器装有在线滤油机，如图 2-34 所示。在线
滤油机由过滤器底座、过滤器外壳、取样阀、泵、电机和连接法兰
等组成。排油阀安装在过滤器底座上，用于在更换滤芯时排掉外壳
内的油。在线滤油机运行方式为在线不间断滤油；当滤油回路发生油泄漏时，发油枕"油
位低"报警，自动跳开滤油装置电机开关。

（12）潜油泵。换流变压器的每组冷却器上装有一台潜油泵，结构如图 2-35 所示，潜
油泵提供强迫油循环的动力。泵和电机室都是由铁质材料构成，再由螺丝固定，连接处的
密封使用"O"形环，定子和线圈直接安装在电机室内，电机的传动轴、用来支撑转子和泵
叶轮悬挂两端在球形轴承中，当转子静止，电机室产生振动时，球形轴承中缓冲器的弹簧
可以防损伤。泵叶轮安装时，应小心地调整和平衡。在运输储存时，要盖上法兰，防止湿
气在泵内聚集。通过泵的真空测试检查泵在过压力下的密封性能。

图 2-34 滤油机

图 2-35 潜油泵

2.2.3 换流变压器的接线方式

换流变压器的总体结构可分为三相三绕组式、三相双绕组式、单相三绕组式和单相双绕组式四种,如图 2-36 所示。采用何种结构型式的换流变压器,应根据换流变压器交流侧及直流侧的系统电压要求、变压器的容量、运输条件以及换流站布置要求等因素进行全面考虑确定。

对于中等容量的换流变压器,可选用三相式。采用三相式的优点是减少材料用量、减少变压器占地空间及损耗,特别是空载损耗。对于 12 脉动换流器的两个 6 脉动换流桥,宜采用两台三相换流变压器,其阀侧输出电压彼此有 30°的相角差,网侧绕组均为星形连接,而阀侧绕组,一台为星形连接,另一台为三角形连接。

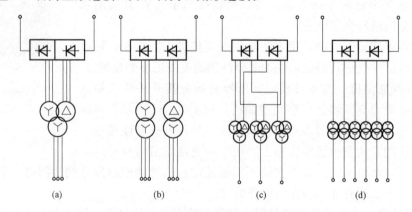

图 2-36 换流变压器结构型式示意图

(a)三相三绕组式;(b)三相双绕组式;(c)单相三绕组式;(d)单相双绕组式

对于容量较大的换流变压器,可选用单相变压器。在运输条件允许时应采用单相三绕组变压器。这类型的变压器带有一个交流侧绕组和两个阀侧绕组,阀侧绕组分别为星形接线和三角形接线。2 个阀侧绕组具有相同的容量和运行差数,线电压比值为 1.73,相角差为

30°。天广直流变压器采用单相三绕组式，如图 2 - 37 所示。

高压大容量直流输电系统采用单相三绕组换流变压器相对于采用单相双绕组换流变压器所需铁芯、套管及有载分接开关更少，原则上采用三绕组变压器更经济、可靠。

图 2 - 37　单相三绕组换流变压器

2.2.4　换流变压器的谐波

换流变压器在运行中有特征谐波电流和非特征谐波电流流过。变压器漏磁的谐波分量会使变压器的杂散损耗增大，有时还可能使某些金属部件和油箱产生局部过热现象。对于有较强漏磁通过的部件要用非磁性材料或采用磁屏蔽措施。

1. 谐波危害

谐波问题是直流输电系统中的一个较重要的技术问题。由于换流器的非线性特性，在交流系统和直流系统中都将出现谐波电压和谐波电流。谐波对电力系统的影响和危害很大，主要表现在以下方面：

（1）当系统中存在谐波分量时，可能会引起局部的并联或串联谐振，放大了谐波分量，因此增加了由于谐波所产生的附加损耗和发热，可能造成设备故障。

（2）由于谐波的存在，增加了系统中元件的附加谐波损耗，降低了发电、输电及用电设备的使用效率。

（3）谐波将使电气设备元件加速绝缘老化，缩短使用寿命。

（4）谐波可能导致某些电气设备不正常的工作。

（5）谐波干扰邻近的通信系统，降低通信质量。

（6）谐波的存在对电网的经济运行也有一定的影响。即使是在谐波分量没有超标的情况下，谐波也会造成大量有功功率和无功功率的损耗。

由于存在上述危害，因此一般具有架空线路的高压直流输电工程都在直流侧配置直流滤波器。背靠背工程和全电缆线路的工程可不必装设直流滤波器。

2. 谐波分类

谐波通常被分为电压源性质的谐波和电流源性质的谐波两类。

电压谐波：作戴维南等效时，等效阻抗远小于外接阻抗，输出端谐波电压不随外接负载的变化而改变，如发电机输出的谐波电压，变频器输出谐波电压，负载电网侧谐波电压。

电流谐波：作诺顿等效时，等效阻抗远大于外接阻抗，谐波电流幅值不随外接负载的变化而改变。谐波电压在回路的不同点可有差异，而谐波电流在谐波回路中却总是一样的。

显然，对于同一个电路，从不同的角度研究可能要作不同的处理。比如，从交流侧看 HVDC 整流电路时，因为直流侧的大电感作用，直流侧纹波可以认为是电流源性质；从直流侧看，因为交流侧直接连接于大电网，变流器可以看作电压谐波源。

换流站交流侧的三相电流和直流侧电压中的谐波，其次数和特性比较有规律，它们统称为特征谐波。脉动数为 p 的换流器在直流侧电压中仅仅产生 pn 次的特征谐波电压，而在交流电流中产生 $pn\pm1$ 次的特征谐波电流，其中 n 为任意整数。对于 12 脉波的 HVDC，其交流侧的特征谐波电流应为 $12n\pm1$ 次。由于实际中用于计算特征谐波的理想条件是不存在的，因此还会存在 $12n\pm1$ 次以外的非特征谐波。

另外，考虑到无功补偿电容和滤波器支路，系统中还应存在三次谐波电流。

第3章

换流变压器绝缘结构

3.1　换流变压器绕组绝缘

3.1.1　绕组绝缘结构

换流变压器绕组主要包括阀侧绕组、交流侧绕组两部分，在特高压变压器中具有代表性。换流变压器绕组绝缘结构各部分特点如下。

1. 绝缘覆盖

换流变压器中的绝缘覆盖是指在电极的表面紧贴覆盖较薄的绝缘层，厚度通常为零点几到几毫米，多采用绝缘漆、电缆纸、皱纹纸等绝缘材料。由于绝缘层较薄，基本上不会改变油中的电场分布。绝缘覆盖的作用，通常认为可以从油隙的击穿理论得到验证。在电场的作用下，油中的杂质会沿电场方向排列而形成放电通道，绝缘覆盖的存在，可以阻断放电通道的形成。试验研究表明，增加了绝缘覆盖的电极，其表面的耐电强度比裸露电极表面提高 20%，绝缘强度大幅度提高。因此，在特高压变压器的绝缘设计中，通常不允许存在裸露电极。绝缘覆盖通常应用于变压器的线圈导线、结构件表面等。

2. 绝缘层

绝缘层的结构同绝缘覆盖相似，只是厚度加大，通常在 10mm 以上，绝缘层厚度的加大，会改变油中的电场分布，随着绝缘层厚度的增加，绝缘表面油隙中的电场强度会随之减小，从而提高绝缘强度。绝缘层多采用电缆纸、绝缘纸浆等绝缘材料，应用于变压器的静电环、引线的绝缘部分。

3. 绝缘隔板

绝缘隔板是变压器主绝缘中最重要的绝缘结构。20 世纪 50 年代，国际上发表了油隙耐电强度的小体积效应理论，即变压器油的耐电强度随着承受电压的油体积的增加而下降，因此，在变压器绝缘设计中，通常采用绝缘隔板将大油隙分割成若干小油隙，以提高整个绝缘结构的耐电强度。绝缘隔板的厚度一般为 2~6mm，材料采用绝缘纸板，设置在电极之间的油隙中，在变压器主绝缘的各个部位得到大量应用，如线圈之间的绝缘筒、线圈端部的角环、引线表面的隔板等。

4. 油—隔板结构

变压器主绝缘的几种典型结构，无论是绝缘覆盖、绝缘层还是绝缘隔板，均能统一为电极之间的油—隔板结构，经绝缘覆盖或绝缘层处理的裸电极转化为绝缘电极，因此，主绝缘设计也就归结为油—隔板绝缘构的绝缘强度分析问题。分析油—隔板绝缘结构的绝缘强度，首先需要了解变压器油和绝缘隔板的耐电强度。

变压器油的成分主要是环烷烃、烷烃和芳香烃，以及其他一些成分。变压器油是油浸式变压器最基本的绝缘材料，充满整个变压器油箱，起着绝缘和散热作用，它的重要性质是绝缘强度。变压器油的耐电强度在理论上是很高的，实验中曾对特别纯净的油进行测试，其耐电强度高达 400kV/mm，实际上由于油中水分、气体以及其他杂质的影响，经脱油、脱气等净化处理后的工程用变压器油的耐电强度约为 25kV/mm。

绝缘纸板是由木质纤维或掺有适量棉纤维的混合纸浆经抄纸、压光而制成的。按其成分有 50/50（木质纤维和棉纤维各占一半）及 100/00（不含棉纤维）两种绝缘纸板型号，油浸式变压器中通常采用型号为 100/00 的绝缘纸板。近年来由于开发超高压电力变压器的需要，加上绝缘纸板制造技术的发展，各国生产的绝缘纸板的性能均有明显提升，油中绝缘纸板的耐电强度均大于 35kV/mm。

静电场中，有多种介质构成的混合介质，不同介质中的电场强度分布不同。对于由变压器油和绝缘纸板组成的绝缘结构，在变压器油和绝缘纸板两种介质的分界面上的电位移矢量关系见式（3-1），此式表明，在两种介质分界面上的电位移矢量的法向分量是连续的。

$$D_y = D_z \tag{3-1}$$

其中，D_y、D_z 分别为变压器油中和绝缘纸板中的电位移矢量，有

$$D_y = \varepsilon_y E_y \tag{3-2}$$

$$D_z = \varepsilon_z E_z \tag{3-3}$$

式中：ε_y、ε_z 分别为变压器油和绝缘纸板的相对介电常数，E_y、E_z 分别为变压器油中和绝缘纸板中的电场强度。

由式（3-1）～式（3-3）可得

$$E_y/E_z = \varepsilon_z/\varepsilon_y \tag{3-4}$$

由式（3-4）可以看出，在油纸绝缘结构中，变压器油和绝缘纸板承担的电场强度与其相对介电常数成反比，即相对介电常数越大的绝缘介质，其中的电场强度越小。变压器油的相对介电常数为 2.2，绝缘纸板为 4.5，因此，油中的电场强度约为绝缘纸板中的两倍，而绝缘纸板的耐电强度要大于变压器油的耐电强度，油隙成为油—绝缘隔板绝缘结构中的薄弱环节，在绝缘设计中通常主要通过分析油隙的绝缘强度，保证绝缘结构的绝缘可靠性。

5. 油隙的绝缘强度

根据变压器油的体积效应理论，绝缘材料制造商、变压器制造厂及专业研究机构，经过多年的模型试验和理论分析，对油隙的耐电强度进行了深入研究，提出了适用于变压器绝缘设计的许用曲线。

近年来随着变压器电压等级的提高，为了保证设备的经济性，线路绝缘保护系统也更为完善，各类过电压倍数（过电压与系统最高电压之比，各类过电压倍数见表 3-1）也随着电压等级的提高而降低，长期工作电压逐渐成为主要问题，大量实际运行经验证明，即使变压器在各种耐压试验中没有出现绝缘击穿，也有可能在长期工作电压的作用下发生绝缘故障。究其原因，在绝缘试验或工作电压下，局部电场强度虽然没有达到击穿电场强度造成绝缘击穿，但有可能超过了该处的放电起始允许值而产生了局部放电。局部放电可能造成局部绝缘的损伤进而导致绝缘故障。因此对于 110kV 级以上的变压器，在绝缘试验施

加电压时监测局部放电，以考核长期工作电压下绝缘结构的可靠性。GB/T 1094.3—2017《电力变压器 第 3 部分：绝缘水平、绝缘试验和外绝缘空气间隙》规定在 1.5 倍最大工作电压时放电量不超过 500pC，1.1 倍最大工作电压时放电量不超过 100pC。特高压变压器由于其绝缘结构的复杂性和安全可靠的更高要求，结构上的高场强区域广，一旦出现局部放电，巨大的能量将使放电迅速发展为绝缘击穿，从而引起绝缘故障，因此绝缘试验的考核更为严格，应采用零局部放电的绝缘设计理念。

表 3-1 不同电压等级变压器的各类过电压倍数

电压等级/kV	工频倍数	全波冲击倍数	截波冲击倍数
35	2.1	4.94	5.43
66	1.93	4.48	4.97
110	1.59	3.81	4.21
220	1.57	3.77	4.17
330	1.40	3.24	3.58
500	1.24	2.82	3.05
750	1.20	2.44	2.62
1000	1.10	2.25	2.40

为了满足无局放绝缘设计的要求，在原有设计曲线的基础上，总结出油隙无局部放电设计经验公式见式（3-5）。

$$E = kd^{-n} \tag{3-5}$$

式中：E 为油隙的耐电强度，kV/mm；k、n 为常数，k 与电极表面是否有绝缘覆盖、油的工艺处理等有关；d 为油隙沿电力线方向的长度，mm。

6. 换流变压器主绝缘、纵绝缘结构

特高压换流变压器内部的绝缘种类可以分为主绝缘和纵绝缘两部分，主绝缘和纵绝缘又各自包括不同的部分。特高压换流变压器内部的主绝缘包括：网侧线圈与阀侧线圈之间的主绝缘、网侧线圈和阀侧线圈对油箱的绝缘、网侧线圈对铁芯柱及上下铁轭或铁芯旁轭之间的绝缘、阀侧线圈对铁芯柱及上下铁轭或铁芯旁轭之间的绝缘、调压线圈对铁芯柱及上下铁轭或铁心旁轭之间的绝缘；当换流变压器为三相结构时，线圈之间的主绝缘还包括相间的绝缘；另外特高压换流变压器的阀侧出线装置和网侧出线装置对油箱及铁芯等地电位金属件之间的绝缘，网侧和阀侧出线装置对非本身线圈之间的绝缘也是主绝缘，有载分接开关对油箱或旁轭的地电位及开关中非同相线圈的电极触头之间的绝缘均为特高压换流变压器的主绝缘。

特高压换流变压器内部的纵绝缘包括：网侧线圈本身的线匝与线匝之间的匝绝缘、调压线圈本身的线匝与线匝之间的匝绝缘、阀侧线圈本身的线匝与线匝之间的匝绝缘为纵绝缘；网侧线圈本身的线段与线段之间的段间绝缘、调压线圈本身的线段与线段之间的段间绝缘、阀侧线圈本身的线段与线段之间的段间绝缘均为纵绝缘；另外对于特高压换流变压器的有载分接开关同柱触头之间及引过来的同柱调压线圈的分接引线间的绝缘也是纵绝缘。特高压换流变压器内部铁芯线圈及出线布置示意图如图 3-1 所示。

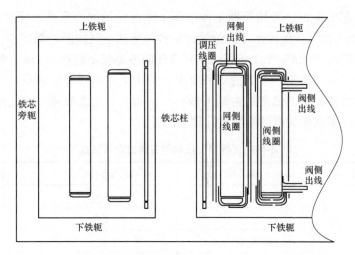

图 3-1　特高压换流变压器内部铁芯线圈及出线布置示意图

在正弦交流电的作用下，换流变压器的电场因绝缘材料的差异呈现为电容性分布，即其电场由不同材料的电容率（介电常数 ε）决定的。介电常数越低，电场强度越高，因而介电常数较低的变压器油具有相对较高的电场强度，而介电常数相对较高的绝缘纸板具有较低的交流场强，所在单一交流电场作用的绝缘结构中，只需考虑变压器油的场强分布。由于复合绝缘结构中材料的电阻率值不同，导致换流变压器在承受稳态直流电压作用时的稳态直流电场分布得不同。电阻率值越高，稳态直流电场场强越高。变压器油的电阻率值为 $\rho_{\text{oil}}=1\times10^{13}\,\Omega\cdot m$，绝缘纸板的电阻率值为 $\rho_{\text{p}}=1\times10^{15}\,\Omega\cdot m$。因此，电阻率高的绝缘纸板中承担着较强的直流电场，而电阻率较低的变压器油中承担着很少的直流电场。

7. 线圈主绝缘结构设计

在产品设计之前，一般先要确定线圈排列方式。由于产品额定阻抗与极限分接阻抗偏差值较小，所以在考虑线圈排列时，调压线圈与网线圈相邻。考虑这个因素和经济性后，线圈的排列方式一般为下两种：

（1）铁芯—调压线圈—网线圈—阀线圈。

（2）铁芯—阀线圈—网线圈—调压线圈。

阀侧线圈绝缘水平极高，绝缘结构复杂，且为全绝缘结构，从安全可靠及引线操作简单等方面考虑，选择了第一种线圈排列方式。

（1）调压线圈主绝缘结构设计。以 ±600kV 的换流变压器为例，根据产品主要技术参数可知，调压线圈的电压为 $(510/\sqrt{3}+20-6\times1.25\%)/163$kV，由此可见，换流变压器在调压范围方面，相对有载调压电力变压器要大得多。根据产品的绝缘水平可知，中性点的耐受电压为全波冲击 185kV、工频 95kV。由这些数据可基本确定调压线圈至铁轭的绝缘距离及调压线圈至上铁轭、下铁轭的绝缘距离。为了使产品一次通过出厂试验，并可长期可靠安全运行，在选择调压线圈主绝缘距离时，也考虑了在冲击电压下线圈的振荡；另外为了确保纵绝缘的可靠性，在调压线圈的调压分接之间增加了避雷器。

（2）网侧线圈主绝缘结构设计。根据线圈排列方式可知，网侧线圈只能采用端部出线方式，由产品的绝缘水平得知，网侧线圈端部的耐受电压为全波冲击 1550kV、截波冲击 1705kV、操作波 1175kV、短时感应 680kV。由这些数据就可以基本确定网侧线圈至调压线圈、至上铁轭、至下铁轭的绝缘距离。通过主绝缘电场仿真分析软件对网侧线圈首端主绝缘模型的电场进行详细计算，可求得油隙和绝缘纸板中的电场强度。通过改变网侧线圈端部静电环的圆角大小，调整网线圈端部静电环的绝缘厚度，调整网侧线圈与纸筒、网侧线圈端部静电环与网侧线圈端部角环之间的油隙，可以有效改善网侧线圈端部的电场分布，提高油隙中电场的均匀性，使网侧线圈在绝缘试验时有极低的局部放电量。

（3）阀侧线圈主绝缘结构设计。全绝缘结构是换流变压器阀侧线圈的一般结构型式，即线圈首、尾端承受相同的试验电压作用。由线圈排列方式可知，阀侧线圈有箱向出线和端部出线两种出线方式。从结构简化和操作简单方面考虑，在设计阀侧线圈时，采用箱向出线方式。对于 ±600kV 的换流变压器而言，阀侧线圈端部的耐受电压为全波冲击 1550kV、截波冲击 1750kV、操作波 1315kV、长时交流感应电压 695kV（1 小时），直流耐受电压 952kV（2 小时），极性反转试验电压 715kV。由这些数据可以基本确定阀侧线圈至网侧线圈、至上铁轭、至下铁轭的绝缘距离。根据主绝缘电场仿真分析软件，对阀侧线圈首、末端主绝缘模型的电场进行详细计算，从而求到油隙和绝缘纸板中的电场强度。通过改变阀线圈端部静电环的圆角大小，调整阀线圈端部静电环的绝缘厚度，调整阀线圈与纸筒、阀线圈端部静电环与阀侧线圈端部角环之间的油隙，可以有效改善阀线圈端部的电场分布，提高绝缘纸板和油隙中电场的均匀性，使阀侧线圈在绝缘试验时有极低的局部放电量。

8. 线圈纵绝缘设计

以设计 ±600kV 换流变压器纵绝缘结构为例，选取铁芯—调压线圈—网线圈—阀线圈的排列结构模型，建立模型，使用仿真分析软件进行分析优化，确保产品结构可靠性。

（1）调压线圈纵绝缘结构设计。根据产品主要技术参数可知，调压线圈的电压为 35kV，最小分接电流 705.3A。线圈总匝数为 98 匝，采用单层螺旋式结构。从经济性和安全可靠性出发，使用自粘性换位导线绕制调压线圈；在调压线圈引线处加装避雷器，当冲击电压作用时，控制在调压线圈上所产生的振荡电压幅值。线圈在首末端出头弯折处，采用特殊垫块进行防护，并用绝缘纸对静电板、导线进行绑扎固定。

（2）网侧线圈绝缘结构设计。为改善首端冲击电压分布，采用内屏蔽连续式结构型式的网侧线圈。内屏蔽式连续线圈是将屏蔽线直接绕在连续式线圈内侧，将端部包好绝缘并且断开悬空，因此内屏蔽式线圈不参与变压器的正常运行也不通过电流，只有在冲击电压下通过电流，以增加线饼的等值电容。

为保证线圈良好的散热效果，在线饼中间增加轴向油道，如图 3-2 所示。同时，为保证上、下部出头处电场均匀，对出头导线弯折弧度进行了规定，绝缘包化后导线不能超出静电板。上部出头通过方形接线板与引线连接，下部出头采用炭黑纸进行屏蔽，内、外静电板引出线用 T 型连接器（H 通）压接引出，并通过圆形接线板与引线连接，保证线圈出头的稳定性能。内屏蔽连续式线圈实物如图 3-3 所示。

图 3-2 线饼中间加轴向油道

图 3-3 内屏蔽连续式线圈实物图

图 3-4 换位导线中间夹屏蔽线示意图

（3）阀侧线圈纵绝缘结构设计。阀侧线圈额定电压为 163kV，额定电流 1178.5A。由于 ±600kV 换流变压器阀线圈是全绝缘结构，与网侧线圈类似，首、末端前 10 段采用内屏蔽连续式结构可改善首、末端的冲击电压分布。为保证线圈良好的散热效果，在线饼中间增加轴向油道。

阀线圈采用两换位导线中间夹屏蔽线结构，减小主漏磁通在阀线圈中的涡流损耗和环流损耗，如图 3-4 所示。

3.1.2 阀侧绕组承受电压

1. 直流输电系统主要设备

直流输电系统中的油纸绝缘类设备主要包括网侧设备和阀侧设备，其中网侧设备包括换流变压器网侧绕组交流滤波器互感器及油纸绝缘套管等，其承受的电压类型主要是以工频交流电压为主，并含有少量的谐波分量，阀侧设备主要包括换流变压器的阀侧绕组油浸式平波电抗器、直流滤波设备以及油纸绝缘套管等，这些阀侧油纸绝缘设备因其所处位置不同，承受的电压类型也存在差别，图 3-5 为典型双极高压直流输电（HVDC）系统结构图，图中有阀侧的平波电抗器和直流滤波器等设备，由于处于直流线路中，其承受的电压与直流线路上的电压波形类似，换流变压器阀侧绕组因整流桥中晶闸管导通闭合的状态改变而承受了较为复杂的电压波形可以用单极 12 脉动。

2. 特高压换流变压器内部的典型绝缘结构及其电场类型

在特高压换流变压器内部的各结构部件是具有代表性的电极结构，其部件间的绝缘也具有典型意义，其形成的电场也是经典类型的电场。特高压换流变压器阀侧线圈与网侧线圈之间的变压器油—隔板绝缘结构如图 3-6（a）所示，两个电极均附有绝缘。特高压换流变压器外径侧的阀侧线圈与油箱壁之间的绝缘也是油隔板系统，见图 3-6（b）所示，阀侧线圈带绝缘而变压器油箱壁为裸电极。由于换流变压器的铁芯直径和线圈直径的尺寸较大，电极的曲率半径很大，接近平直，此时的电场近似为平板电极对板电极的均匀电场，但是

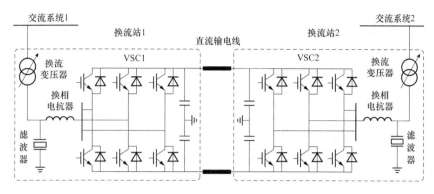

图 3-5　双极 HVDC 系统结构图

　　纯粹的均匀电场在特高压换流变压器内部是不存在的。实际线圈之间的电场是轴对称圆柱形电场，它属于稍微不均匀电场。特高压换流变压器的网侧线圈和阀侧线圈的线段之间及首末端部线段对首末端部的静电环均可认为是图 3-6（a）所示的油隔板系统绝缘，而网侧线圈上下端部的静电环和阀侧线圈上下端部的静电环对铁芯的上下铁轭之间的绝缘结构均可认为是图 3-6（b）所示的油隔板系统。

　　特高压换流变压器内部的有载分接开关的切换开关内的触头电极之间为纯油间隙绝缘，如图 3-7（a）、（b）所示，此时电极为裸电极。对于调压线圈引出的分接引线及有载分接开关的分接引线之间的绝缘如图 3-7（c）～（f）所示，图 3-7（c）表示分接引线对于油箱壁或铁芯夹件腹板等地电位裸电极之间的绝缘结构；图 3-7（d）表示线圈的线阻之间的绝缘结构，一般只靠匝间绝缘纸即可以满足要求；图 3-7（e）表示当两引线之间跨越的分接级数较少，两根引线之间的电压差较小时，两根引线可以只靠各自所包扎的固体绝缘纸相隔开即可满足绝缘要求；图 3-7（f）表示两引线之间的电压差在运行或做试验时较大，只靠固体绝缘层不能满足要求，必须拉开一段油隙距离才能满足要求。图 3-7 所示的几种电极形状的电场均为圆柱形稍不均匀电场，在变压器内部结构件设计时，尽量避免采用尖角或尖棱的结构，避免出现针—针或针—板极不均匀电场分布的情况，结构设计时尽量采用圆滑平整电极。

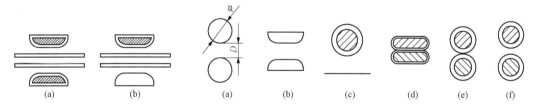

图 3-6　特高压换流变压器内部
线圈之间及线圈对油箱的
油隔板绝缘结构示意图
（a）阀侧线圈与网侧线圈之间的
变压器油—隔板绝缘结构；
（b）阀侧线圈与油箱壁之间的绝缘

图 3-7　特高压换流变压器内部分接引线或
导线之间的经典绝缘结构
（a）球—球电极结构；（b）平板—平板电极结构；
（c）球加绝缘层—平板电极结构；（d）平板—平板（绝缘层）；
（e）球加—球加（绝缘层）；（f）球加—气隙—球加（绝缘层）

　　特高压变压器绝缘主绝缘设计重点是在各种试验工况下，对各油隙及电极表面场强均按无起始局部放电场强进行严格控制，以确保主绝缘的可靠性。纵绝缘结构研究重点是计算分析在各种试验电压下高压线圈间绝缘强度，尤其是重点校核雷电冲击电压下各线圈的冲击电压特性，确保纵绝缘结构满足耐受雷电冲击电压绝缘强度的要求。特高压交流变压器出线装置电压高且集中，需综合考虑引线到线圈、引线到铁芯、引线与引线间的绝缘距离，以及变压器近区短路时引线结构受漏磁影响承受电动力的能力，重点分析计算高压升高座箱壁开孔、套管均压球、线圈连线处油隙等敏感区域引线的电场分布，控制各处油隙电场强度远小于起始局部放电场强，并充分考虑和套管尾部的绝缘配合，解决在电、磁、热、力等多应力作用下确保引线结构长期安全可靠的设计难题。

换流变压器阀侧绕组除承受交流电压、雷电冲击电压和操作过电压外，还承受直流电压、直流与交流的混合电压和系统发生潮流反转时产生的极性反转电压的作用。网侧绕组承受交流电压、工频交流（感应和外施）试验电压、雷电冲击电压和操作过电压等多种试验。

利用 EMTDC 电磁暂态仿真软件仿真计算得到整流侧变压器阀侧绕组承受的电压波形，换流变压器阀侧绕组的主绝缘承受的电压波形是由直流电压分量、交流电压分量、谐波电压分量以及换相脉冲构成的复合电压，纵绝缘承受的电压波形是工频交流分量与谐波分量的叠加。

随着国民经济、直流输电技术的发展，输送功率和电压等级的提高，换流变压器作为直流输电的关键设备，其产品可靠性和质量对系统的安全运行十分重要，绝缘问题始终是换流变压器成败的关键。换流变压器绝缘结构最突出的问题是作用电压中含有直流分量，是一个交直流复合电场。换流变压器的绝缘结构在发生极性反转时的电场完全区别于交流电场，具有直流电场、交直流复合电场的特性。因此，换流变压器的绝缘结构始终是分析研究的主要目标，随着直流输电技术的发展，直流电压已达到±800kV，该项工作的重要性越显突出。

换流变压器主绝缘结构的确定，主要取决于电场分析计算。由±800kV 换流变压器绝缘水平可知，与一般电力变压器相比，换流变压器运行时不仅要承受交流、雷电冲击、操作冲击电压作用，而且还要承受直流电压作用和极性反转电压作用。对于由变压器油、绝缘纸和绝缘纸板组成的换流变压器绝缘结构，交流、雷电冲击、操作冲击电压作用的电场分布与电力变压器电场分布基本一样，主要取决于不同材料的介电常数。而直流电压作用时，其电场分布主要取决于不同材料的电阻率。这说明对于介电常数比较低的变压器油而言，交流、雷电冲击、操作冲击电压作用的电场强度比较大，此处是绝缘弱点区域；而对

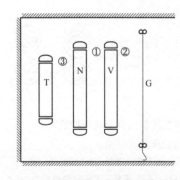

于电阻率较高的纸、纸板固体绝缘，直流电压作用的电场强度较大，此处是绝缘弱点区域。对于极性反转电压时需要同时考虑直流和交流电场的协同作用。一般通过在直流场上叠加一个交流场的作用，计算极性反转电场。由于极性反转瞬间，在油纸界面处积累大量电荷，反转后在油道中形成较高的径向电场应力，这样在油纸绝缘系统中，应适当调整油和固体绝缘材料的厚度比率，以达到提高换流变压器绝缘可靠性的目的。

图 3-8　换流变压器内部绝缘结构
G—地屏　V—阀侧绕组
N—网侧绕组　T—网侧调压绕组

3. 换流变压器主绝缘电场计算

以±800kV 换流变压器的绝缘结构为例（内部绝缘结构如图 3-8 所示），进行电场计算。

图 3-8 中的位置①～③可承受不同电压的作用，其安全裕度计算如下。

(1) 位置①，阀侧绕组加压，主绝缘安全裕度见表 3-2，网侧绕组加压主绝缘安全裕度见表 3-3。

表 3-2　　　　　　　　　　　　阀侧加压主绝缘安全裕度

试验电压/kV	网络安全裕度	阀侧安全裕度
全波 FW 1800	1.62	1.68
截波 CW 1980	1.71	1.65
操作波 SI 1600	1.42	1.69
交流 AC 909	1.39	1.31
直流 DC 1255	1.38	1.29
极性反转 PR 969	＞1.45	＞1.45

表 3-3　　　　　　　　　　　　阀侧加压主绝缘安全裕度

试验电压/kV	网络安全裕度	阀侧安全裕度
全波 FW 1800	1.36	＞2.0
截波 CW 1980	1.38	＞2.0
操作波 SI 1600	1.31	＞2.0
交流 AC 909	1.29	＞1.45
直流 DC 1255	1.28	＞1.45
极性反转 PR 969	＞1.45	＞1.45

(2) 位置②，阀侧绕组加压，主绝缘安全裕度见表 3-4。

表 3-4　　　　　　　　　　　　网侧加压主绝缘安全裕度

试验电压/kV	网络安全裕度	阀侧安全裕度
全波 FW 1550	1.65	1.40
截波 CW 1705	1.69	1.46
操作波 SI 1175	1.51	1.39
交流 AC 680	1.41	1.30
交流 AC 476	1.81	1.48

(3) 位置③，网侧绕组加压，主绝缘安全裕度如直流反转时，暂态电压分布需进一步计算。

换流变压器阀侧绕组除承受交流电压、雷电冲击电压和操作过电压外，还承受直流电压、交直流混合电压及系统发生潮流反转时产生的极性反转电压；网侧绕组承受交流电压、工频交流（感应和外施）试验电压、雷电冲击电压和操作过电压等多种试验。其各绕组不同线端的试验电压见表 3-5。

表 3 - 5 各绕组不同线端的试验电压

名称	线端	网侧绕组/kV	阀侧绕组/kV
雷电全波 LI	端 1	1550	1800
	端 2	185	1800
雷电截波 LIC	端 1	1705	1980
	端 2		1980
操作波 SI	端 1	1175	
	端 2		
	端 1+端 2		1600
交流短时感应	端 1	680	
交流长时感应+局部放电测试	端 1	550	177
	端 2	476	153
交流长时外施+局部放电测试	端 1+端 2		921
直流长时外施+局部放电测试	端 1+端 2		1271

在高压直流换流变压器的油纸绝缘系统中，交流电场呈容性分布，直流电场呈阻性分布，因此，在交流电压作用下，等位线和最大电场强度均出现在电容率较低的油隙中；而在直流电压作用下，等位线和最大电场强度主要出现在电阻率很高的绝缘纸、纸板中；在直流极性反转情况下，由于容性电场与阻性电场叠加后使绝缘纸板中的总的电场强度降低，油隙中的总的电场强度增加。因此，绝缘纸、纸板中的电场强度较直流时的对应值小，而油隙中的电场强度较直流与交流情况下的电场强度大。

根据魏德曼公司绝缘设计标准和实际换流变压器直流电场分析结果，为了考核直流电压作用下绝缘纸或纸板的绝缘强度，在提供的以下计算方法和条件中，推荐低密度纸板电场强度许用值取 40MV/m，高密度纸板的电场强度许用值取 45MV/m。由于绝缘材料的非线性、各向异性和电压持续时间的耐压特性等因素对结果所产生的分散性与误差影响，所以，在进行换流变压器的绝缘设计时，应进行综合分析并留有较大的设计裕度。

主绝缘设计重点是在各种试验工况下，对各油隙及电极表面场强均按无起始局部放电场强进行严格控制，以确保主绝缘的可靠性；纵绝缘结构研究重点是计算分析在各种试验电压下高压线圈间绝缘强度，尤其是重点校核雷电冲击电压下各线圈的冲击电压特性，确保纵绝缘结构满足耐受雷电冲击电压绝缘强度的要求。

特高压交流变压器出线装置电压高且集中，需综合考虑引线到线圈、引线到铁芯、引线与引线间的绝缘距离，以及变压器近区短路时引线结构受漏磁影响承受电动力的能力，重点分析计算高压升高座箱壁开孔、套管均压球、线圈连线处油隙等敏感区域引线的电场分布，控制各处油隙电场强度远小于起始局部放电场强，并充分考虑和套管尾部的绝缘配合，解决在电、磁、热、力等多应力作用下确保引线结构长期安全可靠的设计难题。

换流变压器网侧绕组的主、纵绝缘结构与常规直流类似，绝缘设计的关键在于阀侧绕组的主、纵绝缘结构。向上坝—上海特高压直流工程换流变压器与±500kV 直流输电工程用换流变压器相比，雷电和操作冲击的水平提高不多，而交流长时外施、直流长时和直流极性反转耐压水平有大幅度的提高。线圈排列方式为：铁芯—调压线圈—网侧线圈—阀侧线圈—油箱，由于绕组绝缘水平的提高，要相应增加线圈之间及端部绝缘的主绝缘距离。通过增加角环、纸筒和纸圈的数量，并合理地布置，来保证绝缘结构在交流、直流和极性反转电压作用下电场的合理分布，有效地提高油、纸绝缘结构的绝缘强度。在特高压换流变压器结缘设计过程中，分别对阀侧线圈在长时 AC 外施试验电压、DC 带局部放电测量的耐压试验电压、极性反转试验电压下的电场进行了反复的计算分析，并在此基础上不断优化结构，以保证绝缘结构在各种作用电压下都有足够的绝缘裕度。

特高压换流变压器的网侧绕组首端要承受全波 1550kV 的雷电冲击电压，网侧线圈可采用纠结连续式，线圈首端若干段为纠结段。在网侧线圈的上下端部设置静电板，以改善线圈端部电场分布，提高绝缘强度。

3.1.3 绝缘结构优化措施

特高压换流变压器设计工作的目的是设计出性能可靠同时又节约材料成本的变压器。为此，我们必须对换流变压器内部的绝缘结构进行优化处理，从而在保证变压器性能参数的同时，进一步缩小变压器内部的结构件之间的绝缘距离，从而达到减小变压器的体积和重量，以实现节材降耗。

1. 利用油体积效应采取薄纸筒小油隙结构提高油的耐压水平

薄纸筒小油隙结构的原理利用了变压器油绝缘特性的体积效应，也就是说当两电极之间的变压器油间距减小时，即变压器油的体积变小时，变压器油单位距离的油间隙承受的击穿电压幅值会显著提高。对于特高压换流变压器的设计普遍采用此结构。同时根据各种不同绝缘材料的介电系数和电导率的不同，必须进行科学合理地分割配置油隙距离。其根本目的是保证变压器油隙内不产生局部放电，控制场强值小于它的起始放电场强值。

2. 利用电极曲率半径对场强的影响改善电极形状提高耐压水平

在电极间距离一定的条件下，电极的曲率半径越大，则电场越均匀，越有利于绝缘设计。根据仿真试验可得两极板之间的边棱倒角由增大到时，油中场强会明显降低。

3. 综合使用薄纸筒小油隙结构与改善电极形状提高耐压水平

在特高压换流变压器内部绝缘结构设计时要综合考虑，既要采取分割变压器油距离的措施达到小油距的结构，又要采取改善电极形状的方法。

3.2 套 管 出 线 绝 缘

3.2.1 出线绝缘结构

1. 超、特高压变压器常见引线出线结构

相对于直径很大，且内外均为旋转型结构的器身绝缘结构而言，换流变压器网侧、阀侧引线电极直径较小，且其周围电场环境复杂，极易形成场强集中。因此，引线绝缘结构设计是整个换流变绝缘结构设计中的重点。

网侧套管与网侧线组引出线连接处的绝缘结构称为超、特高压直流变压器网侧出线装置，其中涵盖纸板、均压球、绝缘纸和均压管等与套管油中端子紧密联系，从而连接成一个繁杂的优质绝缘系统装备来确保引线系统在电场应力下能安全运行在换流变压器结构上建立的模型，更侧重于网侧引线结构。

目前超、特高压换流变压器在国内外变压器厂家中，出线结构已经发展为较成熟的设计模型，分为以下几种常见形式。

（1）辐向中部出线间接连线结构。在超、特高压大容量大电流变压器中，最常见的出线结构是辐向中部出线间接连线结构，如图 3-9 所示。在绕组上、下端均为中性点绝缘水平的情况，要想降低绕组两端对地电压就要采用中部出线，即因为绕组端部的绝缘距离减少，端部绝缘更容易得到处理，铁芯高度得到降低。

高压出线装置在线组中部是间接式中部出线结构，导线夹固定在油箱外部的"大鼻子"状升高座中，这样的出线装置整体不仅一端和油箱内部高压出头连接，并且在另一端和升高座中的套管连接。运输时出线装置封闭在升高座中单独运输，因此变压器本体运输尺寸减小，这就是这种出线方式的优点。而这种出线方式需要工作人员到现场重新把出线装置安装在变压器身上，对产品的工作环境和制造误差方面很严苛，需要具备充分的工艺保障计划，甚至是专用的工具设备。

（2）辐向中部出线直接装配结构。选取长尾套管用箱盖上的升高座伸入到油箱中去，这时套管尾部通过出线装置直接与高压引线连接就是辐向中部出线直接装配结构，如图 3-10 所示。这种出线结构简便，成本价低，而且出线装置将高压出线和引线支架固定后随本体一同运输，是这种出线方式的优点。其缺点是运输方面受条件限制，只能运输位置体积较大的地方；另一方面，高压出线装置要合理安排引线内部结构，主要是因为有限的油箱空间环境，加上邻近分接开头、调压引线以及磁屏蔽金属件等，尽量避免放电或者是被击穿的危险，在制造过程中，对器身、引线及油箱等部分的加工偏差必须严格控制。

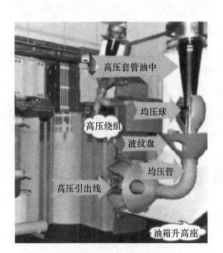

图 3-9　辐向中部出线间接装配结构

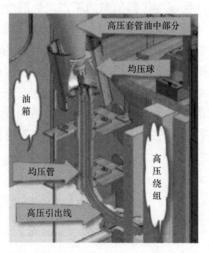

图 3-10　辐向中部出线直接装配结构

（3）轴向端部出线直接装配结构。高压绕组在端部直接引出的出线结构，如图 3-11 所示。一般情况下在高压绕组非最外层布置，且容量不大的超高压变压器中，高压绕组（内绕组）端部出头包屏蔽层，能够穿透多层或者双层成型角环引出，轴向斜穿或者垂直出绕组上部的压板和端圈，这是该结构的特点。箱盖的上部就是升高座，可以利用升高座和均压管内套尾管的有效连接，这种结构的难度系数较高，一方面要让绕组出头并联导线数量是辐向中部出线结构（上、下绕组并联）单一绕组的一倍，整体操作难，并且夹件系统、器身压板、绕组出头这三者配合精度要求高，另一方面高压引出线处于高场强集中地复合电场中，比如夹件系统、铁芯夹持紧固件、油箱、其他绕组、升高座棱角等，技术难度很大的出线绝缘结构需要大量的优质分析以及计算设计。因为运输条件的限制，工作人员同样要求在现场进行装备出线配置。要是能在工艺制造和设计计算克服上述的问题，成效将是显著的，轴向出线有效缩小油箱空间，一定限度上减少变压器材料成本。

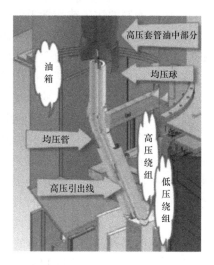

图 3-11　轴向端部出线直接装配结构

2. 网侧出线装置结构概述

在网侧出线装置结构的规划中，国内的生产厂家尝试应用单相三柱式铁芯技术，优势在于减小了绕组和铁芯的直径，但是工艺结构较复杂，需要高要求的现场安装环境和工艺制作，精准地将三柱引线并联分布在箱盖顶部的出线装置中。应用单相双柱式铁芯为例，直接引出两柱网侧绕组的首端引线，通过一根垂直和水平的均压管并联连接起来，引导至网侧套管油中端子，这样设计的均压管引线不仅可以成为载流传导体，还可以完善电极外观。操作简单灵活，效果也好，减少了引线的横截面积从而节约了原料的成本，也优化了装置结构，使得出线装置更加稳性、安全系数提高。

如图 3-12（a）所示，每柱网侧绕组出头引线穿过出线均压管，分别冷压固定在对应的水平均压管内，出线均压管包扎绝缘皱纹纸后通过成型出线角环、撑条和层压纸板固定在绕组压板上，其中图 3-12（b）是引线与套管在均压球内连接示意图。

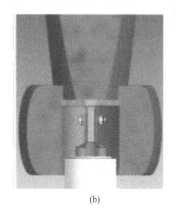

(a)　　　　　　　　　　　　　(b)

图 3-12　网侧引线分别与绕组、套管连接

(a) 引线头部连接；(b) 引线尾部连接

3. 出线装置绝缘结构设计

换流变压器出线装置包括高压绕组的中部出头距出线处套管连接线和由成型绝缘件构成的绝缘屏障，选用铜、铅、变压器油、纸浆等材料，多使用油纸复合绝缘均压球放置在出线套管端部浸入变压器油的部分，均压管布置在导杆附近，通过将绝缘性能良好的纸浆

均匀涂敷在铜制的均压球和管表面来形成绝缘覆盖，油隙分割是通过在邻近位置布置多层电极屏障实现的，提高了变压器油的耐电强度。线圈由外到内排列方式：阀侧线圈—网侧线圈—调压线圈—铁芯，两个铁芯柱并联。由于网侧线圈位于阀侧线圈内侧，故网侧线圈采用端部轴向出线，通过端部出线装置完成与网侧套管的连接；阀侧线圈采用端部轴向出线，通过中部拉手完成两柱的并联，由一端的出线装置完成与阀侧套管的连接。

（1）网侧引线出线装置。网侧引线出线装置的设计主要分成出线筒和套管连接处出线装置两部分。出线筒将网侧引线由网侧线圈出头引至网侧套管下方的套管连接处出线装置，在其内部完成网侧引线与网侧套管的连接。出线筒内部为起屏蔽作用的铜材质的均匀管，网侧引线从其中穿过进入套管连接处出线装置；均压管外部包扎一定厚度的绝缘纸，绝缘纸外部再配置多层撑条—纸筒的油纸绝缘结构。这种结构的出线筒最大的特点是均压管对从其中穿过的高场强网侧引线起到有效的屏蔽作用，而且铜材质保证了出线套管强度的机械性能；同时，外部撑条—纸筒的绝缘结构既保证了整个出线筒可靠的电气绝缘性能，又创造了良好的散热条件，网侧引线出线筒结构图如图 3-13 所示。

套管连接处出线装置内部为起屏蔽作用的铜材质的均匀球，其侧面和下部设计开孔分别完成与两柱出线筒的连接，其内部空间的设计需满足与网侧套管油中接线端子配合，并在其中完成网侧引线与网侧套管的连接；均压球外部涂敷一定厚度绝缘性能良好的纸浆，纸浆外部同样配置多层撑条。

套管连接处的出线装置设计结构和特点均与出线筒基本相同，整个网侧引线出线装置保持一致有利于整个网侧引出线电场强度的均匀，保证网侧引线绝缘结构的可靠运行。套管连接处的出线装置结构图如图 3-14 所示。

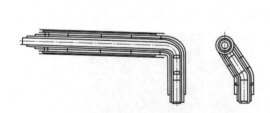
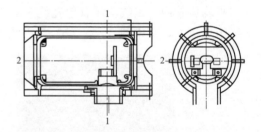

图 3-13　网侧引线出线筒结构　　　　图 3-14　网侧套管连接处出线装置

（2）阀侧引线出线装置。阀侧出线装置分为柱间连接装配、出线筒和升高座出线装置三大部分。柱间连接装配完成两柱阀侧线圈的并联，出线筒将阀侧引线由阀侧线圈出头引至阀侧套管，升高座出线装置完成对阀侧套管油中部分及阀侧引线与阀侧套管连接的绝缘保护。

柱间连接装置总体结构与网侧引线出线筒相似，但其具体绝缘结构尤其是外部撑条—配置纸筒与网侧引线出线筒不同，一方面，阀侧引线试验和运行条件下需耐受的绝缘水平及特点与网侧引线完全不同；另一方面，受制于器身柱间位置空间所限，柱间连接装置与箱壁的绝缘距离较近。因此，在柱间连接装配的设计时首先要保证电气性能的可靠性，其次考虑其散热情况和机械性能，柱间连接装配结构图如图 3-15 所示。

阀侧引线出线筒与网侧引线出线筒结构相似，为均压管—绝缘纸—撑条—纸筒结构，但与阀侧引线柱间连接一样，由于阀侧引线试验和运行条件下需耐受的绝缘水平及特点与网侧引线完全不同，其外部纸筒—撑条设置与网侧出线筒稍有不同。其结构同样兼具了可靠的电气性能、高强度的机械性能和良好的散热性能，阀侧引线出线筒结构图如图 3-16 所示。

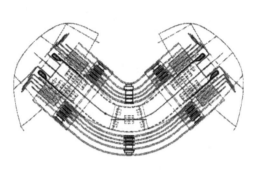

图 3-15　阀侧引线柱间连接装配

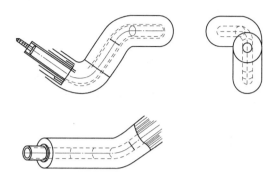

图 3-16　阀侧引线屏蔽筒

安装在阀侧出线装置内的升高座出线装置，其内部为均压球，均匀其内部的阀侧引线与阀侧套管连接部分的场强；其外部为多层纸筒—撑条结构，并与阀侧套管油中部分密切配合，保障内部的阀侧引线与阀侧套管安全运行。换流变压器出线装置结构如图 3-17 所示，阀侧升高座出线装置结构如图 3-18 所示。

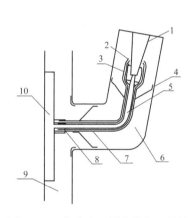

图 3-17　换流变压器出线装置结构

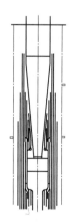

图 3-18　阀侧升高座内出线装置结构

1—套管；2—纸板筒；3—均压球；4—升高座；5—导杆；
6—变压器油；7—纸板筒；8—均压管；9—油箱；10—高压绕组

3.2.2　阀侧套管结构

1. 特点

换流变压器阀侧套管作为换流变压器的外部连接装置，一侧插入换流变压器油中，作为换流变压器的重要组成部分；一侧与换流器阀桥相连，作为换流变压器与换流阀之间的连接装置，主要有以下特点：

（1）绝缘结构复杂，既有内绝缘，又有外绝缘。作为换流变压器与换流阀的连接装置，不仅直接承受来自直流系统的直流耐受，同时还要承受来自交流系统的交流耐压。

（2）谐波影响严重。换流变压器阀侧套管不仅要承受来自换流器运行中产生的大量特征谐波及非特征谐波的冲击，同时还要承受来自交流系统与直流系统运行中产生的谐波冲击。

（3）受直流偏磁影响。作为换流变压器的一部分，换流变压器阀侧套管同样受到直流偏磁的影响。

（4）电场复杂。出线端子处、插入换流变压器处、导体棒与电容芯连接处等电场比较集中，容易发热并有产生热击穿的可能。

（5）结构和尺寸要求严格。内外屏蔽装置的均压，内外绝缘的连接，气体的密封，套管出线端子的设计等，都会影响换流变压器阀侧套管的结构与尺寸的设计，进而影响其性能的设计。

综上所述可知，换流变阀侧套管因其运行工况的特殊性，结构比较复杂，性能要求比较严格。作为换流变压器的一部分，它具有换流变压器复杂特性，而且还有自己独特的特性；作为套管，它不仅具有普通交流套管的特性，而且具有直流穿墙套管的特性。因此对内外绝缘的绝缘水平与制造工艺要求比较严格。

目前国内外的换流站直流套管中，换流变压器阀侧套管有胶浸纸干式 SF_6 套管、油浸纸 SF_6 套管、胶浸纸充固化材料套管、胶浸纸纯干式套管四种类型，其主要采用的绝缘材料特性如下：

（1）SF_6 气体。常态下 SF_6 气体是一种无色、无味、无毒的非可燃气体，分子量为 146.06，密度为 6.13g/L，约为空气密度的 5 倍，熔点为 $-50.8℃$，可以作为一种特殊的制冷剂，SF_6 具有极好的热稳定性，在纯态状态下即使处于 500℃以上的高温也不会分解，耐热性良好，是一种稳定的耐高温热载体，在电气设备中的散热能力也随气压的增加而增大，其具有较强的电负性，分子体积大，容易捕获电子并且将其吸收，形成 SF_6 低活动性的负离子，使具有很高的绝缘强度。SF_6 套管与油纸套管相比，具有小、轻、廉、简、工艺方便等特点，尤其是它的内绝缘非常可靠，没有局部放电的干扰，在国内外得到了广泛的应用。

（2）环氧树脂。环氧树脂是一种重要的热固性树脂，具有优异的电绝缘性能、机械性能、化学稳定性能、黏接性能、耐磨性能，其收缩率低、耐高低温、易加工成型且成本低廉。环氧树脂的产品技术及工艺水平比较成熟，真空浇注环氧树脂体系包括环氧树脂、固化剂、偶联剂、填料、增韧剂、稀释剂等，每种材料都有多个牌号、多种类型，所以必须结合操作工艺特点认真加以选择，才能生产出性能优异的浇注制品。环氧树脂绝缘浇铸材料由于其优越的综合性能在输变电绝缘电气设备的浇铸制品中具有不可替代的地位。高压套管的内绝缘采用环氧树脂，使用真空浇铸一次成型，内部结构紧致细密。用分层环氧树脂浸纸作为绝缘主体，可以防止杂质粒子桥接，并且通过分割气体来提高击穿场强，并且可以分担电压，减小气体电压。

（3）硅橡胶。在电力系统中，如避雷器、绝缘子、变压器、套管等电气设备，广泛采用硅橡胶作为其外绝缘材料。与瓷瓶和钢化玻璃不同，硅橡胶即使在表面潮湿和脏污的条件下，仍能使其保持独特的憎水性，从而限制表面漏电电流，避免了污闪事故的发生。硅橡胶还可以把本身的憎水性迁移到污秽层表面，使其也具有憎水性能，这种特性称为憎水迁移性，硅橡胶除了具有很强的憎水迁移性能外，还有一个突出优点是既耐寒，又耐高温，在 $-60\sim250℃$ 都能保持较高的弹性，具有优良的介电性能，不易老化，具有防水及化学惰性等特点，并具有稳定的机械性能、介电性能以及良好的压缩变形。将补强剂和特殊作用的添加剂加入到硅橡胶中可以使得硫化后的橡胶在拉伸强度、撕裂强度及扯断伸长率等机械性能及耐热性、电气性能等方面表现优良。因此，在复合绝缘子、复合氧化锌避雷器中可以用硅橡胶制作产品的伞裙，使硅橡胶优异的电绝缘性、耐气候和耐臭氧等性能得到了充分的展示与发挥。复合硅橡胶绝缘材料在耐电蚀损及漏电起痕性、耐高低温性、耐潮湿性、耐臭氧性、耐紫外光性、阻燃性、抗撕强度、抗老化性、憎水性、防污特性等许多性能上显示出电瓷、钢化玻璃和环氧树脂等其他绝缘材料无法比拟的优点，良好的硅橡胶电气强度应在 20kV/mm 以上，老化寿命大于 25 年。因为硅橡胶具有良好的电气性能，被大量使用。其在生产工艺中已日趋成熟，临界场强取为 23kV/mm。

套管是一种容易发生滑闪放电的绝缘结构。目前，防止滑闪的方法是：在 35kV 以下采用空气腔或大裙式套管，在 110kV 以上采用内绝缘以电容极板改善电场分布，即电容式套管。

电容式套管具有内绝缘和外绝缘。内绝缘称为主绝缘，为圆柱形电容芯子，外绝缘为瓷套。瓷套的中部有供安装用的金属连接套管，或称法兰。套管头部有供油量变化的金属容器称为油枕，套管内部抽真空并充满矿物油。

电容式套管的内绝缘电容芯子对于套管性能最为重要。电容式套管按其内绝缘材料不同可以分为胶纸电容式套管（简称胶纸套管）和油浸式电容式套管（简称油纸套管）。

胶纸套管的电容芯子由厚度 0.05～0.07mm 不透油的单面上胶纸卷制而成圆柱形芯子。胶纸一般用整张纸包绕，尺寸过大时也可用纸带。

电容极板一般采用铝箔。卷制后呈同心圆柱形结构。为了提高局部放电电压，铝箔极板边缘常采用半导体纸镶边的方法。国外也有采用整张涂刷或印刷的半导体极板或金属化纸极板的方法。电容芯子的极板数或绝缘层数愈多则控制电场愈好，起始电压也愈高。但是极板数目过多在工艺上不方便，一般高压电容式套管绝缘层最小厚度约为 1～1.2mm。110～330kV 套管约为 30～90 层，电压高者层数更多。

2. 高压套管的电气性能

高压套管作为高压设备引线绝缘的重要部件，其设计和制造是一个很复杂的过程，套管的设计包括机械性能设计、金属零部件设计、电气性能设计和分析验算等，在所有的设计中，最重要的是电气性能设计，电气性能设计包括套管内绝缘（电容芯体绝缘）设计和外绝缘（瓷套或复合绝缘套）设计以及内外绝缘的相互影响和配合的设计。

高压套管在运行状态下要承受四种电压作用：大气过电压，即雷电冲击电压，时间以 μs 为单位；短时工频过电压，一般作用时间低于 1s；操作过电压，作用时间一般低于 0.01～0.1s；长时工频工作电压，在此电压下工作预期为 30 年。

规定的冲击与耐压试验及 500kV 及以上电压等级的操作耐压试验是用来保证大气过电压、短时工频过电压的绝缘水平的，而 $\tan\delta$ 试验（包含对电压、时间和温度的变化关系）、工频耐压试验和近年来逐渐采用的局部放电试验用来对操作过电压、长时工频工作电压做出适当的估计。

为了保证套管的绝缘性能，其内部绝缘和外部绝缘必须满足以下条件：

(1) 长期工作电压下不发生有害的局部放电（交直流套管）。

(2) 1min 工频耐压试验电压下不发生滑闪放电（交流套管）。

（3）工频和冲击耐压试验电压下绝缘无破坏（交流套管）。

（4）直流、极性反转和冲击耐受试验电压下绝缘无破损（直流套管）。

高压套管的内绝缘一般采用电容芯子作为其内绝缘，而这种套管的击穿和闪络形式包括以下几种：

（1）穿过套管电容屏中部的辐向击穿。

（2）穿过套管芯体电容屏极板边的绝缘层的击穿。

（3）沿电容芯子表面的轴向闪络。

（4）套管位于变压器油中部分的外表面或内表面闪络。

（5）在空气中的上部外绝缘套的表面闪络。

套管绝缘好是套管质量好的重要条件，一般来说，要求在空气中的上部外绝缘套的表面闪络电压要比（1）～（4）种击穿或闪络电压低，而且上部绝缘套的表面发生空气闪络后，其绝缘是"自复性"的。

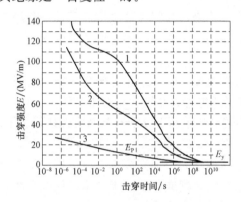

图 3-19 胶纸和油浸纸绝缘试验得到的击穿场强与电压作用时间的关系图

1—油浸纸；2—胶纸；3—运行中可能受到的电场强度；E_P—1min 工频耐压场强，E_y—长期工作电压场强

图 3-19 为胶纸和油浸纸绝缘试验得到的击穿强度和电压作用时间的关系图（即伏秒特性曲线）。如图可知，随着电压作用时间的持续，击穿需要的电场强度减小。

因此，不能简单地根据实验室短时间作用得到的击穿电场强度作为评价工作击穿电场强度的依据。油纸绝缘与胶纸绝缘相比，当电压作用时间很短时，油纸的击穿场强要比胶纸的击穿场强高得多。但当电压作用时间很长时，胶纸与油纸的击穿场强均接近于 5MV/m，且击穿电场强度都会随着绝缘层厚度与面积的增加而下降。

在电晕老化或游离击穿的范围内，击穿电压与电压作用时间的关系可以用式（3-6）表示

$$(U-U_k)^n t = k \qquad (3-6)$$

式中：U 为外施耐压，kV；t 为击穿时间，s；U_k 为局部放电起始电压；k、n 为系数，对胶纸、油纸等绝缘，n 为 4～6。

对胶纸绝缘而言，长时期的击穿电场强度约为 3MV/m。胶纸一般取工作电场强度约为 2MV/m；油纸绝缘一般取 3MV/m 左右。

绝缘材料在经历长时间电压作用时，其击穿不只是简单的电过程，也非简单的热击穿，而是因为内部局部放电导致的热和化学的破坏作用，一般称为电晕腐蚀或电老化过程，这对有机绝缘材料的绝缘特性会产生严重的影响。同时，由于局部放电主要集中在绝缘纸板的边缘（因为边缘电场分布最不均匀），故而绝缘层边缘出现有害局部放电时的电压决定了电容芯子绝缘层能承受的工作电压，其值也与所用材料的耐电晕性相关。

试验表明，当电压施加时间很短时，油纸和胶纸能够承受且不发生击穿，套管的 $\tan\delta$ 和施加电压的关系曲线也能说明它的局部放电情况，如图 3-20 所示，在电压达到某一个值点时，$\tan\delta$ 忽然上升，这个点一般称为"膝点"，说明套管的绝缘层这时已经发生了局部放电。

如套管绝缘层的纸板层间存在气泡，则 $\tan\delta$ 会增长的很快。而 $\tan\delta$ 的增长会使绝缘层产生局部放电而导致气泡体积的增大和数量的增长，导致绝缘层的破坏，一旦绝缘层遭到破坏，降压这种方法对于恢复其内部绝缘水平是没有作用的。理论上讲，电容式套管内部的绝缘层各处都有发生局部放电的可能性，但是由于绝缘层的极板边缘和交界面处电场更加不均匀，所以对于一只制作工艺过关的套管的电容芯子而言，局部放电主要决定于极板边缘。

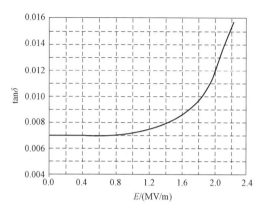

图 3 - 20　具有金属极板的胶纸绝缘 $\tan\delta$ 与电场强度的关系

3. 套管内绝缘设计原则

套管主绝缘电容芯子的设计原则是在最大工作场强下不发生局部放电，根据这个原则，采用以下设计方法。直流套管的内绝缘设计可采用类似于交流套管中油纸绝缘电容芯子的绝缘结构，以铝箔为极板和油浸纸的级间介质，在直流电压下，电容芯子相当于一个多级串联的圆柱形电阻器组，通过调节每个电阻器的电阻来进行电场分布的控制。在极性反转时，其电场分布与电阻率和介电常数有关，所以需要考虑复合结构中各种材料的介电特性，使轴向、径向电场尽量均匀。

图 3-21 为电容芯子极板的排列情况。最内层极板和中心导电杆相连，半径是 r_0，长度是 l_0。最外层接地极板和法兰连接，半径是 r_n，长度是 l_n。最内和最外极板间承受正常运行电压 U。电容芯子轴向垂直于中心导电杆的电场强度为 E_r，而轴向电场强度为 E_l，此电场强度可能导致沿电容芯子的表面闪络。套管电容芯子内的绝缘纸板的作用是使 E_r 和 E_l 分布合理化，使绝缘纸板发挥最大作用，从而尽量在保证绝缘性能的条件下使套管整体的半径和长度尽可能缩小。

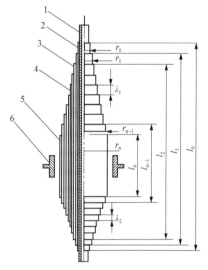

图 3 - 21　电容式套管的电容芯子极板的排列情况

1—导电管，半径 r_0；2—最内层极板（零层极板）与导电管相连通半径 r_0 长度 l_0；3—各极板；4—各绝缘层；5—最外层极板（接地极板）与法兰接通，半径 r_a，长度 l_a；6—法兰（包括相连金具），运行时接地总长度 l_1；λ_1、λ_2—模板的上下台阶长度

假设电容芯子的内部电位移通量的值固定，同时假设忽略绝缘纸板的边缘效应，其最基本的关系是

$$DS = \varepsilon E_r 2\pi r l = 常数 \qquad (3-7)$$

式中：r 为任何中间极板半径；l 为该极板的长度；E_r 为该极板处的径向电场强度；D 为该处的电位移；ε 为绝缘材料的介电常数；S 为极板面积。

为了分析计算更加简单，假设所有绝缘纸板下边缘对齐，此时所有绝缘纸板的上边缘将形成一条曲线，称为包络线。

当绝缘纸板的总层数大于 10 时，为了计算方便，可以假设绝缘纸板有无穷层，由此带来的误差很小，则相邻绝缘极板间的径向 E_r 和轴向 E_l 有如下关系

$$dU = -E_r d_r = E_l dl \qquad (3-8)$$

上部极板间轴向电场强度 E_1 和下极板间轴向电场强度 E_2 换算后得到等效轴向场，其关系式为

$$dU = E_l dl = E_1 dl_1 = E_2 dl_2$$
$$dl = dl_1 = dl_2 \qquad (3-9)$$

可得换算关系式为

$$\frac{1}{E_1} = \frac{1}{E_1} + \frac{1}{E_2} \qquad (3-10)$$

通过绝缘极板包络线的变化，能够使径向电场强度 E_r 与轴向电场强度 E_l 趋于均匀，但同一个绝缘系统不可能使两种电场强度都实现均匀化，下面就分为三种情况进行讨论：

（1）E_r 为常数，由于此时径向电场强度均匀，所以套管整体的半径达到最小，但当 E_r 为常数时导致套管的整体长度太长，无法运用到实际设备上。

（2）绝缘极板的包络线设计为直线，制造工艺相对容易，按照这样设计套管的轴向电场强度与径向电场强度之比在所有地方都相同，套管绝缘纸板的均匀程度相同，但是这种做法只适用于电压等级在 35~66kV 的电容式套管，电压等级升高之后就不再适用了。

（3）E_l 为常数，这是高压电容式套管普遍采用的方式，由于此时轴向电场均匀所以可以使套管的整体长度达到最短。当 E_l 为常数时，E_r 沿电容芯子绝缘极板各层分布并不均匀，因为此时 E_r 与 r 和 l 的乘积成反比，当套管整体长度变短时，通过增大极板半径 r 可以使场强较为均匀，因此高压套管采用最多的方法是使 E_l 为常数。

4. 外绝缘设计原则

外绝缘设计的决定因素为污秽层，电气设备外绝缘运行中除了会遭受到通常的电气负荷即持续电压、暂态过电压和瞬时过电压等电压负荷作用外，还有污秽地区出现的污秽层问题，它对外绝缘的电气强度来说是值得重视的一种影响因素。特别是对超高压直流系统，由于整流装置故障排除特性较好，排除故障的时间短，可减小绝缘子被电弧烧坏的危险，因此对雷电过电压允许有较高的闪络概率，雷电冲击绝缘水平可以较低，所以其雷电过电压可以选取得较低，因而其直流运行电压下的污秽问题就成了外绝缘选取的决定因素。

5. 内、外绝缘设计配合原则

套管绝缘不能只考虑内绝缘或外绝缘，要做到内外绝缘的合理配合，而内外绝缘的配合，首先是外绝缘的耐电强度要低于内绝缘，还要考虑内绝缘对外绝缘电场的调整作用，即电场的屏蔽作用。对于常规的交流套管：套管电容芯子的最外层接地极板要比法兰高，而其靠近中心导电杆的最内层极板要比上瓷套（或复合绝缘套）低，前者要高于空气侧外绝缘放电距离的 8.5%~10%，而后者要低于上瓷套（或复合绝缘套）的顶部盖约 20%~25% 的放电距离。这样对避免法兰和顶部盖附近电场大量集中有很大作用，也使套管空气端的外部表面整体电场分布比较均匀，以此来提高闪络性能。对于直流套管，除了考虑上述问题外，套管不同部位的温度差会引起材料电阻率的变化，使运行中的套管的局部电场发生变化，绝缘设计时需要着重考虑。

在考虑污秽、下雨情况下，交流套管内外绝缘配置原则：主要考虑在交流工频电压下的电场不发生明显畸变，包括加强内绝缘场强控制，注意伞形设计，增大干弧距离，增大伞间距等。

除了依靠绝缘材料本身的绝缘性能外，高压套管往往还要加入一些调整电场分布的措

施。可以采取的措施如下：

（1）改善电容分布，比如在环氧树脂绝缘纸表面覆盖铝箔薄层，增设含有应力锥的接地内屏蔽，在端部增加均压球等。

（2）改变尺寸如优化纸板电极的长度、厚度、数量、半径等，使其具有良好的电气性能，并且拥有最佳外形。

套管优化设计涉及的问题很多，将影响各部分电场的分布，若将各种因素同时考虑必将使优化过程复杂化，难于获得较好的结果，因而应有重点地分别加以优化。

3.2.3　出线装置电场分布

换流变压器的引出线包括交流侧和阀侧两大部分，引出线承担的电场作用与其相连的线圈所承受的电压等级与种类是一样的。引线绝缘主要采用的是绝缘覆盖技术，通过绝缘覆盖降低引线表面的场强，确保安全。由于较多的绝缘覆盖，为防止局部过热，引线的散热也是需要重点考虑的方面。

交流出线装置与直流出线装置应用的场合不同。交流出线装置应用在交流侧引线与套管的连接处，直流出线装置用在直流侧引线与阀侧套管的连接处。交流出线装置较为普遍、简单，技术相对成熟，而直流出线装置要求的技术相对复杂，结构与套管末端结构、材料及采用的结构相关性较强，是换流变结构设计中需要特别重视的部位。

直流出线绝缘结构设计的原则，在于根据直流出线装置所承受的各种电压，合理选择、组合这些绝缘材料，考虑结构的工艺性，确定可靠的绝缘结构，由此保证直流出线装置在进行各项绝缘耐受电压试验和长期运行中承受的工作电压、操作电压、大气过电压等时不发生击穿和有害的局部放电现象。

直流套管均压球的直径和高度、出线装置金属筒的内径、引线屏蔽管的外径与覆盖厚度、绝缘屏障的数量、位置与尺寸配合等，均影响直流出线装置承受的耐受电压的能力。其中有两个尺寸非常重要：①直流出线装置金属筒的内径；②绝缘屏障的数量、位置和尺寸配合。

在普通交流出线装置的绝缘结构设计中，一般采用电极覆盖和分隔油隙的方法来提高变压器油中的耐电强度，从而确定合理的绝缘结构。由于在交流电场中，电压分布是按电容分布，固体绝缘结构本身对油中的电场强度没有改变。而直流出线装置，既要承受交流电压，又要承受直流电压。在直流电场的作用下，电场分布是按电阻分布，绝缘材料和结构本身都会影响和改变整个电场的分布，因此在直流出线装置的绝缘结构设计中，通过采用电极覆盖和分隔油隙的方法来改善交、直流复合电场分布，从而确定合理的绝缘结构。

所有绝缘都必须满足耐压约束、机械约束、热约束的要求。对于绝缘屏障的数量、位置和尺寸，应由被分割的油隙所必须具有承受的各种电压作用的裕度，以及固体绝缘承受各种电压作用所必须满足裕度要求的总厚度来确定。从承受电压能力的角度讲，希望油道窄一些，但从热特性出发，为保证良好的散热效果，油道又不可太窄。从承受各种直流电压的角度讲，希望绝缘覆盖越厚、屏障设置越多其性能越好，但同样受到热性能的约束，因此合理的结构总是设定为优化的目标。

1. 换流变压器的引出线电压分布

高压引线绝缘对换流变压器的主绝缘至关重要，与普通电力变压器不同之处在于，换流变压器阀侧套管引出线承受着不同电压的作用，尤其在极性反转电压作用下，如果绝缘结构设计不合理，变压器油中很容易发生闪络和击穿放电，从而导致特高压换流变压器绝缘的破坏，进一步影响特高压直流输电系统。因此，应该对换流变压器阀侧套管引出线的绝缘结构进行更加合理的设计。目前，相比于绕组端部电场，阀侧套管引出线电场的分析较少，需要进一步深入研究。与阀侧绕组端部相同，换流变压器阀侧套管引出线承受着交、直流复合电压和极性反转电压的作用，绝缘材料参数见表 3 - 6。

出线装置由于具有轴对称结构，因此可以简化为二维模型进行分析，如图 3 - 22（a）所示，均压球各点示意如图 3 - 22（b）所示。

表 3 - 6　　　　　　　　　　　　　　绝缘材料参数

参数	数值				
	套管纸	套管油	瓷	纸板筒	变压器油
ε_r	3.2	2	4	4	2
$\rho/(10^{12}\Omega \cdot m)$	50	3	5	100	1

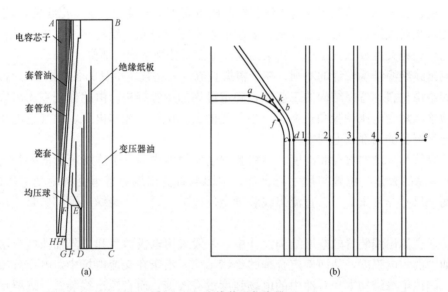

图 3 - 22　出线装置仿真模型

(a) 简化模型；(b) 均压球各点示意

当出线装置在外施 909kV 交流电压下的电场分布情况如图 3 - 23 所示。对比图 3 - 22 可知，变压器油中等位线分布较为密集，最大电场强度为 13.75kV/mm，出现在 b 点附近的油域中。纸板中最大电场强度为 7.8kV/mm，出现在 f 点附近的纸板中。

交流电压下，图 3 - 22（b）中从 d 点起沿 e 点方向、距离 d 点各处的电场分布情况如图 3 - 24 所示。由图 3 - 23 可知，在交流电压下，各油隙中的电场强度较高，纸板中电场强度较低，油与纸板中的电场强度均沿着远离均压球方向逐渐减小。分析交流电压下图 3 - 22（b）中点 1～5 附近油隙和纸板中的电场强度，见表 3 - 7。由表 3 - 7 可知，点 1～5 附近的油隙和纸板中的电场强度逐渐减小，两者电场强度比值约为 1.9，与两者介电常数比值成反比。

表 3 - 7　　　　　　　　　　交流电压下点 1~5 附近的电场强度

参数	数值				
	点 1	点 2	点 3	点 4	点 5
油中电场强度 /(kV/mm)	10.5	9.1	8.3	7.8	7.5
纸中电场强度 /(kV/mm)	5.5	4.8	4.4	4.1	3.9
比值	1.93	1.90	1.90	1.92	1.93

由于均压球附近经常发生绝缘事故，因此对图 3 - 22（b）中弧 abc 所在位置的电场进行分析，交流电压下的电场分布如图 3 - 25 所示。弧 ab 处的油中电场强度在 5.3~10.2kV/mm 范围内变动；弧 bc 处的纸中电场强度在 6.1~6.81kV/mm 范围内变动，变压器油承受着相对较高的电场强度，因此应将降低均压球表面附近油中电场强度作为优化设计的重点。

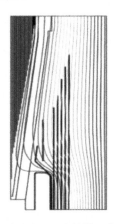

图 3 - 23　交流电压下出线装置的电场分布

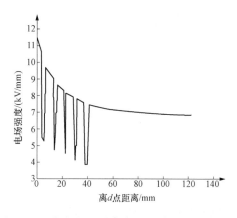

图 3 - 24　交流电压下直线段 de 各处的电场分布

出线装置在外施 1254kV 直流电压下的电场分布情况如图 3 - 26 所示。由图可知，纸板中的等位线十分集中，f 点附近的电场强度最大为 120kV/mm。油隙中 b 点附近的电场强度最大为 3.96kV/mm。

线段 de 所在位置各油隙和纸板的电场强度分布如图 3 - 27 所示。由图 3 - 26 可知，在直流电压下，纸板中电场强度较高，油中电场强度较低，纸板中电场强度明显高于油中电场强度，两者均沿远离均压球的方向逐渐减小。分析直流电压下图 3 - 22（b）中点 1~5 位置附近的油隙和纸板中的电场强度，见表 3 - 8。

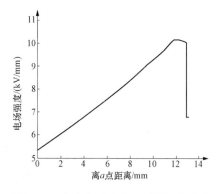

图 3 - 25　交流电压下弧 abc 处的电场分布

表 3-8 直流下 1～5 点附近的电场强度

参数	数值				
	点 1	点 2	点 3	点 4	点 5
油中电场强度 /(kV/mm)	100.5	100.1	97.9	96.4	95.7
纸中电场强度 /(kV/mm)	1.9	1.3	1.1	1.0	0.9
比值	55.3	77.6	87.5	94.1	98.1

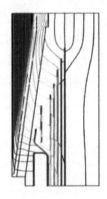

图 3-26 直流电压下出线装置的电场分布

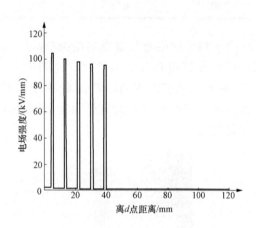

图 3-27 直流下 de 处的电场分布

由表 3-8 可知，点 1～5 附近的油隙和纸板中的电场强度逐渐降低。由于均压球形状不规则，点 1、2 附近的电场发生严重畸变，纸板和油隙中的电场强度比值范围为 60～80；点 3、4、5 距离均压球较远，其附近纸板和油中的电场强度比值范围为 90～100，接近两者电阻率比值。

在直流电压下，均压球表面弧 abc 处的电场分布如图 3-28 所示。弧 ab 处的油中电场强度在 1.592～3.957kV/mm 范围内变动；弧 bc 处的纸中电场强度在 100.1～119.4kV/mm 范围内变动，纸板承受着极高的电场强度，因此应重点研究直流电压下降低均压球附近纸板中电场强度的方法。

2. 直流极性反转下的电场分布

极性反转电压示意图如图 3-29 所示，极性反转电压 $U=969$kV，极性反转时间 $t\leqslant$ 2min。出线装置在极性反转过程中的电场分布如图 3-30 所示，分别取反转前稳态，反转过程中不同时刻，以及反转结束后的时间点进行分析。

图 3-30 中，0～5400s 阶段为直流稳态过程，纸板中的电场强度明显高于油中电场强度；5400～5520s 阶段为极性反转过程，电场分布情况如图 3-30（a）～（e）所示。此时的电场由空间电荷及反转电压叠加而成，在反转过程中油中等位线逐渐密集，纸板中等位线逐渐稀疏，即油中电场强度逐渐增大，纸板中电场强度不断减小。此外，均压球附近的等位线出现扭曲和闭合，油中极易发生局部放电甚至击穿。因此，在绝缘结构的设计中应留有足够的裕度。

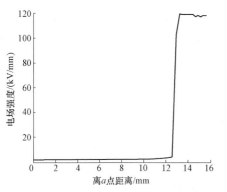

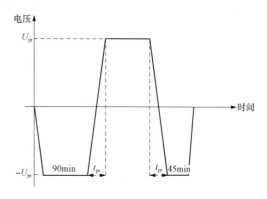

图 3-28　直流电压下弧 abc 处的电场分布　　　　图 3-29　极性反转电压示意图

5520～10920s 阶段为极性反转过渡过程，电场分布情况如图 3-30（f）～（h）所示，等位线和电场变化趋势与反转过程相反，随着空间电荷的减少，变压器油中电场强度逐渐降低且畸变减弱，并最终趋于直流稳态时的电场分布。

对比图 3-22（b）变压器油中 h 点在反转过程中的电场分布曲线如图 3-31 所示。各时刻电场强度及其与反转前电场强度之比见表 3-9。

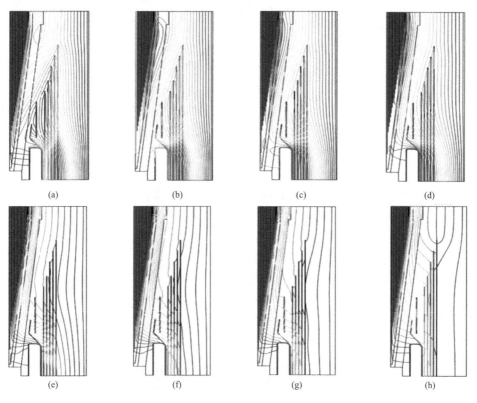

图 3-30　出线装置在极性反转过程中的电场分布

(a) 5400s；(b) 5430s；(c) 5460s；(d) 5490s；(e) 5520s；(f) 7320s；(g) 9120s；(h) 10 920s

表 3-9 不同时刻 h 点的电场强度值

参数	数值					
	5400s	5520s	6120s	6720s	7320s	10 920s
油中电场强度 /(kV/mm)	1.25	18.60	5.92	2.93	2.07	1.26
与反转前 的比值	1.00	18.88	4.74	2.34	1.66	1.01

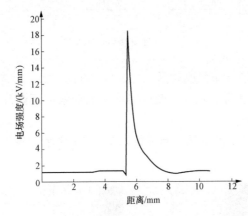

图 3-31 极性反转过程中 h 点电场分布

3.2.4 阀侧套管电场分布

电容式套管电场的特点如下：

（1）套管表面的电压分布很不均匀，因为其绝缘结构具有强垂直介质表面分量，套管绝缘层的最外层极板处（法兰）电场很集中，场强也很大。所以需要采用相应的改善套管电场分布的措施来避免套管因为这些特性导致的其很容易引起的绝缘介质击穿，因为套管是轴对称结构，电容芯子也是轴对称结构，所以套管内部电场也有轴对称的特性，由于绝缘套管整体呈轴对称结构形状，则其电场分布同样也呈轴对称性质。

（2）大部分套管是细长形的，套管轴向长度一般都比径向长度长几倍。所以在电场等值分析时，套管内部电介质电场的径向分量一般远大于轴向分量。

±800kV 及以上电压等级的特高压直流套管中心导电杆外面的绝缘纸的层数一般都大于 200 层，仿真时如建立该模型计算量过大且无绝对必要，所以在简化过程中将绝缘纸的层数减为 10 层，这样既能节省工作量，又不会对电场的分布趋势产生影响，模型建立如图 3-32 所示。在考虑空间电荷的影响，施加不同工况的电压后也能定性的反应出我们需要的空间电荷对电场的影响。纸板中最外层的极板和法兰接地，1 到 9 层的绝缘纸板外侧设置为浮动电极，在仿真不同工况时外部激励直接加载到材料为铜的中心导电杆上即可。

在直流系统潮流反转过程中，换流变压器的阀侧绕组电压从一种稳态跃变到极性相反但幅值相同的另一种稳态，即发生了极性反转，换流变压器阀侧套管内部的绝缘电场也将会发生从一个稳态变为另一种稳态。极性反转是特高压直流套管要承受的一种特殊的工作状态，由于空间电荷的影响，极性反转时套管内部电场会发生

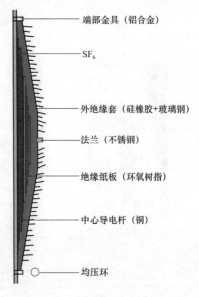

端部金具（铝合金）

SF₆

外绝缘套（硅橡胶+玻璃钢）

法兰（不锈钢）

绝缘纸板（环氧树脂）

中心导电杆（铜）

均压环

图 3-32 特高压直流套管有限元计算简化模型图

剧烈的变化，对绝缘产生严重的威胁。

开始发展直流输电时绝缘设计基本都是沿用交流场的数据，所以当发生极性反转情况时频繁地发生绝缘故障，当时极性反转的相关研究才刚起步，资料数据比较缺乏，机理性的研究和改进措施很少有人研究。近年来，关于极性反转电压对套管电场的影响越来越受到研究人员的重视。

当发生极性反转时，绝缘介质交界面处积聚的空间电荷需要较长时间向反向移动，但是由于极性反转发生只是在瞬间完成（几十毫秒），而这一瞬间根本无法完成空间电荷消散和反向积聚。因此极性反转瞬间套管绝缘将受到反正前空间电荷产生的电压和极性反转完成瞬间外施电压的共同作用，两种电压共同作用的结果是在反转瞬间电场急剧增大，极易对套管绝缘结构产生巨大冲击导致击穿。

通过仿真分析，获得 4 个不同时间点下套管内部径向瞬态电场分布，如图 3 - 33 所示。

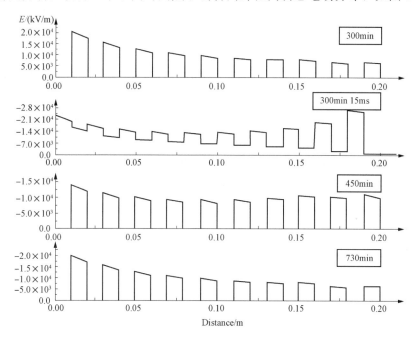

图 3 - 33 极性反转过程中沿径向电场分布对比图

图 3 - 33 仿真中选取的第一个时间点是电容芯子承受长时间直流电压后空间电荷集聚基本完成的时刻，第二个时间点为极性反转时刻或极性反转结束瞬间，第三个时间点为在经历了极性反转之后套管内部空间电荷基本消散的时刻（类似于没有空间电荷影响），第四个时间点是在相反极性电压施加较长时间后空间电荷再次完成集聚的时刻。

从图 3 - 33 可以看出，在电压施加到第一个时间点时，套管内部电场分布基本类似于考虑空间电荷影响的直流场在电压施加到 1000min 时的瞬态电场分布，而在电压极性在 15ms 之内发生反转之后的瞬间（第二个时间点），套管内部的电场强度变大，中心导电杆侧的电场强度变大幅度不大，但 SF_6 侧极板的电场场强忽然达到最大值，而且高于中心导电杆侧电场强度的最大值，在仿真进行到第三个时间点时，套管内部电场由于空间电荷的消散和电场的逐渐稳定，内部电场进入了一种类似于没有空间电荷影响的状态，此时中心导电杆侧的场强达到最小值，而 SF_6 侧极板的电场强度也降了下来，当时间进行到第四个时间点时，套管电场基本已经达到发生极性反转前的状态，只是电场极性相反。

由此可知，电场强度达到最大都是发生在极性反转刚刚结束的时候，这是由于在电压极性反转过程中，大量孤立且分布复杂的空间电荷出现在绝缘介质的交界面处，由于空间电荷的作用造成了局部地区电位升高形成电位高峰，而且在空间电荷之中还形成了附加电场，这些空间电荷在极性反转的瞬间来不及消散基本都维持原来的状态，而极性反转瞬间附加电场和电极的电场叠加导致电场强度的增大，而在极性反转结束一段时间后，空间电荷先是慢慢消散然后由于电压由正向变为负向，空间电荷也由原来的正极性积聚变为异极性积聚，再过一段时间达到新的稳态。

图 3-34 为电容芯子绝缘层的一个交界面处的空间电荷密度随时间的变化曲线，通过一点的电荷密度可以间接反映出空间电荷在极性反转电压施加时和施加前后变化情况，从而理解空间电荷在极性反转情况下对套管内部电场的畸变作用。

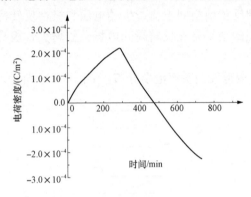

图 3-34　固定点处的电荷密度变化曲线

综上所述，为了提高特高压直流套管的可靠性和延长其寿命，必须重视其承受极性反转这种特殊电压的能力，除了提高套管整体绝缘裕度之外，还应该在设计时重视极性反转结束瞬间套管内出现电场强度急剧增大区域的绝缘改进。

第 4 章

特高压变压器油纸绝缘局部放电特性

4.1 局部放电概述

油纸绝缘是目前变压器内部的主要绝缘方式，其绝缘稳定性对变压器的稳定运行起着至关重要的作用。多起变压器事故显示，绝缘损伤或老化造成的变压器故障占事故的 70%以上。换流变压器在设计中具有良好的电气和机械性能，但在制造、运输和安装过程中难免会出现绝缘缺陷。缺陷中可能存在气泡、毛刺或悬浮颗粒，由于电场强度分布不均匀，可能导致绝缘表面或绝缘内部出现非穿透性的局部放电。

局部放电会形成带电粒子以及化学物质等，伴随着局部放电的不断发展，该现象不断加剧最终导致了绝缘的失效，缩短变压器的使用寿命。局部放电对绝缘主要有如下破坏作用：

（1）带电粒子如电子、离子等对绝缘产生冲击，使其分子结构产生破坏从而造成绝缘受损，如纤维碎裂。

（2）因为带电粒子撞击绝缘，使绝缘结构出现温度升高的现象，温度升高一定高度时会出现碳化。

（3）局部放电会产生氮氧化物（NO、NO_2）和臭氧（O_3），这些气体和水分发生化学反应产生硝酸，对绝缘造成更加严重的危害。

（4）局部放电时，油会发生分解和电解，并且油中本来含有的杂质，纸层处容易生成油泥，油泥聚集在一起加快绝缘老化速度，导致散热水平下降，最终可能会造成热击穿。

当然局部放电对绝缘材料的破坏作用发展较为缓慢，一般不会在短期内造成绝缘失效。然而，随着放电时间的持续及放电过程的发展，绝缘的劣化程度将越来越深，最终将严重缩短绝缘寿命，甚至造成击穿等绝缘事故。

换流变压器内绝缘系统仍然采用传统交流变压器所采用的油纸绝缘结构，但是在直流电场作用下油纸绝缘结构的绝缘性能受温度、水分、电压形式及杂质等因素的多重影响，使换流变压器局部放电特性更为复杂。

4.2 局部放电理论模型

4.2.1 缺陷模型

IEC 60243—1：1998《固体绝缘材料电气强度试验方法　第一部分：工频下试验》中

规定了局部放电试验的三种电极模型及电极尺寸：球板电极、柱板电极、针板电极，如图 4 - 1 所示，可以分别模拟均匀电场与非均匀电场下局部放电的特性。

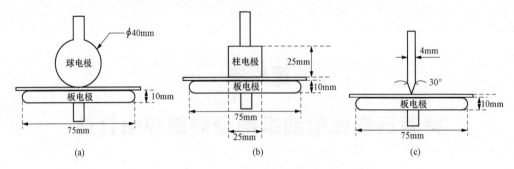

图 4 - 1　三种电极模型尺寸图

（a）球板电极；（b）柱板电极；（c）针板电极

　　针板电极模型主要模拟油纸绝缘中极不均匀电场类型的缺陷，放电过程以出现肉眼可见的持续放电通道为结束。在以往的局部放电研究中，局部放电过程一般按照其严重程度被划分为 3～5 个不同的阶段，采用阶段的划分方法来描述局部放电的过程，分别为放电起始阶段、放电发展阶段（沿面模型没有此阶段）、放电稳定阶段和预击穿阶段。

4.2.2　气隙放电模型

　　导致局放问题的原因相对较多，一种常见的现象是在绝缘介质的内部存在一个或多个空气间隙时发生的放电现象。含单个气隙的绝缘介质如图 4 - 2 所示，图中该绝缘介质的放电结构共由 3 部分组成：绝缘物质 a，连接空气间隙与绝缘材料的物质 b 以及空气间隙 c。其中，单个气隙厚度和绝缘介质厚度分别为 δ 与 d，绝缘体两端能承受的电压为 U。

　　若将该绝缘的介质放置于平行的电极板间，并加上交流电压，绝缘介质与气隙之间会形成放电现象。此时，该绝缘介质中放电电路的等效电路如图 4 - 3 所示。其中，气隙电阻与气隙电容分别为 R_c 与 C_c；与气隙串联的介质中的电阻与电容分别为 R_b 与 C_b；其余的介质电阻与电容分别为 R_a 与 C_a。

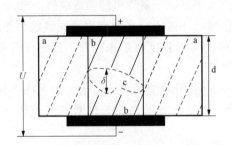

图 4 - 2　含有单个气隙的绝缘介质图

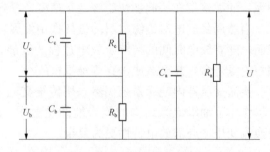

图 4 - 3　绝缘介质中放电电路的等效电路

　　图 4 - 2 中的气隙具有扁平特性，其与图 4 - 3 中所施加的电场方向具有相互垂直关系，根据图 4 - 3，再结合电流的连续性原理，可得

$$U_c Y_c = U_b Y_b \tag{4 - 1}$$

式中：U_c 为气隙两端的电压；U_b 为介质上的电压；Y_c 为气隙的等效性电导；Y_b 为介质的等效电导。

在工频电场中，若 Y_c 与 Y_b 均低于 $10^{-11}(\Omega \cdot m)^{-1}$，通常将气隙及其边缘区域的绝缘电压在数值上进行简化，可得

$$\frac{u_c}{u_b} = \left| \frac{U_c}{U_b} \right| = \sqrt{\frac{Y_b^2 + (\omega C_b)^2}{Y_c^2 + (\omega C_c)^2}} = \frac{\omega C_b}{\omega C_c} = \frac{\varepsilon_b \delta}{\varepsilon_c (d - \delta)} \tag{4-2}$$

式中：ε_b 为介质的相对介电常数；ε_c 为气隙的相对介电常数。

由式（4-2）可得：

（1）在工频电场中发生气隙放电时，气隙产生的电场强度与绝缘介质产生的电场强度间的数值关系通常与介质的特性有关，为 $\varepsilon_b/\varepsilon_c$ 倍。一般情况下 ε_b 要大于 ε_c，这表明气隙所形成的电场强度比绝缘介质的场强更大，击穿气隙所需要的电压比击穿绝缘体所需电压更低。因此，当对含有单个气隙的绝缘介质逐步增加外施电压时，首先气隙会被外施电压击穿。此时，绝缘体没有被击穿，依然具有绝缘功能，电极间依然被绝缘阻隔。

（2）由液、固体所构成的绝缘组合中，如电气设备油浸式变压器、油纸管套以及油纸电容器等，通常会发生油隙放电的情况。在这种绝缘结构的工艺制作过程中，通常是不会存在气隙的，但无法避免绝缘油造成油隙。由于这些油隙的特性，其电介质常数通常要低于绝缘固体介质的电介质常数，故击穿油隙要比击穿固态绝缘体更为轻松，所需电压也更低。在绝缘体两端加电压的过程中，会发生类似于气隙放电的油隙放电现象，其所需场强远大于气隙放电时的场强。

（3）假设介质中不存在空气间隙和油隙，如果介质所分布的电场不够均匀，介质依然会产生局部放电。比如，在电场作用下，介质的局部位置例如尖端位置、金属屑附着的位置、介质的表面毛刺等部位的电场强度要高于介质其他部位的电场强度。当局部位置产生的电场强度达到击穿场强时，该部位的介质会被击穿，从而会发生局部放电现象。

4.3　局部放电的类型

4.3.1　交流电压下的局部放电

根据交流电压下球板电极油纸绝缘模型局部放电发展不同试验阶段的放电量、放电次数、放电相位以及油色谱等特征，交流电压下局部放电的发展可以划分为以下三个阶段：放电起始阶段、放电发展阶段、放电危险阶段。

1. 放电起始阶段

表 4-1 中的数据为每次试验中起始放电电压下 5min 内采集到的放电统计信息，包括起始放电电压下 5min 内的最小放电量、最大放电量、总放电量、放电次数、平均放电量以及起始放电电压。

表 4-1　　　　　交流电压下球板电极油纸绝缘模型起始放电特性

试验次数	最小放电量/pC	最大放电量/pC	总放电量/pC	放电次数	平均放电量/pC	起始电压/kV
1	7.2	29.7	150.46	7	21.5	10.29
2	8.1	21.3	72.21	5	14.4	6.26

试验次数	最小放电量 /pC	最大放电量 /pC	总放电量 /pC	放电次数	平均放电量 /pC	起始电压 /kV
3	8.0	30.4	119.21	7	17.0	6.32
4	6.2	6.2	6.2	1	6.2	14.0
5	5.3	5.3	15.9	3	5.3	10.25
平均值	7.0	18.6	72.8	4.6	12.9	9.4

由表 4-1 可以看出，交流电压下球板电极油纸绝缘模型的起始放电电压为 9.4kV，最小放电量为 7pC，最大放电量 18.6pC，总放电量 72.8pC，平均放电次数为 4.6 次，平均放电量为 12.9pC。起始放电电压下放电量和放电次数均不大，起始放电电压较低。

2. 放电发展阶段

交流电压下，第三试验阶段为放电发展阶段，该试验阶段放电特性具有以下特点：放电发展阶段的放电次数、平均放电量相对于起始阶段有了一定的增长，但是增长幅度不大；在放电发展阶段，烃类特征气体的含量有所增长，增长幅度不大，但 C_2H_2 相对于其他烃类特征气体增长幅度较大。

3. 放电危险阶段

交流电压下，第四、五试验阶段为放电危险阶段，在该阶段，放电特性呈现以下特点：相对于放电发展阶段，放电危险阶段的放电次数、平均放电量骤增，增长幅度很大，放电次数达到百万次，平均放电量达到 800pC 左右；电压过零点也存在放电，且放电次数很多；放电危险阶段油中 H_2 含量略有增长，烃类特征气体含量持续增长，且 C_2H_2 增长幅度较大。

将上述放电危险阶段的放电量、放电次数、放电相位、色谱等特性结合起来可作为换流变压器中油纸绝缘放电严重程度判别的依据。

4.3.2 直流电压下的局部放电

根据直流电压下球板电极油纸绝缘模型局部放电发展不同试验阶段的放电量、放电次数特征，直流电压下局部放电的发展可以划分为以下三个发展阶段。

1. 放电起始阶段

为了研究不同极性下直流电压局部放电起始特性，对正、负极性下直流电压局部放电的起始特性均进行了研究。

（1）正极性直流电压下油纸绝缘起始放电特性。直流电压下，第一试验阶段为放电起始阶段，在该阶段，放电特性有以下特点：油纸绝缘放电起始阶段的放电次数少，平均放电量小。

统计正极性直流电压下 5 次重复性试验中的最小放电量、最大放电量、总放电量、放电次数、平均放电量、起始电压的相关信息见表 4-2。

表 4 - 2　　　　　　正极性直流电压下球板电极油纸绝缘模型起始放电电压特性

试验次数	最小放电量 /pC	最大放电量 /pC	总放电量 /pC	放电次数	平均放电量 /pC	起始电压 /kV
1	9.9	9.9	9.9	1	9.9	35.8
2	5.3	5.3	5.3	1	5.3	33.4
3	15.6	15.6	15.6	1	15.6	45.0
4	50.0	50.0	50.0	1	50.0	50.4
5	31.2	31.2	31.2	1	31.2	44.5
平均值	22.4	22.4	22.4	1	22.4	37.8

由表 4-2 以看出，直流电压下起始放电电压为 37.8kV，起始放电电压较高，且起始放电由压下放电次数仅有一次，放电量也不大，约为 22.4pC 左右。

（2）负极性直流下油纸绝缘起始放电特性。表 4-3 为 5 次重复性试验的统计信息，其中包括最小放电量、最大放电量、总放电量、放电次数、平均放电量和起始电压。

表 4 - 3　　　　　　负极性直流电压下球板电极油纸绝缘模型起始放电电压特性

试验次数	最小放电量 /pC	最大放电量 /pC	总放电量 /pC	放电次数	平均放电量 /pC	起始电压 /kV
1	49.5	49.5	49.5	1	49.5	−36.8
2	20.0	20.0	20.0	1	20.0	−32.6
3	6.7	6.7	6.7	1	6.7	−58.3
4	—	—	—	—		>−60.0
5	—	—	—	—		>−60.0
平均值	25.5	25.5	25.5	1	25.5	−49.5

负极性直流下对球板电极油纸绝缘模型进行了 5 次试验，前 3 次试验的起始放电电压都很高，达到 −58.3kV，第 2 次试验的起始放电电压超过 −60kV，由于整个试验系统套管额定耐受直流电压 60kV，故在升压至 −60kV 以后不再继续升压，认为该次的起始放电电压大于 −60kV，计算起始电压平均值时按 −60kV 计算。前三次试验中起始放电时，放电次数均为 1 次，平均放电量为 25.5pC。由此可见负极性直流下，油纸绝缘的起始放电电压高，且起始放电电压下放电次数较小。

2．放电发展阶段

直流电压下，第三试验阶段为放电发展阶段，该阶段放电特性有以下特点：最大放电量、总放电量、平均放电量和放电次数没有持续变化的趋势，处于一种波动变化的过程中，其值比放电起始阶段要小，但是该阶段持续时间较长，为 8 个试验阶段。该阶段平均放电量、放电次数波动变化的原因可能是因为空间电荷的影响。

3．放电危险阶段

直流电压下，第四试验阶段为放电危险阶段，该阶段放电特性呈现以下特点：相对于放电发展阶段，放电危险阶段的放电次数、平均放电量、总放电量骤增，增长幅度增大，且增长速度也很快。

将上述放电发展阶段的放电量、放电次数等特性结合起来可作为油纸绝缘局部放电严重程度判别的依据。

4.3.3　脉动直流电压下的局部放电

1. 温度对起始放电电压的影响

不同电压和温度组合下均进行了 5 次局部放电试验，从起始放电电压、放电脉冲重复率、最大放电量及总放电量 4 个角度分析了温度对油纸绝缘气隙局部放电的影响。图 4-4 为脉动直流（$R=1$）、脉动直流（$R=1/3$）和交流电压作用下油纸绝缘气隙放电起始放电电压随温度的变化情况。由图可见，在 30℃ 和 70℃ 条件下，脉动直流电压下的起始放电电压要高于交流电压下的情况；当温度达到 110℃ 时，情况刚好相反，交流电压下的起始放电电压要高于脉动直流电压下的情况。在 70℃ 和 90℃ 之间，脉动直流电压作用下局部放电起始放电电压显著下降，当温度高于 90℃ 起始放电电压有一定程度的升高。交流电压作用下油纸绝缘起始放电电压随温度的升高一直呈上升的趋势。对比三种类型电压作用下的起始放电电压随温度的变化情况，可知脉动直流电压分量含量越高，温度对局部放电起始放电电压的影响更显著。温度较高时，脉动直流电压下油纸绝缘试品产生局部放电后很容易发生绝缘试品的击穿，如图 4-4 所示。

2. 温度对放电脉冲重复率的影响

图 4-5 所示为脉动直流（$R=1$）作用下油纸绝缘局部放电脉冲重复率随温度的变化情况。为了更好地对比温度对放电脉冲重复率的影响规律，图中的数据进行了归一化处理。由图可以发现，当温度高于 70℃ 时，油纸绝缘气隙局部放电脉冲重复率随温度的升高逐渐增加；当温度达到 110℃ 时，局部放电脉冲重复率显著增大。需要注意的是在温度为 30℃ 时，由于此时外施电压较高，也导致了较高的局部放电重复率。

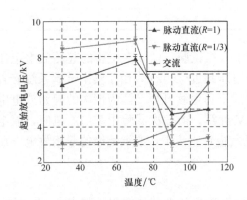 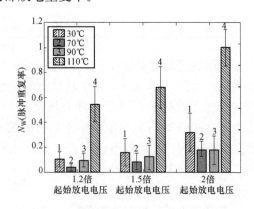

图 4-4　局部放电起始电压随温度的变化规律　　图 4-5　放电脉冲重复率随温度变化

3. 温度对局部放电量的影响

图 4-6 所示为局部放电最大放电量随温度的变化情况。由图可知，在 30℃ 条件下局部放电最大放电量较大，主要是此时施加在绝缘试品上的电压较高，使得局部放电的最大放电量高于较高温度下的情况。当温度在 70℃ 到 90℃ 范围内时，温度的升高使绝缘电导率增大，气隙中累积的空间电荷消散速度加快，使得放电后产生的反向电压降低，增大了局部放电最大放电量。在 110℃ 时，较低的外施电压导致了最大放电量的降低，同

时较高的放电重复率使每次局部放电发生前累积的能量降低，也使局部放电的最大放电量降低。

图 4-7 所示为油纸绝缘局部放电总放电量随温度的变化规律。由图中可知，同一温度条件，油纸绝缘局部放电总放电量随外施电压的升高而逐渐增大。由于在 30℃ 时，外施电压较高，导致此时局部放电的总放电量显著高于其他温度下的总放电量。当温度高于 70℃ 时，由于放电重复率随温度的升高而不断增大，油纸绝缘局部放电总放电量也呈逐渐增大的趋势。

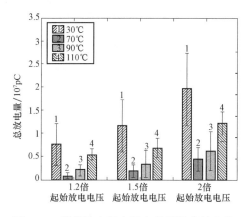

图 4-6　局部放电最大放电量随温度的变化

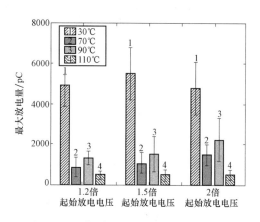

图 4-7　局部放电总放电量随温度的变化

脉动直流电压下油纸绝缘内部气隙放电过程可以通过平行板电容器进行分析。当脉动直流电压（$R=1$）施加于平板电容器两端时，若气隙承受的电压低于气隙击穿电压时，则气隙两端的电压会与外施电压同步变化。继续升高外施电压，气隙中电压随之升高并发生击穿放电，放电产生的能量使气隙中的气体发生电离，产生带电粒子。在电场力的作用下正离子及电子（或负离子）分别沿电场方向及逆电场方向移动，形成反向电压，削弱了气隙中的电压，此时气隙中的放电将暂停。

4.3.4　交直流复合电压下的局部放电

交直流复合电压下试验中采用正、负极性直流分别进行试验。

1. 正极性直流复合电压下局部放电发展特性

根据正极性直流复合电压下局部放电发展不同试验阶段的放电特性及相应的谱图特征，正极性直流复合电压下局部放电的发展可以划分为以下三个发展阶段。

（1）放电起始阶段。交直流复合电压在升压的过程中采用直流 2kV/step，交流电压采用 0.4kV/step，始终保持直流与交流的比例为 5∶1。表 4-4 为正极性直流复合电压下球板电极油纸绝缘 5 次重复性试验的统计结果。

从表 4-4 可以看出：负极性直流复合电压下，起始放电电压为直流 13.9KV，交流 2.8kV。起始放电电压下 5min 内放电次数为 2.4 次，平均放电量为 14.6pC。起始放电电压下的放电次数比直流略大，但是比交流小。

表 4-4　　　　正极性直流复合电压下球板电极油纸绝缘模型起始放电电压特性

试验次数	最小放电量 /pC	最大放电量 /pC	总放电量 /pC	放电次数	平均放电量 /pC	起始电压/kV	
						DC	AC
1	39.8	39.8	39.8	1	39.8	10.8	2.33
2	8.3	8.3	8.3	1	8.3	21.1	4.36
3	8.1	8.1	8.1	1	8.1	12.9	2.59
4	8.1	8.9	42.0	5	8.4	11.4	2.33
5	8.1	9.1	33.7	4	8.4	13.2	2.60
平均值	14.5	14.8	26.4	2.4	14.6	13.9	2.80

（2）放电发展阶段。正极性直流复合电压下，第二试验阶段为放电发展阶段，该阶段放电特性有以下特点：总放电量、放电次数没有固定的变化趋势，处于波动变化中，且变化幅值不大。该过程中平均放电量整体上呈现增长趋势，但是增长幅度不大。

放电发展阶段的放电相位在一、三象限的基础上有一定的拓展，二、四象限靠近峰值处也出现放电，但是放电次数不多。放电发展阶段持续时间较长，持续时间为 6 个试验阶段。

（3）放电危险阶段。正极性直流复合电压下，第三试验阶段为放电危险阶段，该阶段放电特性呈现以下特点：放电危险阶段的放电次数、平均放电量骤增，增长幅度很大，且增长速度很快，放电次数达到数次，平均放电量达到 80pC，放电相位得到进一步的拓展，遍布所有象限，每个位置放电次数均很多。电压过零点也存在放电，且放电次数很多、放电量大。

上述放电不同阶段呈现的放电量、放电次数以及放电相位上的不同点，可以作为油纸绝缘局部放电严重程度的判别依据。

2. 负极性直流复合电压下局部放电发展阶段及特征

结合负极性直流复合电压下局部放电发展不同试验阶段的放电特性及相应的谱图特征综合分析，球板电极负极性直流复合电压下局部放电的发展可以划分为以下三个发展阶段。

（1）放电起始阶段。交直流复合电压在升压的过程中采用直流 2kV/step，交流电压采用 0.4kV/step，始终保持直流与交流的比例为 5：1。表 4-5 为 5 次重复性试验的统计结果。

表 4-5　　　　负极性直流复合电压下球板电极油纸绝缘模型起始放电电压特性

试验次数	最小放电量 /pC	最大放电量 /pC	总放电量 /pC	放电次数	平均放电量 /pC	起始电压/kV	
						DC	AC
1	9.2	9.2	9.2	1	9.2	−47.2	9.6
2	8.2	8.2	8.2	1	8.2	−47.5	9.6
3	8.8	32.4	41.2	2	20.6	−36.1	7.1
4	8.2	8.2	8.2	1	8.2	−44.9	8.9
5	8.6	11	28.3	3	9.4	−36.1	7.4
平均值	8.6	13.8	17.3	1.6	11.1	−42.4	8.5

由表 4-5 可知；负极性电流复合电压下，起始放电电压为直流－42.4kV，交流 8.5kV。起始放电电压下 5min 内放电次数为 1.6 次，平均放电量为 11.1pC。起始放电电压下的放电次数比直流略大，但是比交流小。

（2）放电发展阶段。负极性直流复合电压下，第二试验阶段为放电发展阶段，该阶段放电特性有以下特点：放电发展阶段的放电次数、平均放电量没有一个固定的变化趋势，呈现波动变化，但是变化的幅度不大，且平均放电量、最大放电量的值与起始阶段大致相当；但是放电相位在起始放电阶段一、三象限的基础上有一定的拓展，二、四象限 135°～180°和 315°～360°区间内也出现放电，且放电幅值也较大，放电次数很多。放电发展阶段持续时间较长，为 8 个试验阶段。

（3）放电危险阶段。负极性直流复合电压下，第三试验阶段为放电危险阶段，放电特性呈现以下特点：最大放电量、平均放电量呈现增长趋势，且在危险阶段的后期，其值出现骤增，增长速度和增长幅度都很大；放电危险阶段，放电相位得到进一步的拓展，遍布所有象限，每个位置放电次数均很多；二、四象限 135°～180°和 315°～360°区间也有放电存在，且放电次数很多。

4.4　特高压变压器油流带电特性

4.4.1　特高压变压器油流带电问题

油纸绝缘的油流静电带电问题是变压器行业面临的难题之一，是威胁变压器安全运行的重要因素。近年来，随着变压器电压等级的不断提高以及国内外直流输电系统的建立，油流带电问题再次成为变压器行业的研究热点，并引起了国内外的广泛关注。

多年来，人们对油纸变压器油流带电的诸多影响因素进行了深入的研究。油流带电的影响因素可以分为固有因素和外部因素两种。

（1）绝缘材料的固有因素。固有因素是指绝缘材料本身的介电性能和结构特性导致的影响因素，包括以下几种。

1）油纸电导率：油纸电导率会影响直流电压下绝缘中电场分布，决定了油纸界面处空间电荷数量，也会影响绝缘中电荷的松弛时间常数。

2）油纸相对介电常数：油纸相对介电常数会影响交流电压下绝缘中电场分布特性。

3）油纸含水量：大部分研究中发现变压器油含水量增加会导致绝缘带电程度下降，但对于其作用机理仍未有统一的认识。

4）油纸老化程度：油纸老化程度提高对绝缘带电具有促进作用，部分研究还发现在绝缘老化程度较高时油流会带有负电荷，这一试验结果目前存在争议。

5）油纸结构特性：绝缘结构不同会导致油纸中电场分布改变，也会影响油道中的流速分布特性，进而对油流带电度造成影响。

6）绝缘纸粗糙度：部分研究认为绝缘纸表面粗糙度增加会提高油纸接触面积，进而导致油流带电度提高，也有研究认为绝缘纸表面粗糙度增加会提高油纸界面处油流脉动程度，增加界面处油流剪应力，目前还不能肯定哪种原因占主导地位或是二者兼有。

7）分子结构特性：油纸分子结构直接决定了油纸间的起电能力。

8）油纸密度和变压器油粘度：绝缘纸密度增加会导致纸中离子运动阻力提高，变压器油密度和粘度增加也会导致油中离子运动阻力提高。

（2）油流带电的外部影响因素。除了材料的固有因素以外，其他影响油纸变压器油流带电的因素均可归属于外部影响因素，主要包括以下几种。

1）运行温度：运行温度被认为是油纸变压器油流带电最重要的影响因素，几乎所有的材料参数都会随温度发生变化，温度的改变会影响绝缘电导率、油粘度、油流流动状态等，因而会影响到绝缘中的电场分布和油流流速分布，最终对绝缘带电特性产生影响。

2）外施电压：对绝缘施加外电场一般会促进油流带电程度，外施加电场类型也是影响绝缘带电程度的重要因素之一。

3）油流速度：几乎所有研究表明提高变压器油流速度总会导致油流带电度增加，但对油流带电度对流速的依赖程度仍存在争议。

4）油添加剂：变压器油添加剂包括抗氧化剂及油流带电抑制剂（BTA）等，目前这些添加剂对油流带电的影响仍在研究中。

4.4.2 温度对油流带电特性的影响

1. 无外施电场时油流带电特性

不同温度下油流冲流电流与流速的关系曲线如图4-8所示。

由图4-8可知，无外施电场作用时冲流电流随流速的变化规律与温度有关，在低温时冲流电路与流速的关系基本呈线性，在高温时冲流电流随流速指数增加。无外施加电场时，不同流速下冲流电流与温度关系曲线如图4-9所示。

图4-9中，不同流速下冲流电流均随温度提高而指数增加，流速越高则冲流电流随温度增加越明显。无外施电场时油流冲流电流值整体较低，在无外施电场作用时冲流电流最大值约为5.2nA。

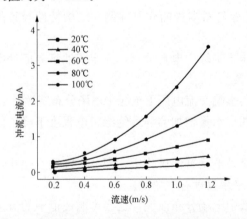

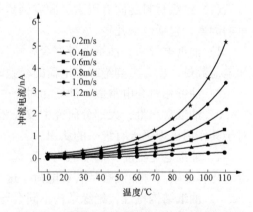

图4-8 不同温度下油流冲流电流与流速的关系曲线　　图4-9 不同流速下冲流电流与温度关系曲线

2. 外施交流电场下油流带电特性

在外施交流电压幅值为18kV时，不同温度下油流冲流电流随流速变化曲线如图4-10所示。

在外施交流电场作用下，在温度较低时冲流电流随流速的提高呈线性增加趋势，在温度较高时冲流电流随流速指数增加，温度越高则冲流电流随流速增加的趋势越明显。

外施加交流电场作用下，在流速为 0.2m/s 和 1.2m/s 时冲流电流随温度变化曲线分别如图 4-11 所示。

根据试验结果看到，外施交流电场作用下冲流电流随温度提高呈现指数增加趋势，且高温时不同外施电压幅值下冲流电流差距较大。

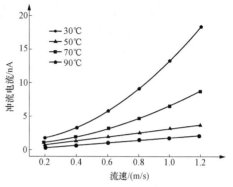

图 4-10　外施交流电场下冲流电流与流速的关系曲线

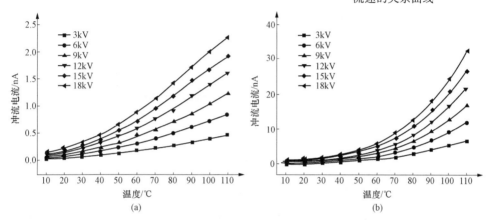

图 4-11　外施加交流电场下，冲流电流与温度关系曲线
(a) 流速 0.2m/s；(b) 流速 1.2m/s

3. 外施直流电场下油流带电特性

在外施直流电场作用下，在流速为 0.2m/s 和 1.2m/s 时冲流电流随温度变化曲线分别如图 4-12 所示。

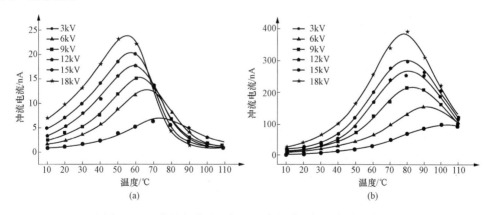

图 4-12　外施加直流电场下，冲流电流与温度关系曲线
(a) 流速 0.2m/s；(b) 流速 1.2m/s

图 4-12（a）中，不同外施电压幅值下冲流电流均随温度的提高出现峰值，峰值温度集中在 50℃ 到 80℃ 之间，外施电压幅值越高则冲流电流出现峰值的温度越低，并且峰值后冲流电流值下降得更快。图 4-12（b）中，冲流电流随温度提高出现峰值，不同外施电压幅值下峰值温度较为接近，集中在 80℃ 到 100℃ 之间，峰值温度随外施电压幅值提高而下降。

4. 外施叠加电场下油流带电特性

外施加交直流叠加电场作用下，当直流分量比例为 50% 时，流速为 0.2m/s 和 1.2m/s 时冲流电流随温度变化曲线分别如图 4-13 所示。

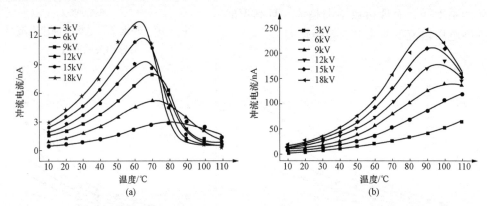

图 4-13 外施加交直流叠加电场下，冲流电流与温度关系曲线
(a) 流速 0.2m/s；(b) 流速 1.2m/s

与直流电场作用下油纸绝缘表现出的带电特性相类似，在外施加交直流叠加电场作用下，冲流电流也随温度的提高出现峰值，但峰值温度更高一些。如图 4-13（a）所示，在流速较低时，冲流电流的峰值温度集中在 60℃ 到 80℃ 之间，提高外施电压幅值会导致峰值温度下降，并且峰值后冲流电流值下降得更快。图 4-13（b）中，冲流电流的峰值温度集中在 90℃ 到 110℃ 之间，不同外施电压幅值下冲流电流的峰值温度较为接近，外施电压低时峰值温度更高。

4.4.3 水分对油流带电特性的影响

1. 无外施电场时油流带电特性

在无外施电压情况下温度分别为 50℃ 和 70℃ 时，不同油流速度下变压器油中的冲流电流随含水率的变化曲线如图 4-14 所示。

从图 4-14 中可以看出，在无外施电压时不同温度下变压器油的冲流电流随水率的增加呈减小的趋势，且冲流电流随油流速度的增加呈增大的趋势。

2. 外施交流电场下油流带电特性

在油流速度为 0.8m/s、温度分别为 50℃ 和 70℃ 时，不同电压幅值下变压器油的冲流电流随含水率的变化曲线如图 4-15 所示。

从图 4-15 中可以看出在外施交流电压的情况下，不同温度时变压器油的冲流电流均随含水率的增加呈减小的趋势。

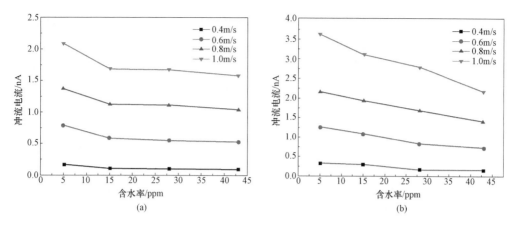

图 4-14　不同测试温度下，无外施电压时变压器油的冲流电流和含水率的关系

（a）50℃；（b）70℃

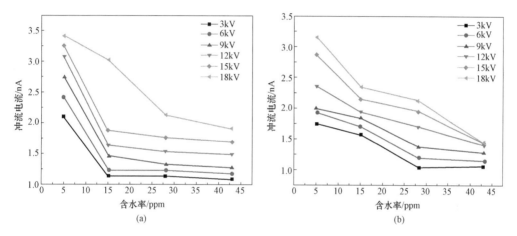

图 4-15　不同测试温度下，变压器油的冲流电流和含水率的关系

（a）50℃；（b）70℃

3. 外施直流电场下油流带电特性

试验得到油流速度为 0.8m/s、温度分别为 50℃和 90℃时，不同外施电压幅值下变压器油的冲流电流随油含水率的变化曲线如图 4-16 所示。

从图 4-16 中可以看出在外施直流电压时变压器油的含水率对冲流电流有显著的影响，在低温、低外施电压幅值时，变压器油的冲流电流随含水率的增加呈先增大后减小的趋势，而在高外施电压幅值时，变压器油的冲流电流随含水率的增加呈减小的趋势；而在高温时，变压器油的冲流电流均随含水率的增加呈减小趋势。

4. 外施叠加电场下油流带电特性

在油流速度为 0.8m/s、温度分别为 50℃和 70℃时，不同电压幅值下变压器油的冲流电流随含水率的变化曲线如图 4-17 所示。

从图 4-17 中可以看出在交直流叠加电压的情况下，变压器油的冲流电流随含水率的变化特性与直流电压下变压器油的冲流电流随含水率的变化特性相似。

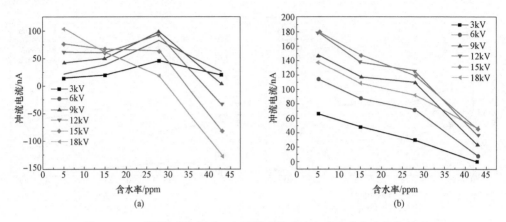

图 4-16　不同测试温度下，变压器油的冲流电流和油含水率的关系
（a）50℃；（b）70℃

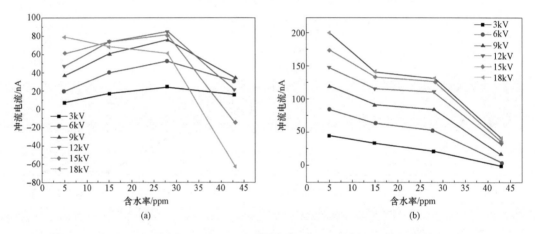

图 4-17　不同测试温度下，变压器油的冲流电流和油含水率的关系
（a）50℃；（b）70℃

4.4.4　交直流叠加运行条件对油流带电特性的影响

复合电压下的油流带电特性如图 4-18 所示。不同交流含量的电压下变压器油的冲流电流均随流速升高而增大，但外施电压类型不同，冲流电流上升的幅值不同。随流速的升高，冲流电流均出现饱和，且外施电压的交流含量不同，冲流电流的饱和值所对应的流速也不同。

各电压下冲流电流的增长率如图 4-19 所示。由以上冲流电流的增长率可见，交流下的冲流电流增长率最低，直流下的增长率最高，交直流叠加电压下的冲流电流增长率位于二者之间，且冲流电流的增长率是按照直流分量的增加而上升的。由图 4-19 可见，当交流含量为 50％时，冲流电流在流速为 0.6m/s 时基本已经饱和；而当交流含量为 33％时，饱和电流对应的流速应在 0.6m/s～0.8m/s；当交流含量为 17％时，饱和电流对应的流速大约在 0.8m/s 左右；当交流含量为 0 时（即直流），饱和电流对应的流速应为 1.2m/s 或高于 1.2m/s。可见，饱和电流对应的流速是随着直流分量的增加而上升的。

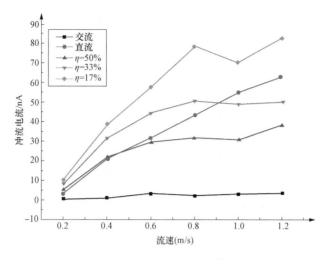

图 4-18　复合电压下的油流带电特性

1. 直流电场

直流电场下油流带电过程如图 4-20 所示。图中假设高压极所施加电压为正，直流电场将使高压侧纸板中负电荷加速向高压极板移动，并通过高压极泄漏，减小了油纸界面处的负电荷，进而减弱了对油中正电荷的束缚。油中失去束缚的正电荷将在浓度梯度及电场力的作用下向油道中心区域扩散，使得高压极一侧的起电层外扩；并且外施电场的存在将大大加强正电荷的扩散距离，使得起电层厚度由 δ 增加至 $\delta + \Delta\delta$。

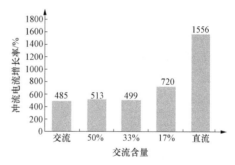

图 4-19　冲流电流增长率

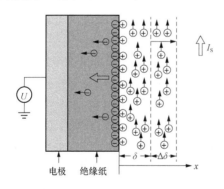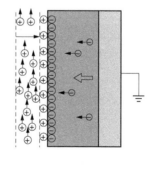

图 4-20　直流电压下油流带电过程

起电层的外扩使油的剪切作用加强，因此增大了油流带电度。同时，外施电场的作用也将减小地电极侧油纸界面的起电层厚度，但由于原本无外施电场时起电层的厚度比较薄，即使带电作用受到抑制，但与高压侧被加强的程度相比，其抑制作用可忽略不计。因此直流电场下整体的油流带电程度受到了加强。

当电场足够强时，电场转而会对冲流电流起到一定的抑制作用，外施直流电压时强电场下的油流带电运动行为如图 4 - 21 所示。

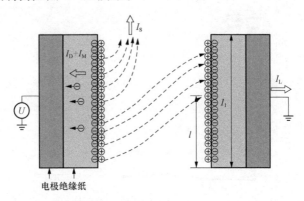

图 4 - 21　直流电压下，强电场下的油流带电运动行为

如图 4 - 21 所示，当电场足够强时，带电层内上游区域的电荷被剥离后沿油流方向继续向下游流动，但同时在直流电场的作用下也向地电极方向移动。如果此部分带电粒子在流出带电区域前碰到了地电极侧的纸板，那么其所带的正电荷将被纸板所带的负电荷中和，并以电中性的形态继续向下游流动，因此将使冲流电流出现饱和现象。

高温下油的粘度较低流动性好，此时变压器油及纸板的电导率也较高，此现象较为明显。以 90℃时为例观察不同流速下冲流电流随直流电压变化的曲线，如图 4 - 22 所示。

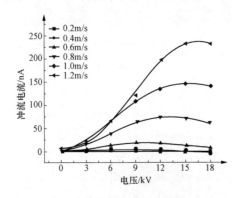

图 4 - 22　90℃时冲流电流与
直流电压变化关系

如图 4 - 22 所示，不同流速下，随电压的升高冲流电流均有峰值出现，且峰值所对应的电压随流速的升高而增大。由以上分析可知，流速越高带电层上游的带电粒子逃离带电区域的能力越强，即带电粒子被打到地电极纸板上而被中和掉的可能性越小。高流速下要使带电粒子被中和掉，需要更高的电压。因此高流速下峰值对应的电压也高。

2. 交流电场

交流电场作用下，其正半周期（或负半周期）内的带电过程与直流电场下相同。但由于工频下正半周期的时间为 0.01s，远小于离子扩散时间，见表 4 - 6。因此起电层只在极短的时间内向外扩展了小部分，无法像在直流电场下一样大幅度向外伸展，建立起稳定的大范围起电层。并且外施电压处于负半周期时起电层边界将向反方向移动，即与正半周期的运动方向刚好相反，因此交流电场下的油流带电程度虽有增长，但与直流电场下相比增长幅度极小。

表 4 - 6　　　　　　　　　　　离 子 扩 散 时 间

温度/℃	离子扩散时间/s
30	649
50	267
80	101

3. 交直流叠加电场

交直流叠加电压下可将电场进行线性相加，交流分量的作用由于其变化速度远高于离子扩散速度，因此无法建立起较大的起电层；直流分量由于作用持久，因此对油流带电起主要作用。相同幅值的交直流电压下，随直流分量增加油流带电度明显上升。

4.5 特高压变压器油纸绝缘击穿特性

4.5.1 油纸绝缘击穿危害及机理

实际工程中，常用击穿电压与击穿强度来评判绝缘电介质电气性能的好坏。在被试品两端施加高于工作电压的交流电压或直流电压，当电压值达到一定阈值，被试品两端电压瞬间降为零，此时电压值即为被试品的交流或直流击穿电压，对应的电场强度则为被试品的击穿场强。

（1）电子碰撞电离理论。在外施电场的作用下，液体电介质中的电子会被加速，这些动能较高的电子在液体中会与液体分子相互碰撞引起周围电介质的电离，电离会产生更多的电子，而产生的正离子会被电极阴极吸附，在电极阴极附近形成空间电荷层，进而增加了阴极发射电子密度，导致液体电介质的击穿。

（2）气泡击穿理论。液体介质的击穿场强与其静电压力密切相关，液体电介质在击穿过程的临界阶段会包含状态变化，也就是液体中出现了气泡，形成了复合电介质。由于气泡的介电常数小于液体介质的介电常数，在外施电场的作用下，气泡处会先发生电离。电离会产生大量的能量，液体中温度上升，进一步促进电离的发生。电离过程产生的电子会与液体分子相互碰撞产生气体，形成气体通道，进而导致击穿。

（3）电击穿理论。在外施电场的作用下，固体电介质中的传导电子会被加速，具有较高的动能并不断的与晶格点上的固体原子相互碰撞，晶格原子因为碰撞发生电离产生更多的电子。由于电子的不断增多，材料电导不断增大，当电导达到某一阈值时，固体材料便会发生击穿。因此，外施电场强度与均匀程度对电击穿影响很大。

（4）热击穿理论。电介质在长期工作中会产生热量并向周围环境散热，当电介质由于损耗或者故障导致发热严重，发热量大于散热量时，介质温度会不断上升，加剧介质的损耗，降低介质的绝缘性能，最终发生热击穿。

（5）电化学击穿理论。电化学击穿是指在长期工作电压下，固体电介质内部可能会发生局部放电现象，电介质电气强度下降进而导致击穿的现象。电化学击穿可能以电击穿形式或以热击穿的形式完成。

4.5.2 变压器油交流、直流与交直流叠加电压击穿特性

1. 不同间隙下变压器油交流、直流与直流叠加交流电压击穿特性

在室温下，选择 4、6mm 和 8mm 三种油间隙，直流电压为负极性，在交流、直流和多个交流分量的直流叠加交流电压下对变压器油进行了击穿试验。为减少分散性影响，各击穿电压取值点的变压器油样品为 20 个，击穿电压值为多样品击穿电压的算数平均。仅考虑电压大小，击穿电压峰值随交流分量变化特性如图 4-23 所示。

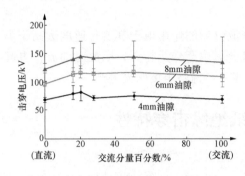

图 4 - 23　不同油隙交流、直流与直流
叠加交流击穿电压

随交流分量增加三种油间隙的击穿电压都出现了先增加后减小的总体变化规律，不同交流分量下直流叠加交流击穿电压峰值非常接近。击穿电压的排序为：直流击穿电压＜交流击穿电压＜直流叠加交流击穿电压。

交流、直流与直流叠加交流（所有交流分量下的平均值）电压下油隙的击穿场强见表 4 - 7。除 4mm 交流击穿场强略有差异外，其余结果说明各种电压波形下油隙击穿存在"体积效应"特性。

表 4 - 7　　　　　　　　　　　室温下变压器油交流、直流与直流叠加交流击穿场强

油隙间距/mm	交流/（kV/mm）	直流/（kV/mm）	直流叠加交流/（kV/mm）
4	17.2	17.3	19.6
6	18.2	16.0	19.0
8	16.8	15.4	17.7

2. 变压器油交流、直流与交直流叠加电压击穿温度特性

选择 20℃、40℃、60℃、80℃和 100℃五个温度点，直流电压为负极性，对 8mm 间隙变压器油样品进行了交流、直流与直流叠加交流（$P_{ac}=50$）击穿电压温度特性试验。各击穿电压取值点的样品都为 10 个，多个样品的击穿电压进行算术平均，按击穿电压峰值进行统计，击穿电压温度特性如图 4 - 24 所示。

交流击穿电压随温度升高缓慢减小，高温下较低温下减小了 5%。直流击穿电压随温度升高却逐渐增加，高温下较低温下增加了 17%。直流叠加交流击穿电压随温度升高出现了先减小后增加的变化规律，任一温度下都大于交流和直流击穿电压，60℃以下时数值接近交流击穿电压，60℃以上时数

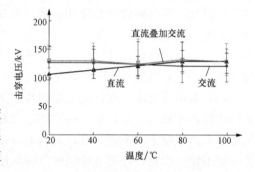

图 4 - 24　交流、直流与直流叠加
交流下油隙击穿电压温度特性

值接近直流击穿电压。三种波形的击穿电压在 60℃时基本相同。随温度升高变压器油交流击穿电压缓慢减小，干燥的变压器油具有相似的击穿电压温度特性。直流电压下变压器油极板附近积聚空间电荷会畸变电场，随温度升高离子电导增加，空间电荷影响减弱，油隙内部电场均匀程度改善，直流击穿电压缓慢升高。由于交流和直流击穿电压温度特性的影响因素存在差异，在相同幅值的直流叠加交流电压下，交流电压分量与直流电压分量仅占幅值的一半，受变压器油密度和空间电荷等影响均减弱，击穿电压比纯直流和交流击穿电压都有所提高。

4.5.3　浸油纸板交流、直流与交直流叠加电压击穿特性

1. 室温下浸油纸板交流、直流与交直流叠加电压击穿特性

在室温下对 1mm 浸油纸板进行了交流、直流及多种交流分量的直流叠加交流电压击穿

试验，其中直流电压为负极性。为减少分散性影响，各击穿电压取值点的样品为 20 个。对多个浸油纸板样品击穿电压进行平均，按峰值统计的击穿电压随交流分量变化以及击穿电压平均值的交流电压分量与直流电压分量的关系如图 4-25 所示。

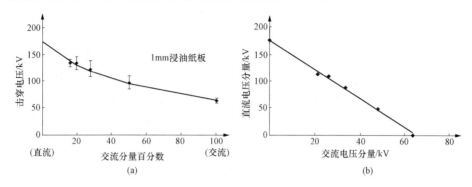

图 4-25 室温下浸油纸板交流、直流与直流叠加交流击穿特性

(a) 击穿电压与交流分量百分数的关系；(b) 击穿电压交流与直流分量的关系

随交流分量增加浸油纸板的击穿电压显著下降：直流击穿电压＞直流与直流叠加（简称直流叠加）交流击穿电压＞交流击穿电压。直流击穿场强为 171kV/mm，交流击穿场强仅为 63kV/mm。击穿电压的直流电压分量随交流分量增加线性降低，V_{dc0} 代表直流击穿电压，V_{ac0} 代表交流击穿电压，直流叠加交流击穿电压 V_m 与交流分量百分数 P_{ac} 的关系为式 (4-3)。

$$V_m = \frac{100 V_{ac0} V_{dc0}}{(100 - P_{ac}) V_{ac0} + P_{ac} V_{dc0}} \tag{4-3}$$

浸油纸板实际上也是层压纸板和变压器油构成的复合绝缘，在浸油纸板内部存在油孔。在交流电压下介电常数关系决定了油孔中出现高电场强度；直流电压下体积电阻率关系决定了层压纸板中出现高电场强度。油孔的击穿场强低，交流分量越高越容易在较低电压下达到油孔的击穿条件。一旦油孔发生击穿，畸变了浸油纸板内部电场，导致整个浸油纸板发生击穿。所以浸油纸板的击穿电压随交流分量增加快速下降。

2. 浸油纸板交流、直流与交直流叠加击穿电压温度特性

选择 20℃、40℃、60℃、80℃ 和 100℃ 五个温度点，直流电压为负极性，对 1mm 浸油纸板样品进行了交流、直流、直流叠加交流（$P_{ac}=50$）击穿电压温度特性试验。各击穿点浸油纸板样品为 10 个，多个样品的击穿电压进行算数平均，按击穿电压峰值进行统计，各种波形下击穿电压温度特性如图 4-26 所示。

交流、直流与直流叠加交流电压下浸油纸板的击穿电压都随温度升高而下降，任一温度下都遵循交流击穿电压＜直流叠加交流击穿电压＜直流击穿电压的变化规

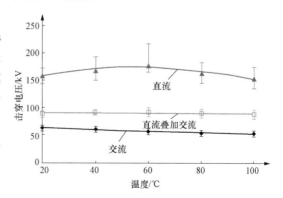

图 4-26 浸油纸板交流、直流叠加
交流击穿电压温度特性

律。高温时击穿电压与低温时击穿电压比较：交流击穿电压下降了 17%，直流击穿电压下降了 11%，直流叠加交流击穿电压下降了 2%。交流电压下油孔中出现强电场，浸油纸板随温度升高击穿电压下降与变压器油具有相同的击穿特性有关；直流电压下浸油纸板击穿特性主要取决于纸板击穿特性，80℃ 以上时击穿特性进入高温区，击穿电压快速下降。不同温度下浸油纸板和变压器油介电常数比值为常数，在直流叠加交流电压下，交流电压分量分布特性不随温度变化；浸油纸板体积电阻率温度特性表明纸板的体积电阻率也会随温度升高快速下降，其数值虽然仍远高于变压器油的体积电阻率，但两者比值快速减小，直流电压分量稳态时在油孔中的分布随温度升高会有所提高，但变压器油耐受直流电压水平随温度升高也提高，所以，在直流叠加交流电压下浸油纸板击穿电压随温度变化并不明显。

4.5.4 油纸复合绝缘交流、直流与交直流叠加击穿特性

1. 室温下油纸复合绝缘交流、直流与直流叠加交流击穿电压特性

在室温下，对 6mm 和 8mm 油纸复合绝缘（1mm 浸油纸板居中放置）进行了交流、直流与多个交流分量的直流叠加交流电压击穿试验，6mm 样品试验时直流电压为负极性，8mm 样品试验时直流电压分别取负极性和正极性。为减少击穿分散性的影响，各击穿点样品为 20 个。对多个油纸复合绝缘样品击穿电压进行平均，按峰值统计的击穿电压随交流分量百分数变化如图 4-27 所示。

不同间隙下油纸复合绝缘击穿电压随交流分量增加都出现了先升高后下降的变化规律，在 $P_{ac}=30$ 附近出现了峰值拐点。8mm 油纸复合绝缘正负极性直流分量击穿电压差异不大，可认为不存在"极性效应"。

2. 油纸复合绝缘交流、直流与交直流叠加击穿电压温度特性

选择 20℃、40℃、60℃、80℃ 和 100℃ 五个温度点，直流电压为负极性，对 8mm 油纸复合绝缘样品进行了交流、直流与直流叠加交流（$P_{ac}=50$）击穿电压温度特性试验。各击穿电压取值点的样品为 10 个，多个样品的击穿电压进行平均，按击穿电压峰值进行统计，各种电压波形下击穿电压温度特性如图 4-28 所示。

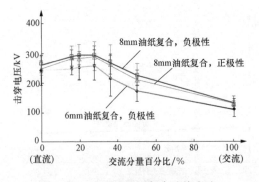

图 4-27 室温下油纸复合绝缘交流、
直流与直流叠加交流击穿特性

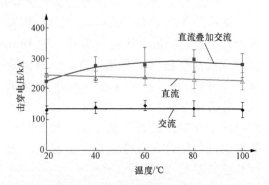

图 4-28 油纸复合绝缘交流、直流
与直流叠加交流击穿电压温度特性

油纸复合绝缘交流和直流击穿电压随温度升高都出现了缓慢的下降，这与两种电压下

电压分布关系以及交流电压下变压器油和直流电压下浸油纸板击穿电压随温度升高逐渐下降的试验结果相符。50％交流分量的直流叠加交流击穿电压随温度升高却出现了增大的现象,这是由于交流电压分量在两种介质的分布几乎与温度无关;随温度升高,直流电压分量在油隙上的电压降落有所提高,但油隙直流击穿电压也逐渐增大,所以,油纸复合绝缘在直流叠加交流电压下击穿电压升高。

4.5.5　极性反转电压下油纸绝缘击穿特性

1. 变压器油极性反转电压击穿特性

在室温下对 6mm 和 8mm 两种油隙以及在 20℃、40℃、60℃、80℃ 和 100℃ 五个温度点下对 8mm 油隙进行了极性反转击穿电压试验。为探明极性反转过程对击穿的影响,增加了阶梯升压负极性直流击穿电压试验进行比对。两种电压波形下同一电压幅值的保持时间都为 10min,台阶电压为 5kV,升压时间为 5s,极性反转试验的反转时间为 1min。各击穿电压取值点的样品为 10 个,多个样品的击穿电压进行平均。

室温下,在极性反转试验中两种油隙的击穿都不发生在极性反转过程中,同一油隙极性反转击穿电压与阶梯升压直流击穿电压相近,见表 4-8。核算击穿场强也没有出现"体积效应"。与缓慢升压直流击穿电压比较,阶梯升压长时间直流击穿电压幅值降低了约 40％,出现了比较明显的随加压时间增加击穿电压下降的幅秒特性。

表 4-8　　　　　　　　　　室温下变压器油极性反转击穿电压

油隙间距/mm	阶梯升压直流击穿电压/kV	极性反转击穿电压/kV
6	53	50
8	74	71

8mm 油隙击穿电压温度特性如图 4-29 所示。阶梯升压直流击穿电压随温度升高逐渐升高,极性反转击穿电压随温度变化不明显。试验过程发现低温时油隙不在极性反转过程击穿,两种电压下击穿电压接近,随温度升高击穿出现在极性反转过程或反转刚结束时概率明显提高,极性反转击穿电压比阶梯升压直流击穿电压下降了约 20％。

试验过程监测了流过油隙的电流。从升压到完成 3 次极性反转后多个样品的平均电流如图 4-30 所示。80℃ 以下时极性反转完成后

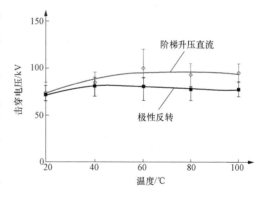

图 4-29　变压器油极性反转击穿电压温度特性

随时间增加电流缓慢增大,考察稳态电流与极性反转刚完成后的初始电流发现,随温度升高稳态电流与初始电流的比值快速下降,温度越高初始电流越接近稳态电流,100℃ 时极性反转完成后电流出现了明显的升高,随时间增加电流逐步减小。

变压器油的电导一般为杂质电导。电导随温度升高呈指数规律增加。极性反转后电压恒定,试验结果中电流不具有吸收电流特征,低温时缓慢升高后逐步趋近于稳态电导电流,

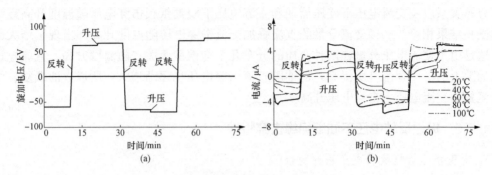

图 4 - 30　流过变压器油的平均电流
(a) 施加电压；(b) 平均电流

存在明显的缓慢升高过程。随温度升高，极性反转后电流突变程度明显增大，油隙在极性反转过程发生击穿概率增加。

2. 浸油纸板极性反转电压击穿特性

选择 20℃、40℃、60℃、80℃ 和 100℃ 五个温度点，对 1mm 浸油纸板样品进行了极性反转击穿试验。为探明极性反转过程对击穿的影响，也增加了阶梯升压负极性直流击穿电压试验进行比对。两种电压下同一电压幅值的保持时间都为 10min，台阶电压为 10kV，升压时间为 5s，极性反转试验的反转时间为 1min。各击穿电压取值点的样品为 10 个，多个样品的击穿电压进行平均，击穿电压温度特性如图 4 - 31 所示。

随温度升高阶梯升压直流击穿电压下降了 34%。低温时浸油纸板在极性反转过程发生击穿，随温度升高击穿出现在极性反转过程的次数逐渐减少。低温下极性反转比直流击穿电压低了 13%，而高温时与长时间直流击穿电压接近。监测了流过浸油纸板的电流，从 -80kV 到 80kV 极性反转后的多个样品的平均电流如图 4 - 32 所示。

这些电流出现了明显的吸收电流特征。随温度升高流过浸油纸板的电导电流指数规律增加，初始极化电流和稳态电流比值下降。

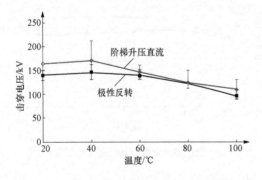

图 4 - 31　浸油纸板极性反转击穿电压温度特性

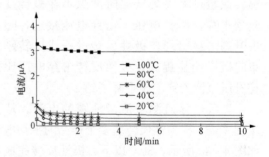

图 4 - 32　极性反转后流过浸油纸板的平均电流

统计极化电流随时间的变化规律，衰减时间常数实际并不是常数，随时间增加逐步增大，且低温下较高温下变化范围宽。20℃ 时初始衰减时间常数为 8s，1min 后为 50s；100℃ 时初始衰减时间常数为 22s，1min 后为 40s，出现了低温下初始衰减时间常数比高温下小的情况。

随温度升高绝缘电阻下降导致阶梯升压直流击穿电压下降。低温下极化电流与稳态电流比值大，极性反转造成油孔出现了强暂态电场并引起衰减时间常数变化，浸油纸板容易在极性反转过程击穿。高温下极化电流与稳态电流比值小，极性反转形成的暂态电场减弱，浸油纸板击穿并不发生在极性反转过程。

3. 油纸复合绝缘极性反转电压击穿特性

（1）不同间隙与反转方式下油纸复合绝缘极性反转击穿特性 。在室温下，对 6mm 和 8mm 油纸复合绝缘进行了极性反转电压试验。同一电压幅值的保持时间都为 30min，台阶电压为 10kV，升压时间为 5s，极性反转试验的反转时间为 1min。将保持时间调整为 10min，台阶电压和升压时间仍为 10kV 和 5s，对 8mm 油纸复合绝缘增加了 1min 反转时间极性反转、直接极性反转和阶梯升压直流击穿试验。击穿电压统计结果见表 4-9。

表 4-9　　　　　　　　　　　室温下油纸复合绝缘极性反转击穿特性

电压类型	极性反转				直流
反转方式	1min	1min	1min	直接	/
保持时间/min	30	30	10	10	10
绝缘间隙/mm	6	8	8	8	8
击穿电压/kV	143	156	160	114	180
击穿时刻	反转过程	反转过程	反转过程	反转后 10s	/

极性反转电压下所有样品击穿都发生在极性反转过程。8mm 比 6mm 油纸复合绝缘击穿电压提高了 13kV，接近两种间距油隙交流击穿电压差异 27kV 的 1/2，说明极性反转过程油隙中产生了高暂态电压。30min 与 10min 电压保持时间下 8mm 油纸复合绝缘击穿电压接近，说明 10min 内油纸复合绝缘的极化过程已经基本结束，直接反转方式比 1min 反转方式极性反转击穿电压明显下降，说明直接反转在油隙中产生了更高的暂态电压。所有极性反转击穿电压都低于阶梯升压的直流击穿电压，极性反转对油纸复合绝缘击穿产生了较大影响，极性反转速度越快影响越严重。

试验过程监测了流过油纸复合绝缘的电流，1min 反转和直接反转完成后多样品的平均电流如图 4-33 所示。每一电流曲线对应的施加电压恒定，电流逐渐衰减到恒定值，具备吸收电流的特征，可以按全电流进行统计分析。

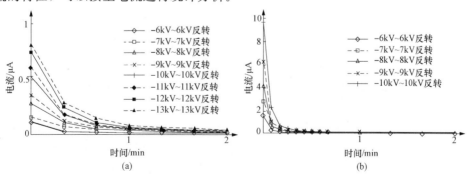

图 4-33　极性反转后流过油纸复合绝缘的平均电流

（a）1min 反转后电流；（b）直接反转后电流

10min 时剩余电流与施加电压的关系如图 4-34 所示，由图可知它们基本遵循欧姆定律，直接反转剩余电流比 1min 反转剩余电流略大，可能与样品差异或初始吸收电流大小有关，但与初始吸收电流比较已经达到足够小的程度。

极性反转刚完成的电流扣除剩余电流统计为初始吸收电流，如图 4-35 所示。相同电压下，直接反转吸收电流初始值远大于 1min 反转初始吸收电流。同一反转方式不同电压下初始吸收电流随电压升高呈指数规律增长。吸收电流初始值与施加电压的关系见式（4-4）。

$$i_{a0}(U_0) = i_{a0}(0)\exp(\alpha U_0) \tag{4-4}$$

式中：$i_{a0}(U_0)$ 为以施加电压 U_0 为变量的吸收电流初始值函数；$i_{a0}(0)$ 为外施电压足够小时的初始电流；α 是单位为 $1/kV$ 的指数函数系数。

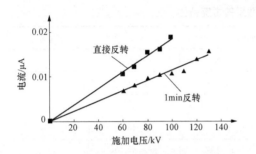

图 4-34 剩余电流与施加电压的关系

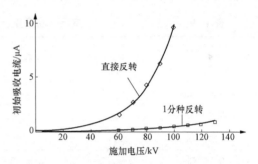

图 4-35 初始吸收电流与施加电压的关系

直接反转和 1min 反转方式下 $i_{a0}(0)$ 分别为 $0.1135\mu A$ 和 $0.0217\mu A$，α 分别为 $0.0447/kV$ 和 $0.0292/kV$。

如图 4-36 所示，时间常数是随时间增加成幂指数关系逐渐增大的函数。相同反转方式下同一时刻随施加电压升高时间常数变小，1min 反转方式的时间常数大于直接反转方式的时间常数。时间常数关系转化为式（4-5），这里 β 在 $0.3\sim0.6$，$\tau_\alpha\beta$ 在 $0.22\sim0.46$ 变化。

$$-\left(\frac{t}{\tau_\alpha}\right)^\beta = \ln\left(\frac{i-i_R}{i_{a0}}\right) \tag{4-5}$$

式中：i 为全电流；i_R 为电导电流；i_{a0} 为吸收电流初始值；t 为时间；β 为无量纲的幂指数；τ_α 为以分钟为单位的新时间常数。

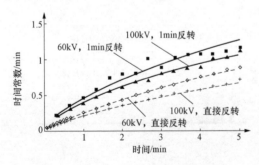

图 4-36 吸收电流的衰减时间常数

（2）油纸复合绝缘极性反转击穿电压温度特性。选择 20℃、40℃、60℃、80℃ 和 100℃ 五个温度点，对 8mm 油纸复合绝缘样品进行了反转时间为 1min 的极性反转击穿电压温度特性试验，同时进行了阶梯升压直流击穿试验进行对比。击穿电压温度特性如图 4-37 所示。油纸复合绝缘直流击穿电压随温度升高缓慢下降，这与浸油纸板击穿电压温度特性基本一致。低温时极性反转容易造成油纸复合绝缘击穿，击穿电压比直流击穿电压明显下降。随温度升高，油隙在极性反转过程击穿概率逐渐下降，如图 4-38 所示，击穿电压与直流击穿电压接近。

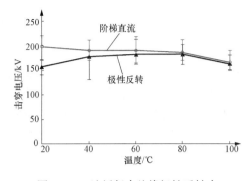

图 4-37　油纸复合绝缘极性反转击穿电压温度特性

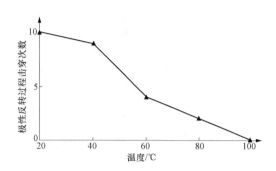

图 4-38　极性反转过程击穿次数

试验过程监测了流过油纸复合绝缘的电流，从 -130kV 到 130kV 极性反转后多样品的平均电流如图 4-39 所示，各种温度下的电流都具有吸收电流特征。

电导电流与吸收电流初始值的温度特性曲线如图 4-40 所示。随温度升高稳态电导电流 i_R 呈指数规律增加，满足式（4-6）。

$$i_R = i_{R0} \exp(\alpha T) \tag{4-6}$$

式中：i_{R0} 为 0℃电导电流，T 为温度系数，T 是以℃为单位的温度变量。

这里 $i_{R0}=0.0237\mu A$，$\alpha=0.0467/℃$。吸收电流初始值随温度升高出现了先升高后减小的变化规律，40℃为分界位置。与稳态电导电流相比，吸收电流初始值随温度变化范围小。80℃以下时吸收电流初始值大于稳态电导电流，80℃以上时吸收电流初始值小于稳态电导电流。吸收电流初始值与稳态电导电流的比值随温度升高迅速下降，20℃时比值为 10.5，100℃比值仅为 0.16。

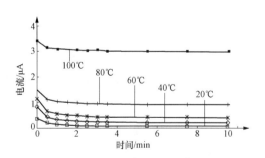

图 4-39　不同温度下极性反转后流过油纸复合绝缘的平均电流

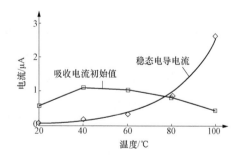

图 4-40　电导电流与吸收电流初始值的温度特性

由于绝缘电阻降低使吸收电流衰减速度加快，暂态电压降低使吸收电流衰减速度变缓，同时受两种因素影响，高温下衰减速度并没有与低温情况产生明显差别。吸收电流特性证实了在低温下油隙中会出现强暂态电压，随温度升高，暂态电压幅值减弱。

4.6 特高压变压器油纸绝缘空间电荷特性

4.6.1 空间电荷的产生及测试方法

换流变压器阀侧出线装置由变压器油和油浸纸板层级结构构成。变压器油和绝缘纸板的交界面属于不连续介质表面，电场分布最为集中且存在跃变，是绝缘薄弱部位。国内外研究一致认为：在直流电场分量作用下，空间电荷、界面电荷问题是影响油纸绝缘性能的关键因素。空间电荷、界面电荷的产生、输运、积聚等过程会直接导致局部电场分布的畸变，对局部电场起到削弱或加强的作用，进而引起绝缘材料的击穿破坏、加速老化等，对设备整体绝缘性能安全构成严重的威胁。

1. 空间电荷、界面电荷的产生和积聚

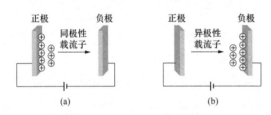

图 4-41 异号和同号电荷示意图

(a) 同号电荷；(b) 异号电荷

(1) 空间电荷的注入和迁移。宏观固体电介质通常可划分为一些相同的结构单元，通常每个结构单元应该是电中性的，如果在一个或多个这样的结构单元内正负电荷不能互相抵消，则多余的电荷称为相应位置上的空间电荷。按照电荷和电极的极性，积聚在材料内部的空间电荷可分为同号和异号电荷两种。同号电荷指电荷极性与电极极性相同，异号电荷指电荷极性与电极极性相反，如图 4-41 所示。图 4-41 (a) 中聚集在阳极附近的正电荷，称为同号电荷。图 4-41 (b) 聚集在阴极的正电荷，称为异号电荷。

当电极（金属）与绝缘体接触时，自由载流子将从电极流向绝缘体或从绝缘体反向流向电极，直到两者的费米能级相等，也意味着电荷迁移达到一个平衡态。电荷流动的方向是由两种材料的接触状态和功函数决定的。

电极与绝缘体界面处的势垒阻挡了电荷的注入，外部电场的升高可以增强载流子在电极与绝缘体界面间的注入。图 4-42 为直流电场下聚合物电介质内部电荷动态输运示意图。直流电压作用下，电荷的注入、迁移、捕获和脱陷、复合，以及电荷包的输运都会对介质的介电强度产生重要影响。

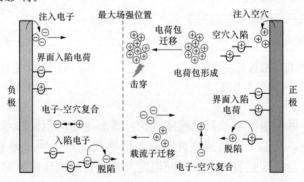

图 4-42 直流电场下聚合物电介质内部电荷动态输运

（2）界面电荷产生和积聚。受温度、电场、水分和老化等多种因素影响，变压器油与油浸绝缘纸板的体积电阻率比值一般在 1：10～1：500 宽范围内变化。根据麦克斯韦 - 瓦格纳理论（Maxwell - Wagner），油—纸绝缘的界面电荷密度 σ 可表示为

$$\sigma = \varepsilon_{oil}E_{oil} - \varepsilon_{op}E_{op} = \frac{\varepsilon_{oil}\gamma_{op} - \varepsilon_{op}\gamma_{oil}}{d_{oil}\gamma_{op} + d_{op}\gamma_{oil}}U(1 - e^{-t/\tau_e}) \tag{4-7}$$

时间常数为

$$\tau_e = \frac{d_{oil}\varepsilon_{op} + d_{op}\varepsilon_{oil}}{d_{oil}\gamma_{op} + d_{op}\gamma_{oil}} \tag{4-8}$$

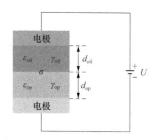

图 4 - 43　界面电荷积聚示意图

式中：ε_{oil}、ε_{op} 分别为油隙和油浸纸板的介电常数；γ_{oil}、γ_{op} 分别为油隙和油浸纸板的电导率。d_{oil}、d_{op} 分别为油隙和油浸纸板的厚度；U 为外加电压。界面电荷积聚示意图如图 4 - 43 所示。根据分析可知油—纸界面出现电荷积累的主要原因：一是油隙与油浸纸板存在显著的介电常数和电导率差异；二是油—纸界面层陷阱、纤维断链、界面极化等引起电荷积累，以及纤维素分子对电荷的束缚特性。研究表明：经 Maxwell - Wagner 理论计算得到的界面电荷量明显小于实测量，主要是由上述第二个原因所致。此外，油纸绝缘界面电荷很难消散，界面电荷的消散路径主要是通过油浸纸板的表面和油中电阻率较低的通道。

2. 空间电荷、界面电荷的主要测量和仿真方法

空间电荷、界面电荷测量方法对比，见表 4 - 10。

表 4 - 10　　　　　　　空间电荷、界面电荷测量方法对比

方法		机理	精度/μm	厚度/μm
热脉冲法		前电极瞬态光脉冲的吸收	$\geqslant 2$	>200
激光光强调制法		前电极调制光的吸收	$\geqslant 2$	>25
压力脉冲法	激光压力脉冲法	前电极瞬态激光脉冲的吸收	1	100～1000
	热弹性产生激光压力脉冲法	被隐薄片瞬态激光脉冲的吸收	1	50～70
	压力波传播法	金属靶瞬态激光脉冲的吸收	10	5～200
	非结构性声脉冲法	导体和金属薄膜间高压放电	1000	$\leqslant 10000$
	激光声脉冲法	薄纸靶瞬态激光脉冲的吸收	50	$\leqslant 3000$
	声探头法	前电极激光脉冲吸收	200	2000～6000
	压电体压力阶跃法	压电石英片的电激发	1	25
热阶跃法		给电极两面施加不同热源	150	2000～20000
电声脉冲法		调制电场力施加于试样电荷	1～2	$\leqslant 10000$
光电导法		试样窄光束的吸收	$\geqslant 1.5$	—
空间电荷映像		极化光与电场相互作用	200	—
光谱测量		试样激励发射吸收	$\geqslant 50$	—
场探头法		无	1000	$\leqslant 20000$

（1）电声脉冲测量技术新进展。电声脉冲法（pulsed electro - acoustic method，PEA）空间电荷测量技术在 1983 年提出，其基本原理基于库仑定律，当在试样上施加脉宽很窄的脉冲电压，试样中的空间电荷在窄脉冲电场的作用下，产生相应的压力波脉冲，压力波脉冲的压力剖面和试样中空间电荷的体密度分布相关，由在另一侧电极附近的压电传感器接收并转换成相应的电信号，从而获得空间电荷分布信息。电声脉冲法测量原理如图 4 - 44 所示。

（2）克尔效应测量技术。各向同性介质在强电场作用中会表现出各向异性的光学性质，表现出双折射现象。折射率差和电场强度的平方成正比，称为克尔效应。通过变压器油的激光束将发生双折射，平行于电场分量和垂直于电场分量的光束将产生与电场大小呈平方关系的相位差，由所测光的强度可以求出介质中的电场和空间电荷分布。空间电荷的产生、输运以及消散会改变液体电介质中的电场分布，利用液体电介质在电场下的克尔效应，可对液体电介质内部电场和电荷分布进行无干扰测量，克尔效应示意图如图 4 - 45 所示。

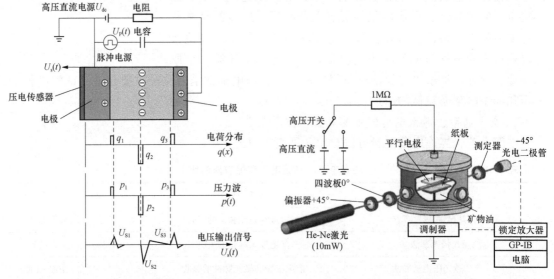

图 4 - 44　电声脉冲法测量原理示意图　　　　　图 4 - 45　克尔效应示意图

4.6.2　油纸界面空间电荷分布的影响因素

1. 电压类型及电场强度对油纸绝缘复合介质空间、界面电特性的影响

（1）单层、双层、多层油浸绝缘纸。应用电声脉冲法研究直流电场大小对单层、双层、多层油浸纸介质空间、界面电荷特性的影响，研究指出单层、双层和多层油浸绝缘纸介质内部均会发生明显的同极性电荷注入现象，外加直流电压大小主要影响电荷注入的速率及积聚的电荷量；在双层、多层油浸纸的界面处会积聚大量电荷，电荷的极性与电极极性密切相关；加压和去压情况下油纸界面处积聚的空间电荷增长和消散均缓慢，界面势垒是造成介质内部空间电荷运动缓慢的根本原因。

（2）液—固两相油纸绝缘混合体系。换流变压器绝缘结构设计通常采用均匀电场或稍不均匀电场，尽量让电场方向垂直油纸界面，但由于运行中材料特性及电场形式的变化，也存在极不均匀强切向分量的电场。

　　在直流正、负极性垂直均匀电场作用下："油隙—油浸纸板"组合在界面处的电荷极性与靠近油隙侧电极的极性一致；在"油浸纸板—油隙—油浸纸板"三层绝缘结构下，两个油—纸界面处积聚的电荷极性相反；油—纸界面电荷积聚的速度具有明显的极性效应，负电荷的积聚速度远大于正电荷的积聚速度，且界面电荷的积聚量随着场强的升高而增大。

　　极性反转过程中，由于大量电荷积聚在油和纸板的界面处，且这些电荷在极性反转电压作用期间缓慢衰减，在极性反转之后，残余电荷形成的电场与反转后的外加电场叠加，使得油浸纸板内部的电场得到增强，特别是在变压器油劣化的情况下。极性反转过程中液—固两相油纸绝缘混合体系空间、界面电荷迁移如图 4 - 46 所示。

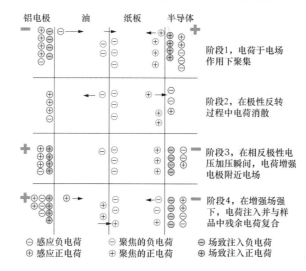

图 4 - 46　极性反转过程中液—固两相油纸绝缘混合体系空间、界面电荷迁移示意图

2. 温度梯度对油纸绝缘界面电荷的影响

　　(1) 单层、双层、多层油浸绝缘纸。国内学者研究表明：测试温度影响电荷迁移运动速率及空间电荷分布位置，温度升高会降低电荷注入势垒，增强 Schottky（肖特基）注入或隧道效应，同时会引起电极的热发射电子，增加电荷能量。温度梯度作用下"油浸纸—油浸纸"双层组合在直流电场下的电荷分布表明：油纸界面对正负电荷具有阻挡作用；随着电场升高和温度梯度增大，界面处的总电荷量升高，界面处的电荷密度会出现与温度相关的饱和值；油、纸材料电导随温度阶梯分布决定了界面电荷的分布行为，而这二者综合作用是电场在温度梯度下畸变的主要原因。

　　(2) 液—固油纸绝缘混合体系。英国学者研究了温度梯度对多层结构油隙与油浸纸板组合体系空间电荷行为的影响。图 4 - 47 所示结果表明：在温度梯度下的空间电荷动力学行为与室温恒温下不同，温度梯度对油隙与油浸纸板组合体系空间电荷行为影响显著；图 4 - 47 (b) 显示了在 40℃温度梯度下的油隙和纸板组合体系的电场分布，由于高温下阳极注入大量的正电荷，加压过程中油中的电场逐渐增强，这与图 4 - 47 (a) 无温度梯度下的变化规律正好相反；与 20℃相比，温度梯度下较少的界面电荷积聚也导致油浸纸板中的电场值降低，靠近阳极的电场也减小。

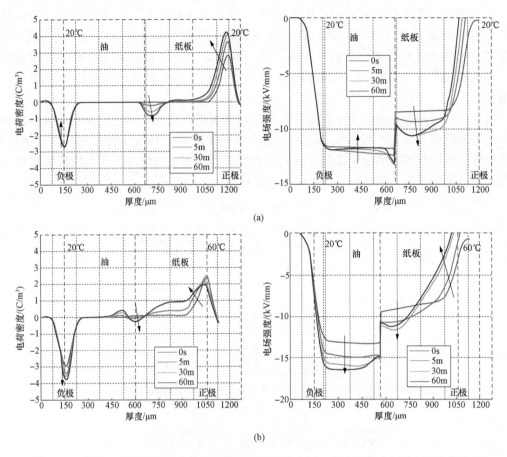

图 4-47　油隙—油浸纸板组合体系在温度梯度下的空间、界面电荷分布及电场分布情况
(a) 恒温 20℃ (无温度梯度)；(b) 40℃ 温度梯度

3. 油纸本体状态对其空间、界面电荷的影响

(1) 单层、双层、多层油浸绝缘纸。国内学者研究了不同含水量（质量分数 0.28%、1.32%、4.96%）油纸绝缘介质在不同直流电场（20、30、40kV/mm，负极：铝板，正极：半导体薄膜）下的空间电荷特性，研究表明水分对油浸绝缘纸内部空间电荷分布产生很大影响；油浸绝缘纸试样水分含量越高，其内部积聚的电荷量越少，油纸界面对电荷的阻挡作用也越弱；在油浸绝缘纸试样击穿前，试样内部仅积聚少量的负电荷，空间电荷在两电极间快速导通是导致油浸绝缘纸试样击穿的主因。研究也表明不同含水量（质量分数 1%~9%）的油纸绝缘在老化过程中的空间电荷特性，可得如下结论：

a. 由于水分对陷阱分布的影响，在一定范围内，增大油纸中的含水量，将加速油纸中的空间电荷到达稳态，继续加大含水量则减缓空间电荷到达稳态的过程。

b. 由于水分和老化的双重影响，随着老化程度的增加，油纸绝缘的空间电荷注入类型由单极异极性积聚转变为双极同极性注入，即由水分主导变为老化主导；油浸绝缘纸含水量较高时，将加速上述转变过程。有学者研究了高含水率油纸绝缘的空间电荷行为，在高含水率下，负电荷首先在阳极附近形成，然后以减小的速度向阴极移动，而这个过程在较高温度或场强下是加快的。

（2）液—固油纸绝缘混合体系。对油隙与油浸纸板组合而成的混合体系的空间电荷动态行为特性进行研究，分析空间电荷积聚对油纸混合体系内部电场分布的影响，研究发现油纸绝缘界面处及油浸绝缘纸内部积聚的空间电荷和电场畸变程度与变压器油和油浸纸板的电导率关系很大。单纯由变压器油劣化导致油纸绝缘系统的电导率提升更易引起油浸纸内部电场严重畸变，油浸纸内部最大电场约达到平均电场的 2.5 倍；而单纯由油浸纸电导率增大引起的油纸绝缘系统电导率提升减轻了油浸纸内部的电场畸变程度，但电荷快速迁移会导致介质热效应显著也易诱发击穿。导致以上特性差异的主要原因为油—纸界面处积聚电荷的极性及电荷密度与变压器油和油浸纸板的电导率密切相关，而积聚电荷的特性决定了电场分布的畸变程度。消除绝缘结构界面引起的空间电荷积聚效应，限制空间电荷在绝缘介质内部的快速迁移，或使电荷在介质内部分布更加均匀，从这三方面出发将有助于抑制空间电荷的危害。

4.6.3　油纸绝缘内部空间电荷的抑制方法

在利用纳米粒子改善绝缘材料的空间电荷特性方面，国内外已有的研究成果大部分都集中在聚合物材料，尤其是电缆聚乙烯材料。对普通绝缘纸和纳米 Al_2O_3 掺杂改性绝缘纸的空间电荷行为进行对比发现，普通绝缘纸的总电荷量始终高于纳米 Al_2O_3 改性绝缘纸，随着外施电场的增加，纳米 Al_2O_3 改性绝缘纸在加压时的总电荷量先增大后略微减小。纳米 Al_2O_3 的掺杂能够有效地提升绝缘纸本身的击穿强度，抑制直流电场下空间电荷的积累，降低绝缘纸内部电场的畸变。

国内学者研究了纳米 SiO_2 芳纶绝缘纸复合材料的空间电荷特性和介电性能，添加纳米 SiO_2 增加了芳纶纸内部陷阱的密度和深度，这在很大程度上改变了载流子的注入和输运状态，从而对芳纶纸空间电荷特性、击穿特性以及体积电阻率造成影响。在空间电荷测试的加压过程中，纳米 SiO_2 以提高注入势垒、束缚电荷以及改善物理缺陷的方法抑制了空间电荷的注入，使得纳米改性芳纶绝缘纸的线均电荷密度始终低于纯芳纶纸试样；芳纶纸直流击穿强度随 SiO_2 含量增加先增加后降低，纳米 SiO_2 质量分数为 1％时直流击穿强度最大。另外，纳米 TiO_2 改性变压器油和油浸纸板的介电常数接近，由其浸渍而成的油浸纸板具有较低的陷阱能级，提升了表面电荷的迁移速率，改善了油浸纸板沿面爬电性能。

第 5 章

特高压变压器绝缘老化特性

5.1 变压器油与绝缘纸

5.1.1 变压器油

随着我国电力的发展，变压器油的需求量也呈逐年上升的趋势。变压器油主要可分为矿物油变压器油，植物油变压器油，硅油变压器油和合成酯变压器油。随着对变压器油质量和环保要求的提高，闪燃点低以及不易被生物降解的矿物油变压器油将会受到制约；植物油变压器油粘度较大，易水解产生酸性物质，且低温性能较差，还需进一步研究开发；硅油变压器油粘度较大，重复电击下绝缘稳定性下降，主要适用于容量较小的变压器；合成酯变压器油综合性能全面，仍处于开发阶段；因此高性能、高标准变压器油已成为电力发展的迫切需要。

变压器油由石油分馏而成，是烷烃、环烷族饱和烃、芳香族不饱和烃等碳氢化合物组成的混合物。变压器油绝缘强度较高，凝固点低，化学结构稳定且具有良好的电气和化学特性。因此，我国电力系统中的变压器绝大部分均为油浸式变压器。变压器油在变压器绝缘系统中主要作用如下。

（1）绝缘作用：变压器油的绝缘强度要远高于空气，因此在变压器中使用变压器油可以有效提高绝缘强度，有助于缩短绝缘距离和减小设备体积。

（2）散热作用：变压器油的比热容较大，且在受热后会发生对流，可以将变压器工作过程中产生的热量迅速地散出，保证变压器的正常运行。同时，由于变压器油导热性能较好，当断路器和有载分接开关产生电弧时也可以发挥灭弧性能。

（3）保护作用：变压器油中溶解水分和氧气含量都要小于空气中，从而有效保护变压器绝缘纸板和其他零部件，使其免受潮气的侵蚀，延缓零部件的氧化以及绝缘纸板的降解，延长变压器的使用寿命。变压器油的氧化是变压器老化的主要原因，而温度和水分会加速变压器油的氧化。由于变压器中的铜是变压器油氧化的催化剂，且变压器难以做到完全隔离空气，因此无论变压器是否运行，变压器油的绝缘状态都会逐渐劣化，生成氧化物和酸等副产物。变压器油在氧化过程中还会产生 H_2、CH_4、C_2H_2、C_2H_4、C_2H_6、CO、CO_2 等气体，因此也可以通过检测油中溶解气体进行变压器监测和诊断。

5.1.2　绝缘纸

绝缘纸主要以木浆为原材料,纤维素、半纤维素和木质素构成其主要成分。纤维素化学式为 $C_6H_{10}O_5$,分子结构如图 5-1 所示。纤维素每个环中均有一个氧原子,还有三个羟基,具有一定极性和较强亲水性,能够在分子内部或者与其他纤维素分子上的羟基生成氢键。

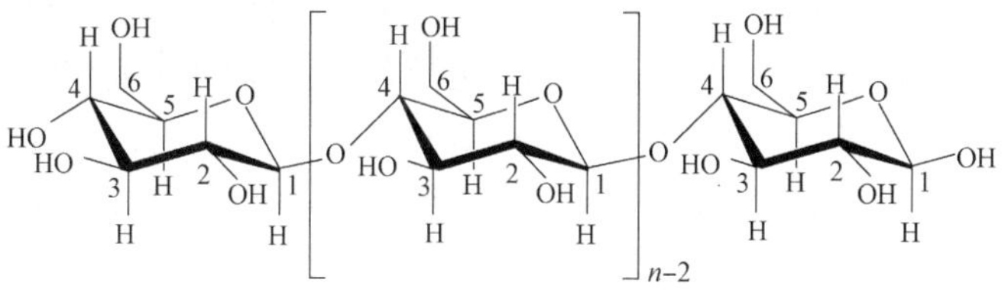

图 5-1　聚合度为 n 的纤维素分子链结构

木浆中纤维素的聚合度为 1200 左右,在成型阶段,纸张还需要再进行一次干燥处理,聚合度会降到 1000 左右,而后装备于变压器。成品绝缘纸包含约 $89\%\sim90\%$ 的纤维素、$6\%\sim8\%$ 的半纤维素以及 $3\%\sim4\%$ 的木质素。与半纤维素和木质素相比,纤维素的结构最简单且在不同的材质中它的结构和化学特性变化最小,所以针对纤维素展开的研究也相对较多。

绝缘纸一般采用热稳定绝缘纸,为 E 级绝缘耐热等级,耐受温度为 120℃,纸板通常采用魏德曼 T4 电工绝缘纸板,耐热等级为 A 级,耐受温度为 105℃。绝缘纸板处于循环油道内,散热条件较好,低运动黏度的变压器油能有效的带走纸板内部热量,降低纸板温度,减慢纸板的老化速率。变压器绝缘热点出现在上层绝缘绕组处,因此绕组绝缘纸均采用热稳定绝缘纸以提高绝缘的耐热等级。目前国内市场成熟的耐热纸产品为明士克以及魏德曼两家公司的绝缘纸,其中魏德曼公司目前已研发出具有 B 级耐热等级的 DPE 绝缘纸,在高耐热等级绝缘纸的研发上取得了较大的成果。

绝缘纸是一种绝缘介质,也称为电介质,除了满足一定的物理和化学性能要求外,还必须满足电气性能要求。绝缘纸的电气性能是指其在电场作用下发生的极化、电导、介质损耗和击穿特性。

在加工及使用中,纵向承受拉力较大,因而对绝缘纸的机械强度要求较高,主要是抗张强度和伸长率。标准规定,厚度为 $75\mu m$ 的高压电缆纸的纵、横向抗张强度应分别大于6.00 和 2.60kN/m,纵、横向伸长率应分别大于 2.2% 和 6.5%;厚度为 $75\mu m$ 的变压器匝绝缘纸的纵、横向抗张强度应分别大于 6.00 和 2.60kN/m,纵、横向伸长率应分别大于2.0% 和 6.0%;厚度为 $80\mu m$ 的电力电缆纸,优等品纵、横向抗张强度应分别大于 6.20 和3.10kN/m,纵、横向伸长率应分别大于 2.0% 和 5.4%。

5.1.3　油纸绝缘老化因素

在变压器运行的过程中,绝缘系统发挥了重要的作用,是变压器能够正常运行的保障。变压器的绝缘系统是由各种绝缘材料组成的,主要分为两种类型:一种是主绝缘,主要是由绝缘纸带、油道等组成的;另一种是纵绝缘,主要包括绝缘纸带、垫片等。无论是哪一种绝缘结构，其中必不可少的绝缘材料是油和纸。油纸的绝缘性能将会直接影响到变压器的运行状态，甚至会影响到变压器的使用寿命。变压器在实际工作的过程中，油纸绝缘会受到多方面因素的影响，从而出现老化的现象。变压器油纸绝缘老化现象出现以后，变压器的绝缘性将会大大降低，各种安全事故发生的概率将会大大增加。鉴于此，必须要对变压器油纸绝缘的老化状态进行评估，评估变压器的运行情况和使用寿命。在对变压器油纸绝缘老化状态进行评估的过程中，必须要先对影响变压器油纸绝缘老化的因素进行分析。油纸绝缘老化的影响因素有很多，包括温度、水分等，下面将对此进行详细介绍。

（1）温度：在变压器运行的过程中，油纸绝缘老化现象的发生和温度变化有着密切的关系。油纸绝缘老化是化学反应的结果。当温度升高时，反应的速度也会变快，进而加快油纸绝缘老化。此外，在热老化的过程中，绝缘纸自身的性能也会发生一定的变化。绝缘纸含有大量的纤维素，制作绝缘纸的原材料中含有的纤维素含量在 55％左右，而成品绝缘纸中含有的纤维素含量更高，在 85％左右。纤维素抵御老化的能力是比较弱的，在这种情况下绝缘纸比较容易脱落，进而影响油道的畅通性，使得温度不断升高，增大油纸绝缘老化的速度。

（2）水分：绝缘纸中含有大量的纤维素，而纤维素自身具有较强的吸水能力，各个部分中存在的水分吸收集中起来，参与老化反应，促使绝缘老化现象的发生。此外，在油纸绝缘老化反应的过程中还会产生水。和油、纸相比，水的介电常数是比较大的。如果变压器在运行的过程中出现负荷突变的情况，水可以成为负荷传输的通道，增大安全事故发生的可能性。而且，在有水分存在的环境中，漏电事故发生的可能性也是比较大的，这会增加变压器运行的温度，从而使得油纸绝缘老化现象变得更加严重。

（3）电场：在变压器运行的过程中，因电场作用导致的绝缘老化是一种比较常见的现象。在电场的作用下，油纸绝缘会出现放电的现象，这会对油纸绝缘自身产生较大的影响，加快其老化的速度。此外，在电场的作用下，油降解的速度也会加快，并会产生一定的物质，这些物质中有一部分是酸性的，会对油纸绝缘产生一定的影响。在电场作用下，油纸绝缘会发生一系列比较复杂的反应，但目前学术界还没有给出统一的答案，因此也不能确定具体的反应类型和反应过程。

（4）氧气：经过大量的试验后发现，在油纸绝缘老化的过程中氧气大大提高了油纸绝缘老化的速度。有人进行过试验，如果对变压器中的氧气进行限制，可以使得油纸绝缘老化的速度降低数倍。此外，在试验的过程中人们还发现，变压器中含有一定量的铜离子可以降低氧气的含量，使得油纸绝缘老化的速度变得缓慢。

（5）酸类：油纸绝缘老化的过程中会发生一系列的反应，从而产生一些物质，在这些物质里有酸性物质。酸性物质可以分成两种，一种是高分子量酸，该种物质可以和油融合在一起。另一种是低分子量酸，该种物质可以和纤维素发生反应，从而加快绝缘纸中的纤维素的水解速度。此外，在油纸绝缘老化的过程中，酸性物质还会和水分进行协同作用，从而加快油纸绝缘老化的速度。

（6）机械应力：在变压器工作的过程中不可避免地会受到机械力的作用，包括机械振动、冲击等。在机械应力的作用下，绝缘纸中含有的纤维素会断裂，从而影响到绝缘纸的聚合度。

除了上述介绍的几种影响因素以外，对变压器油纸绝缘老化会产生影响的因素还包括光、酶、微生物等。目前来说,关于这些影响因素的研究还是比较少的,但它们对变压器油纸绝缘老化的影响是不可以忽视的。因此,必须要加强对这些影响因素的研究。

变压器内绝缘主要由矿物油和绝缘纸或纸板构成的复合绝缘组成,在长期运行过程中会受到各种因素的影响逐渐发生老化,导致绝缘的电气和机械性能下降。绝缘纸、绝缘纸板等以木浆为原料,由纤维素、半纤维素、木质素等组成,并且纤维素为主要成分。纤维素是天然的高分子聚合物,在变压器长期运行期间,内部发生复杂的化学与物理变化,导致性能逐渐劣化。另外,变压器内绝缘的老化会受到电场、温度、氧气、水分等众多因素的影响,且各因素之间会产生协同效应,共同促使老化的发生,如图 5 - 2 所示为影响油纸绝缘老化的各因素。

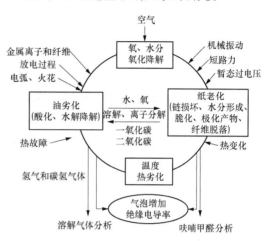

图 5 - 2　影响油纸绝缘老化的因素

5.2　油纸绝缘老化类型

根据老化因素的分类可将变压器内绝缘的老化大致划分为热老化、电老化、机械老化、环境老化四种。

5.2.1　油纸绝缘热老化

温度是影响变压器油纸绝缘老化最主要的因素之一,温度越高,油纸绝缘老化越快。变压器油和绝缘纸在会在热的作用下发生热降解,产生大量低分子挥发物,同时在氧和热的长期协同作用下,会产生过氧化物,并使有机物氧化分解产生自由基团,进而引发一系列的断链和氧化反应,使得分子量下降,产生大量低分子化合物,包括 CO、CO_2 气体、低分子烃类、有机酸等,使变压器内部绝缘材料逐渐劣化,各种分解物进一步作用在绝缘材料上,使绝缘劣化过程进一步加重,形成一个恶性循环,最终导致变压器绝缘失效,由于油纸绝缘是由两种不同的绝缘材料复合而成的,在热老化过程中其反应机理不同,为更加全面地研究油纸绝缘热老化反应机理,油纸绝缘热老化可分为绝缘纸板热老化和变压器油热老化。

(1)绝缘纸板热老化:绝缘纸板的组成成分、热氧老化过程、老化速率与温度的关系和水分、氧、热老化产物对老化均有影响。实际运行经验表明,变压器油在长期使用之后,油的体积电阻系数和总酸值等虽然会发生较大的变化,但可以通过油的净化或再生处理甚至换新油来解决,因此它不是影响变压器绝缘寿命的主要因素。而构成固体绝缘的纤维纸,其劣化后引起的性能下降则是不可逆转的,因此绝缘纸的老化是决定变压器内绝缘寿命的关键因素。

在高温的持续作用下,变压器油纸不断老化降解,导致聚合度逐渐下降。同时在电场的影响下,老化降解产生的各种极性小分子会在热作用下,产生强烈的热运动,使得固体内部会出现很多的载流子,载流子一旦增加到一定的数量,电导和极化损耗就增大。在这样的情况下固体材料的绝缘损耗就增大了，温度又进一步升高，如此循环损耗又进一步增大。如果散热条件不佳，热老化加剧直至出现热击穿。而水分既是引起变压器油纸绝缘老化的因素，又是油纸绝缘老化的产物，在绝缘材料老化劣化过程中起着重要作用。绝缘纸纤维有较强的亲水能力，在变压器运行中纸纤维吸纳来自各个部位的水分，并参与油纸绝缘老化降解，对油纸绝缘老化起正反馈的作用，给变压器寿命带来严重威胁。

（2）变压器油热老化：变压器油的老化过程是指其在电、热等非正常故障下（如电弧、局部过热等），变压器油烃类中的C-H键和C-C键断裂，生成少量活泼的氢原子和碳氢化合物的自由基，氢原子或自由基通过复杂的化学反应重新组合，形成氢气和低分子烃类气体（如 CH_4、C_2H_6、C_2H_4、C_2H_2 等）。温度越高，受热时间越长，劣化趋势越明显，寿命也就越短。而对于液体绝缘材料，其在高温作业下表现为变压器油的氧化。在温度、氧气作用下，变压器油氧化生成醇、醛、酮、酸等氧化物及酸性化合物，同时生成少量的 CO 和 CO_2。随着故障能量和作用时间的增加甚至可形成碳氢聚合物（X-蜡）及固体碳粒，这些混合物质和老化产物可以使变压器油纸绝缘的绝缘性能劣化导致绝缘故障。随温度的不断上升，氧化的速率越来越快，大约每增高 $10℃$，氧化速率增加一倍，当油温高达 $115\sim120℃$ 时，变压器油就会开始发生裂解。变压器正常运行的年限由其油纸绝缘材料的老化程度所决定，而油纸绝缘老化的速率很大程度受温度的影响。一旦变压器超负荷工作，变压器内部温度会上升，从而缩短自身的寿命。

5.2.2 油纸绝缘电老化

电力变压器在运行中还承受着强电场的影响，强电场使有缺陷的地方绝缘长期暴露在局部放电下，绝缘介质的局部放电是绝缘电老化的原因之一。

在电场长期作用下绝缘中发生的老化称为电老化，电老化的机理很复杂，包括绝缘在电场作用下一系列的物理和化学效应。

变压器在生产设计的时候，内绝缘已留有足够裕度承受预期寿命时间内由工作电场对绝缘劣化造成的影响，因此变压器运行时的工作场强不是引起内绝缘电老化的主要因素。试验证明，变压器绝缘在干燥、浸渍及脱气或者运输过程中，可能会在固体或液体内残留小气泡，而在这些气泡中或电场集中处容易发生局部放电，所以油纸绝缘在电场作用下常伴随有局部放电、击穿、电树等现象。普遍认为，局部放电的累积作用是变压器油纸绝缘材料发生电老化的根源。局部放电首先发生于油纸绝缘材料内部的缺陷中，当外界场强大于缺陷内的临界场强，缺陷内部将引起局部放电并产生大量自由电子，电子在电场力的作用下不断轰击缺陷内部表面，能量足够大或材料达到一定的疲劳损伤程度时，绝缘材料中化学键被打断，结构破坏。另外，电晕放电能产生氧的等离子体，氧的等离子体一方面生成以臭氧为代表的具有强氧化能力的物质，氧化有机物电介质，另一方面直接攻击高分子中的 C—H，C=C 或 C≡C 等化学键，造成高分子的深度分解。此外，电场可能加速油降解形成酸性产物并沉积于绝缘纸表面，加速油纸绝缘的老化。

5.2.3 油纸绝缘机械老化

电气设备运行过程中除了承受电压和电流外还承受着运行环境的影响，导体在电流作用下不但会产生热，还会产生电磁振动，而热和振动都将直接作用在电气设备绝缘上，同时外界环境的振动也会传递到设备绝缘上，而绝缘的运行健康状态参数对电气设备的安全运行具有重要意义。

电气设备的振动特征主要包括自身电磁振动和环境振动两方面，其中变压器自运行过程中自身电流导致的电磁振动的频率为 100、200、300Hz 等，其中以 100Hz 振动频率下的振动幅值最大；外界环境作用在设备上的振动的频率主要为 30Hz 以下。

在短路的过渡过程中，作用在绕组上的短路电磁力实际上不是恒定不变的，而是按照复杂的规律不断变化着的。一方面是因为在短路的过渡过程中，短路电流是连续变化的；另一方面绕组本身是由匝绝缘、附加绝缘和绝缘垫块隔开的铜导线所构成的弹性系统，在短路电磁力的作用下，绕组及其结构件不是静止不动的，而是围绕着其起始位置不停地振动着，这必然引起漏磁场发生变化，而漏磁分布的改变又将引起短路电磁力发生变化，从而使漏磁分布随之改变，这就是说短路状态下的漏磁场为耦合场。在短路的过渡过程中，短路电流和漏磁场是不断变化的，因此，由短路电流和漏磁场相互作用而产生的短路电磁力，实际上是动态力而不是静态力。

在短路的过渡过程中，作用在绕组上的动态短路电磁力可以分解为三个分量：①逐渐衰减到某一恒定值的非周期分量，也称直流分量；②逐渐衰减到零的频率为 f（即 50Hz）的暂态周期分量，也称基频分量；③频率为 $2f$（即 100Hz）的稳态周期分量，也称倍频分量。

在短路过程的起始阶段，频率为 f（即 50Hz）的衰减周期分量起主要作用，因为它的幅值是频率为 $2f$（即 100Hz）稳态周期分量幅值的 4 倍。在短路过程的中间阶段，频率为 f（即 50Hz）的衰减周期分量和频率为 $2f$（即 100Hz）的稳态周期分量同时起作用。由于频率为 f（即 50Hz）的分量大约在电源电压的 5～6 个周期内就衰减为零，所以在短路过程的最后阶段，当流过绕组的短路电流为稳态短路电流时，作用在绕组上的动态短路电磁力实际上就只有频率为 $2f$（即 100Hz）的倍频分量存在了。人们常说动态短路电磁力的频率为 100Hz，是指短路过程最后阶段的短路电磁力，而在短路过程的起始阶段和中间阶段，还有频率为 50Hz 的动态短路电磁力存在。

5.2.4　油纸绝缘环境老化

由环境引起的油纸绝缘系统老化的因素主要包括水分、污染、氧气等。在这些因素的作用下，绝缘表面将发生腐蚀，加以强电场的作用，沿面放电会产生引起纤维分解的高温。环境对变压器油纸绝缘系统造成的劣化主要是受潮，受潮后的绝缘电阻和介质损耗将增大，从而有可能引起热击穿。水分是强极性液体，受潮后的绝缘介电常数也将增大。如果受潮不均匀，将引起电场分布的变化，从而降低其耐电强度。试验证明，变压器绝缘在运行温度下，含水量为 4% 的纸是 0.5% 含水量降解速度的 20 倍。绝缘纸在有氧条件下的降解速度是无氧条件下的 3 倍，添加抗氧化剂下的老化速度比没有添加时要慢很多。

5.2.5　多因素联合老化

就目前的研究而言，人们已经普遍认识到协同效应在油纸绝缘料多应力老化中起到了重要作用。不同应力间的协同效应往往带来新的材料老化机制，与单因子的老化过程存在较大的差别。但由于材料特性，应力强度和施加方式的多样性，协同效应的具体形式和对材料老化过程的影响程度是不同的，需要针对具体情况进行具体分析。实际上，油纸绝缘的多因子老化会产生协同效应，引起新的老化机制，导致老化速度更快。

5.3　油纸绝缘老化特征量

5.3.1　化学性能特征量

1. 绝缘纸板聚合度

纤维素是绝缘纸板的主要成分，定义纤维素分子链中葡萄糖残基的数目为聚合度（Degree of Polymerization，DP）。天然状态下的平均链长或称聚合度（DP）超过 20000。变压器绝缘制造工艺完成后纸的聚合度约为 1000~1300，在经过干燥和浸油处理后下降至 900。普遍认为当 DP 下降到 500 时，变压器的整体绝缘寿命已进入中期；而当 DP 下降到 250 时，变压器的整体绝缘寿命已到晚期（见表 5-1）。然而，到目前为止，在极限值达到多少可认为变压器的寿命终止这个问题的认识上仍然存在着较大的差异。

表 5-1　　　　　　　　　　聚合度与变压器绝缘老化的关系

绝缘状态	聚合度
绝缘寿命初期	1200
绝缘寿命中期	500
绝缘寿命末期	250

变压器在运行过程中，受温度、电场、水分、氧气、酸等因素的影响，绝缘纸板纤维素发生热降解、水解降解、氧化降解等反应，导致机械及电气性能劣化，绝缘纸聚合度降低，成为威胁电网稳定运行的重大隐患。多年的运行经验表明：变压器绝缘故障的主要原因是绝缘纸机械故障导致的电击穿。老化对绝缘纸机械性能的影响远大于其对电气性能的作用，即使在严重老化的情况下，其电气性能也不会发生显著变化。

由于聚合度是绝缘纸机械性能的直接体现，聚合度的检测是必不可少的项目。现用的聚合度测试方法大多通过乌式粘度计进行检测，聚合度测量主要根据 GB/T 29305—2012《新的和老化后的纤维素电气绝缘材料粘均聚合度的测量》对变压器油浸纸板进行粘均聚合度的测量。具体测试过程为：将所取试样用剪刀剪成尽量小的颗粒，然后将剪碎的试样浸泡在有机溶剂正己烷中，浸泡 1h 左右进行脱脂处理；脱脂后的试样进行约 3h 烘干处理，并取适量试样待用；取两个相同烧杯，分别加入等量的水和铜乙二胺溶剂，一个放入处理后的试样，另一个为对比溶液用来测试空白溶剂的流速；在室温条件下，用电磁搅拌器对加入试样的溶剂搅拌至试样全部溶解，约 2~3h；利用乌式粘度计测量溶剂液面流经计时球上下两刻度线的时间差，最后根据时间差对绝缘试样聚合度进行计算。具体计算公式如公式（5-1）所示。

$$\frac{t_s-t_0}{t_s}K \times DP^\alpha \times c \times 10^{0.14K \times DP^\alpha c} \tag{5-1}$$

式中：DP 为聚合度值；c 为溶液浓度；$\alpha=1$；$K=0.0075$；t_s 为含有绝缘纸的混合溶液流过乌式粘度计所测时间；t_0 为未含纸的混合溶液流过乌式粘度计所需时间。

2. 变压器油水分含量

变压器油纸绝缘系统中水分的来源有很多方面，变压器从最初的制造、运输到最后的投运、检修，每个环节都有可能引起水分的入侵。变压器主绝缘中水分的来源主要有以下三个方面：①变压器制造时绝缘中残留的水分：变压器的制造是一个十分复杂的过程，为尽量减少绝缘中的水分含量，要经过真空干燥、真空注油及热油循环等除水工艺；②变压器在运输、运行或检修时浸入的水分：变压器尤其高电压等级的大型变压器体积庞大，尽管变压器箱体是密闭结构，但箱盖、套管等处密封不严，在运输、运行过程中会出现水分或潮气侵入的情况。此外，在变压器检修时要打开密封盖，甚至实施吊芯检查，绝缘将会完全暴露于空气中，造成绝缘系统从周围大气中直接吸收水分；③变压器运行过程中绝缘系统老化产生的水分：变压器运行时，油纸绝缘系统在温度、电场、振动等多应力的作用下将逐渐老化，绝缘纸板纤维逐步降解产生水分，变压器油氧化裂解也将产生水分。无论是油纸绝缘系统中的初始含水还是油纸绝缘系统老化含水都会对油纸绝缘系统产生极大的危害。

油纸绝缘老化的过程是绝缘纸板纤维素降解以及变压器油劣化的过程，这些过程中都会有水分产生，产生的水分会进一步参与到绝缘纸板和变压器油的老化过程中，加快降解反应，形成恶性循环。

变压器油纸绝缘中的水分评估主要包括绝缘纸水分评估和变压器油水分评估，其检测方法也有所区别。目前，检测变压器油中水分含量的方法主要有：卡尔·费歇尔滴定法（库仑法）、色谱法、蒸馏法、气体法、基于湿度传感器的在线测量法等。色谱法在采样保存过程中，因外界影响造成的偏差较大，且实验设备的稳定性较差，可重复性不高。蒸馏法检测试样含水率灵敏性较低，适用于检测水分含量超过 300ppm 的试样，且精度较低，无法满足实验研究对精度的要求。气体法原理需要测定逸出的气体体积，受环境温度的影响较大，需要对环境温度进行修正。基于湿度传感器的在线测量法能满足较低含水率试样的测量要求，是油中微水含量在线监测的发展方向之一，但如何提高其测试精度及抗干扰能力是研究的难点。实验室中常用卡尔·费歇尔滴定法，该方法因其较高的精度应用最广泛，但操作复杂，且化学反应产生有害物质，废液处理复杂，仅适用于实验室条件下对变压器油含水率的测量。

检测变压器固体绝缘中水分含量的方法有传统电气测量法、红外线法、微波法、介电响应法及卡尔·费歇尔滴定法。绝缘电阻（R_{60s}）、极化指数（P.I）、吸收比（DAR）等传统电气参量只能定性评估固体绝缘的受潮程度，红外线法与微波法在测试原理上可向在线监测方向发展，但是目前其测量精度有限，不能满足工程需要。现阶段，工程上主要采用卡尔·费歇尔滴定和油纸水分分布平衡曲线相结合的方法评估固体绝缘的受潮程度。介电响应法测试结果对绝缘纸中水分反应灵敏、所需测量电压低、可实现无损检测，已成为变压器固体绝缘水分评估研究的热点。工程上通常采用油纸水分分布平衡曲线，通过测量某一平衡温度下变压器油中的水分浓度计算得到绝缘纸中的水分浓度。目前，主要有 Grriffin（格里芬）、Fabre-Pichon（法布—皮孔）以及 Oommen（奥门）三种水分分布平衡曲线，三种平衡曲线中 Oommen 曲线应用最广，如图5-3所示。

3. 变压器油中溶解气体成分

电力变压器内部产生的气体可分为正常气体和故障气体。正常气体是变压器在正常运行时因绝缘系统正常老化而产生的气体，故障气体为变压器发生故障时引起绝缘物的热分解或放电分解而产生的气体。电力变压器的绝缘材料主要有两种：一种是液体绝缘

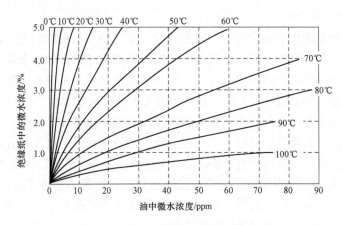

图 5-3　Oommen 油纸水分平衡曲线

材料-变压器油；另一种是固体绝缘材料——各种油浸纸、电缆线、绝缘纸板、白纱带和黄蜡等。

电力变压器在正常运行时，因油泵的空穴作用和管路密封不严等原因会使空气混入，变压器和油在未投入运行之前，虽然经过干燥和脱气，但仍有残留气体存在；开放式或密封不严的变压器，在运行中会有空气溶入油中。当运行条件发生变化时，这些气体可能会逸出。上述这些气体首先溶入油中，达到饱和后便从油中逸出。

模拟试验和大量的现场试验表明，变压器油在 $300 \sim 800\,^{\circ}\mathrm{C}$ 时，热分解产生的气体主要是 CH_4、C_2H_6 等低分子烷烃和 C_2H_4、C_3H_6 等低分子烯烃，也含有 H_2；变压器油暴露于电流较大的电弧放电之中时，分解气体大部分是 H_2 和 C_2H_2，并有一定量的 CH_4 和 C_2H_4；变压器油暴露于电流较小的局部放电之中时，主要分解出 H_2 和少量的 CH_4；在 $120 \sim 150\,^{\circ}\mathrm{C}$ 长期加热时，绝缘纸和某些绝缘材料分解出 CO 和 CO_2；在 $200 \sim 800\,^{\circ}\mathrm{C}$ 下热分解时，除了产生碳的氧化物之外，还含有烃类气体，CO_2/CO 比值越高，说明热点温度越高。表 5-2 列出各种故障下产生的主要气体成分（表中▲表示主要成分，△表示次要成分）。

表 5-2　　　　　　　　各种故障下油和绝缘材料产生的气体成分

气体成分	强烈过热		电弧放电		局部放电	
	油	绝缘材料	油	绝缘材料	油	绝缘材料
H_2	△	△	▲	▲	▲	▲
CH_4	▲	▲	△	△	△	▲
C_2H_6	▲	△				
C_2H_4	△	▲	△	△		
C_2H_2			▲	▲		
C_3H_8	△	△				
C_3H_6	△	▲				
CO			▲	▲		△
CO_2		▲		△		△

因此，不管是热性故障还是电性故障，其特征气体一般有 CH_4、C_2H_6、C_2H_4、C_2H_2

以及 CO、CO_2 和 H_2，国内外均选择其中的数种气体作为故障诊断的特征气体。

这些气体的存在一般不影响设备的正常运行，但当利用气体分析结果确定设备内部是否存在故障及其严重程度时，要注意加以区分。分解出的气体形成气泡，在油里经对流和扩散，不断地溶解在油中。这些故障气体的组成和含量与故障的类型及其严重程度有密切关系。因此，分析溶解于油中的气体，能尽早发现设备内部存在的潜伏性故障，并可随时监视故障的发展状况。

在电力变压器中，当产气速率大于溶解速率时，就会有一部分气体进入气体继电器或储油柜中。对气体继电器内出现的气体进行分析，同样有助于对设备的状况做出判断。

建立在热力学基础上的普通规律是：形成气体的化学不饱和度与故障的能量密切相关。虽然在大多数故障情况下，得到的都是包括 CH_4 和 C_2H_6 等各种气体的混合物，但其相对比例却相互关联。通过对运行变压器中常常遇到的各类故障的经验观测和实验室模拟，可把各类故障区分开。

CH_4、C_2H_6、C_2H_4、C_2H_2 和 H_2 等气体成为检测变压器潜伏性故障的主要特征参数，检测油中 CO、CO_2 和糠醛的含量，可以判断出故障是否涉及固体绝缘材料。

4. 变压器内部故障与油中溶解气体的关系

电力变压器内部故障模式主要有机械、热和电三种类型，而又以热和电故障为主，且机械性故障常以热故障或电故障的形式表现出来。运行中电力变压器的故障主要有过热性故障和高能放电性故障。根据模拟试验和大量的现场试验，电弧放电的电流较大，变压器油主要分解出 C_2H_2、H_2 及较少的 CH_4；局部放电的电流较小，电力变压器油主要分解出 H_2 和 CH_4；电力变压器油过热时分解出 H_2、CH_4 和 C_2H_4 等气体，而纸和某些绝缘材料过热时还分解出 CO 和 CO_2 等气体，我国现行的 GB/T 7252—20015《变压器油中溶解气体分析和判断导则》将不同故障类型产生的主要特征气体和次要特征气体归纳为表 5 - 3。

表 5 - 3　　　　　　　　　电力变压器不同故障类型产生的气体

故障类型	主要特征气体组分	次要特征气体组分
油过热	CH_4，C_2H_4	C_2H_6，H_2
油和纸过热	CH_4，C_2H_4，CO，CO_2	C_2H_6，H_2
油纸绝缘中局部放电	CH_4，H_2，CO	C_2H_2，C_2H_6，CO_2
油中火花放电	C_2H_2，H_2	
油中电弧	C_2H_2，H_2	C_2H_4，C_2H_6，CH_4
油和纸电弧	C_2H_2，H_2，CO，CO_2	C_2H_4，C_2H_6，CH_4

(1) 热性故障。热性故障是由于热应力所造成的绝缘加速劣化，通常具有中等水平的能量密度。实验研究及实践都表明，当故障点温度较低时，油中溶解气体的组成主要是 CH_4，随着温度升高，产气率最大的气体依次是 CH_4、C_2H_6、C_2H_4 和 C_2H_2。由于 C_2H_6 不稳定，在一定的温度下极易分解成 C_2H_4 和 H_2，因此，通常油中 C_2H_6 的含量小于 CH_4，并且 C_2H_4 和 H_2 总是相伴而生。

(2) 放电性故障。放电性故障是在高压电场作用下造成绝缘劣化所引起的电力变压器内部的主要故障，通常按能量密度将放电性故障分为电弧放电（高能放电）、火花放电（低能放电）和局部放电三种故障类型。

1）电弧放电：多为线圈匝和层间击穿，或为引线断裂或对地闪络和分接开关飞弧等故障模式。其特点是产气急剧，而且量大，尤其是线圈匝、层间绝缘故障，因无先兆现象，一般难以预测。产生的特征气体主要是 C_2H_2 和 H_2，但也有相当数量的 CH_4 和 C_2H_4。

2）火花放电：引线或套管储油柜对电位未固定的套管导电管放电；引线局部接触不良或铁芯接地片接触不良而引起放电；分接开关拨叉电位悬浮而引起放电产生的特征气体以 C_2H_2 和 H_2 为主。因故障能量小，一般总烃含量不高，但油中溶解的 C_2H_2 在总烃中所占比例可达 25%～90%，C_2H_4 含量小于 20%，H_2 占氢烃总量的 30% 以上。

3）局部放电：油中的气体含量随着放电能量密度的不同而不同，一般总烃含量不高，特征气体主要是 H_2，其次是 CH_4，通常氢气含量占氢烃总量的 90% 以上，CH_4 占总烃的 90% 以上。放电能量密度增大时也可出现 C_2H_2，但在总烃中所占比例一般小于 2%，这是区别于上述两种放电现象的主要标志。

4）受潮：当电力变压器内部进水受潮时，能引起局部放电而产生 H_2，水分在电场作用下电解，以及水与铁发生化学反应，也可产生大量 H_2。故障受潮设备中 H_2 在氢烃总量中占的比例更高，有时局部放电和受潮同时存在，其特征气体同局部放电所反映的特征气体极为相似，因此，单靠油中气体分析结果尚难加以区分，必要时要根据外部检查和其他实验结果加以综合判断。

5. 诊断方法

变压器油中溶解气体分析技术是基于油中气体类型和内部故障的对应关系，采用气相色谱、光声光谱、红外光谱等技术手段分析溶解于油中的气体，根据气体的组分和各气体的含量判断变压器内部有无异常情况，诊断其故障类型、大概部位、严重程度和发展趋势的技术。其特点是能发现用电气实验不易发现的潜伏性故障，对变压器内部潜伏性故障进行早期和实时的诊断识别非常有效。

通过气相色谱实验可以测得各样品溶解于油中的 H_2、CO、CO_2、CH_4、C_2H_6、C_2H_4、ΣC 含量。变压器油及绝缘纸老化过程中都是有机物裂解产生了各种气体，根据气体的含量变化可以判断绝缘老化程度，进而监测变压器故障和预测变压器寿命。油中溶解气体含量按 DL/T 722—2000《变压器中溶解气体分析和判断导则》标准进行。利用试样中各组分在固定液中的分配系数不同，当气化后的试样被载气带入色谱柱中运行时，组分在其中的两相间反复多次分配，由于固定相对各组分的吸附或溶解能力不同，使各组分在色谱柱中运行速度不同，经过一定时间后，便彼此分离，按顺序进入检测器，产生的离子流信号经放大后，在记录器上描绘出各组分的色谱峰。色谱分析方法出现得比较早，尤以气液和液固色谱法的应用最为广泛；红外光谱法具有优良的信噪比，可靠性高，还能够降低设备的成本；气敏传感器阵列技术具有很高的灵敏度，性能稳定，可以测量多种特征气体，对气体的选择性相对而言比较好。

传统的诊断方法中，比值法是最为经典的方法，该方法以特征气体的比值为依据，实质上是根据油中几种重要气体间的比值对变压器内部故障情况进行判别。例如，过热故障产生的特征气体主要是 CH_4 和 C_2H_4，而放电性故障产生的特征气体主要是 C_2H_2 和 H_2，因此，电故障和热故障可用 CH_4/H_2 来判断，国际和国内标准均推荐使用 C_2H_2/C_2H_4、CH_4/H_2、C_2H_4/C_2H_6 三个比值来判断故障的性质。表 5-4 和表 5-5 分别是改进的三比值法的编码规则和故障类型的判断方法。

表 5 - 4   改进的三比值法编码规则

气体比值范围	比值编码范围		
	C_2H_2/C_2H_4	CH_4/H_2	C_2H_4/C_2H_6
<0.1	0	1	0
0.1~1	1	0	0
1~3	1	2	1
≥3	2	2	2

表 5 - 5   故障类型的判断方法

编码组合			故障类型判断	故障模型
C_2H_2/C_2H_4	CH_4/H_2	C_2H_4/C_2H_6		
0	0	1	低温过热	绝缘导线过热
	2	01	低温过热	分接开关接触不良；局部短路和层间绝缘劣化；涡流引起的过热
	2	1	中温过热	
	0.1.2	2	高温过热	
	1	0	局部放电	高湿度引起局部放电
1	0.1	0.1.2	低能放电	引线引起的连续火花放电，分接抽头引线闪络
	2	0.1.2	过热兼低能放电	
2	0.1	0.1.2	电弧放电	线圈匝，层间短路，分接头引线向油隙闪络；因环路电流引起的电弧
	2	0.1.2	过热兼电弧放电	

6. 变压器油中糠醛含量

纤维素绝缘纸的降解主要有三种途径，即热降解、氧化降解和水解降解，这三种方式都会导致绝缘纸纤维素分子链断裂、聚合度下降。糠醛产生的具体机理和化学反应过程还没有统一结论，一般认为在纤维素降解的过程中，断裂纤维素链两端的葡萄糖单体不稳定，容易脱离纤维素链。脱离后的葡萄糖单体受热易进一步分解，产生包括糠醛、乙酰呋喃、甲基糠醛、呋喃甲醛和 2, 5 - 羟甲基呋喃甲醛在内的五种呋喃类化合物，如图 5 - 4 所示。因此，糠醛是纤维素降解产生的若干种呋喃化合物中的一种。

图 5 - 4   纤维素绝缘纸降解产生的五种呋喃化合物

一般认为，绝缘纸降解产生呋喃化合物的主要原因包括变压器过热状态下的加速热降解和普通运行状态下的水解、氧化和热降解。即变压器正常或过载运行条件下，在绝缘纸的几种主要降解途径中都会产生糠醛。

常温下，纯糠醛为无色或淡黄色，与空气接触后易变为黄棕色；糠醛易溶于甲醇和丙酮等有机溶剂，难溶于正己烷和变压器油等非极性烷烃类溶剂。因此，通常使用甲醇、丙酮等强极性试剂将糠醛分子从变压器油中萃取出来，而后采用高效液相色谱法、电化学法、分光光度法等技术手段对油中溶解糠醛含量进行检测。

高效液相色谱法（HPLC）主要采用高压输液系统将待测溶液、缓冲剂等流动相导入固定相色谱柱中，实现各成分物质的分离，而后待测物依次进入检测器进行定性及定量分析。随着色谱仪、色谱柱技术的快速发展，高效液相色谱法可实现复杂体系中痕量物质的高灵敏度、高准确度检测分析，是目前检测油中溶解糠醛含量使用最广泛的方法。应用高效液相色谱法检测油中溶解糠醛含量具有精度高、准确性好等优点，最小检测浓度可以达到 0.05mg/L。但该方法需要对变压器油样进行萃取等复杂的预处理过程，检测流程复杂、检测周期长，要求仪器操作人员具有较高的技术水平和良好的检测环境，难以实现油中溶解糠醛含量的现场检测。此外，高效液相色谱法所需仪器价格昂贵，需要根据洗脱效率以及"柱外效应"的严重程度定期更换色谱柱，这都在不同程度上增加了其检测成本。

电化学法主要根据油中溶解糠醛分子与电极接触后，发生氧化或还原反应引起的电流变化对糠醛含量进行检测，其具有较好的灵敏度和重复性，为检测油中溶解糠醛含量提供了新的思路。Parpot（帕尔波特）等人采用金、铂、镍以及铜等贵金属作为电极，应用循环伏安法对糠醛分子在阳极和阴极表面的反应进行研究，实验结果表明：糠醛分子中呋喃环的性质较为稳定，氧化或还原反应主要发生在与其 2 号位相连的醛基上。电化学法具有操作简单、响应速度快等优点，但其易受到运行变压器油样中其他含氧有机物以及水分子的影响，进而对糠醛含量的检测准确度造成干扰。同时，为满足实际运行变压器油样检测灵敏度与准确度的需求，电化学法亦需要对变压器油样进行萃取等预处理，这阻碍了其在变压器现场检测中的应用。

分光光度法是一种通过分析检测物在特定波长范围内对光的选择性吸收或发光强度，从而对其进行检测的分析方法。分光光度法虽然避免了繁杂的预处理环节，但当油样中存在其他荧光有机物时，分光光度法的检测准确度也会受到大幅的影响。

7. 变压器油中甲醇含量

甲醇（CH_3OH）是油纸绝缘老化后油中可检测到的物质之一。纤维素是绝缘纸的主要组成部分，根据纤维素热解过程的分子动力学模拟可知，在纤维素的热解过程中，纤维素分子中的羟基易于脱除，接着糖苷键断裂，C－C键断裂，进而形成一系列的酸、醇、醛等物质。其中甲醇是可得到的典型产物，其生成与纤维素的分子链断裂存在相关性。

目前检测甲醇浓度的方法有以下几种：

（1）气相色谱法（GC－FID）：气相色谱法中测定甲醇一般采用氢离子火焰检测器（FID），因为 FID 主要对烃类敏感，色谱法是一种分离、分析的技术，依据特定物质在流动相中与固定相的相互作用不同而产生特定的分配率，经过多次分配达到混合物分离的目的。其主要特点为分离效能高、灵敏度高、分析速度快和应用范围广等。不过对于高沸点、不能气化和热不稳定的物质不能用气相色谱法进行分离和测定。国外学者通过实验对比甲醇和糠醛在老化变压器油中浓度，指出在变压器油中的甲醇的浓度是一种很有前途的筛选标准。

（2）气质联用法（GC－MS）：气相色谱主要特点是拥有非常好的分离能力，但当检测物质为未知化合物时，它对物质的定性不如质谱精确；质谱（MS）的灵敏度和分辨度是非常好的，尤其它具有对未知化合物独特的鉴定能力，不过日常检测中一般应用于检测组分是纯化合物的物质。气质联用法的基本原理是将样品分子置于高真空的离子源中，在加速电场的作用下，待测物质生成的各种碎片离子形成离子束进入质量分析器，经过电场和磁场使其发生色散、聚焦，获得质谱图。因此检测甲醇时，甲醇分子量在 32 左右，可确定在 32 出峰为甲醇浓度，以此来定性定量分析。

5.3.2　电气性能特征量

1. 时域介电特征量

电气特征量诊断方法主要有传统的局部放电测试以及基于检测新电气特征量的介质响应诊断方法。基于介质响应理论的诊断方法根据测试施加的电压源不同，可分为频域介电谱法和时域介电谱法。根据测试对象的不同，后者又可以分为以测试恢复电压特征量为主的恢复电压法（RVM）和以测试电流为主的极化去极化电流法（PDC）。目前，基于极化、去极化电流测试数据提取出较为成熟的时域介电特征量主要有：油电导率、纸板电导率、复合电导率、吸收比、极化指数等。而恢复电压测试法则有恢复电压最大值、中心时间常数、极化谱峰值（时间）等特征量。

（1）恢复电压法。恢复电压法的基本测试原理：一直流电压 U_0 施加于绝缘材料的两端时，绝缘材料的内部偶极子从无序状态呈现定向排列的极化现象，当撤去外部施加的电压并短接电介质的两端并放电一段时间后断开绝缘材料两端的短接线，残余的束缚电荷会在绝缘材料两端建立一个电势差，这个电势差被称为恢复电压。恢复电压的试验原理电路如图 5-5 所示，恢复电压曲线如图 5-6 所示。

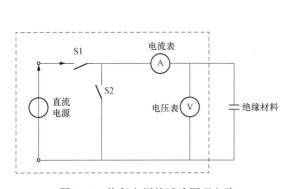

图 5-5　恢复电压的试验原理电路

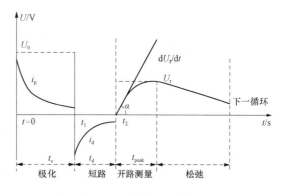

图 5-6　恢复电压曲线

目前使用的恢复电压法是在单次测量的基础上，通过多个循环的测量，获取恢复电压极化谱来研究变压器的绝缘状态。变压器的油纸绝缘系统内部极化过程复杂，各种极化产生的速度不一样，单一充电时间下的恢复电压曲线，不能完整的反映影响极化的因素，因此需要构建极化谱曲线。对不同充电时间下的恢复电压进行测量，并提取各充电时间下恢复电压的最大值，恢复电压最大值与其对应的充电时间的关系即为极化谱曲线（IPS）。恢复电压法的充电时间 t_c 取值范围为 20ms～10000s，逐步改变充电时间，以 1-2-5 为步长不断增加，进行一系列的恢复电压测量，提取恢复电压最大值，获得每个循环恢复电压最大值随充电时间变化的曲线，即为恢复电压极化谱。一个典型的变压器的极化谱曲线如图 5-7 所示。

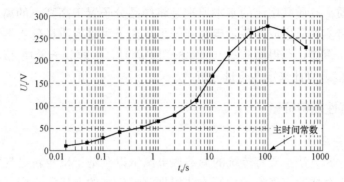

图 5-7　典型的变压器的极化谱曲线

图 5-7 中纵坐标 U_r 为恢复电压值，而横坐标 t_c 为对应的充电时间。由于恢复电压主要是由于电介质极化现象引起的，而电介质的极化受导电率、温度、水分、老化程度等多种因素影响，因此对恢复电压法的研究，主要集中于不同因素对恢复电压参数的影响。经过国内外不断的研究，恢复电压法获得的特征量主要有以下几种。

1) 峰值电压 U_{rmax}：极化谱中的恢复电压最大值，U_{rmax} 为 $U_r(t, t_c)$ 的最大值，即

$$U_{rmax} = U_r(t_{cdom}, t_c) \tag{5-2}$$

2) 峰值测量时间 t_{peak}：获得恢复电压最大值的测量时间。

3) 主时间常数 t_{cdom}：恢复电压曲线出现恢复电压最大值 U_{rmax} 时所对应的时间。

$$t_{cdom} = t \left| \frac{dU_r(t_c, t)}{dt} = 0 \right. \tag{5-3}$$

恢复电压特征量中主时间常数不仅反映了极化完全建立的时间，也反映了绝缘的弛豫时间；而且主时间常数可以直接反映在极化谱上，因此，主时间常数是诊断绝缘状态的重要特征量。

4) 恢复电压的初始斜率 $S_i(dU_r/dt)$；初始斜率 S_i 为放电结束、测量初始时刻恢复电压曲线的斜率。

$$S_i = \frac{dU_r(t_c, t)}{dt} \left| t = 0 \right. \tag{5-4}$$

除了主时间常数之外，恢复电压的初始斜率是诊断绝缘状态的另一重要特征量，试验研究表明它是绝缘老化的指示器，和绝缘热老化有着密切的关系。恢复电压初始斜率小，其绝缘老化程度轻，而恢复电压初始斜率大，可诊断其绝缘发生了老化。

后三个参数通常用来判断纸绝缘的受潮和老化状态。其中，主时间常数也被称为中心时间常数。除此之外，极化谱曲线的类型 $U_r = f(t_c)$，也是诊断变压器的绝缘状态的重要依据。

（2）极化去极化电流法。极化去极化电流法是反映介质缓慢极化过程的一种时域介电响应测量技术。极化去极化电流的测量过程可用图 5-8 的电路图描述，测试对象用电容 C 来表示。在 $t=0$ 时将开关置于 S1 并保持一段时间 T_P，一般称 T_P 为充电时间，在充电时间内，充电电压 U_0 为测试对象充电，可测得充电电流 i_P 流过试品，电流的幅值取决于介质内

部极化和电导过程的强度。充电时间结束后，将开关置于 S2，同样保持一段时间 T_d，试品开始放电并有去极化电流 i_d 流过，所测极化电流和去极化电流曲线如图 5-9 所示。

对平行板间各向同性电介质施加电场 $E(t)$，电位移矢量为

$$D = \varepsilon_0 \boldsymbol{E} + \boldsymbol{P} \tag{5-5}$$

由全电流定律可得到，电介质中的全电流密度为

$$\boldsymbol{J}(t) = \gamma \boldsymbol{E} + \frac{\partial \boldsymbol{D}}{\partial t} = \gamma \boldsymbol{E} + \varepsilon_0 \frac{\partial \boldsymbol{E}}{\partial t} + \frac{\partial \boldsymbol{E}}{\partial t} \tag{5-6}$$

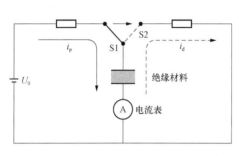
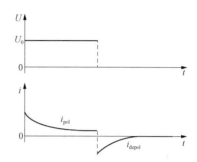

图 5-8　极化去极化电流的测量过程电路图　　　图 5-9　极化电流和去极化电流曲线

式中：γ 为电介质体积电导率；ε_0 为真空介电常数（$\varepsilon_0 = 8.854 \times 10^{-12} F/m$）；$\gamma E$ 为传导电流；$\varepsilon_0 \frac{\partial E}{\partial t}$ 为真空位移电流；$\frac{\partial P}{\partial t}$ 为极化电流。

极化强度为

$$\boldsymbol{P}(t) = \varepsilon_0 (\varepsilon_\infty - 1) \boldsymbol{E}(t) + \varepsilon_0 \int_{-\infty}^{\tau} f(t) \boldsymbol{E}(t - \tau) \mathrm{d}\tau \tag{5-7}$$

式中：ε_∞ 为高频介电常数；式中等号右侧第一项为瞬时位移极化强度，第二项为松弛极化强度，其中 $f(t)$ 为反映慢极化行为的介电响应函数。

从极化去极化电流曲线中，可以提取包括变压器油直流电导率、纸绝缘电导率、绝缘电阻以及吸收比和极化指数等特征量用于绝缘特性的分析，对应的时域介电特征参量计算方法如下：

1）变压器油直流电导率。变压器油的状态与极化去极化电流法的初始部分相关，变压器油的直流电导率可表达为

$$\sigma_{\text{oil}} = \frac{\varepsilon_0 \varepsilon_{\text{oil}}}{\varepsilon_{\text{r}} C_0 U_0} i_{\text{p}}(+0) \tag{5-8}$$

式中：σ_{oil} 为变压器油直流电导率；ε_0 为真空介电常数；ε_{r} 为油纸绝缘复合相对介电常数；C_0 为绝缘纸板的几何电容；U_0 为施加于绝缘纸板的直流电压。

2）绝缘电阻（R_{60s}）。绝缘电阻为加压 60s 后的样品电阻值，即

$$R_{60s} = \frac{U_0}{i_{\text{p}}(60)} \tag{5-9}$$

3）吸收比（K）。吸收比是加压 60s 时的绝缘电阻与 15s 时的绝缘电阻的比值，即

$$K = \frac{R_{60s}}{R_{15s}} \tag{5-10}$$

4）极化指数（P.I.）。极化指数是加压 10min 时的绝缘电阻与 1min 时的绝缘电阻的比

值，即

$$P.I. = \frac{R_{10min}}{R_{1min}} = \frac{i_p(60)}{i_p(600)} \tag{5-11}$$

2. 频域介电特征量

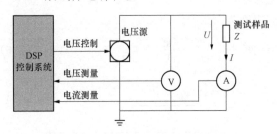

图 5-10 频域介电谱法的基本测量回路

频域介电谱法（FDS）将常规的工频复电容和介损测量扩展到低频（10^{-4} Hz）和高频（10^6 Hz）频段，其测量回路如图 5-10 所示。在绝缘材料上施加一变频的交流电压信号，并测试绝缘材料的复电容、相对复介电常数、介质损耗因数随频率变化的变化规律，通过分析复电容，复相对介电常数、介质损耗因数的变化规律来评估绝缘材料的绝缘状况。

传统工频介质损耗测试仅在 50Hz 下进行，对复杂油纸绝缘系统而言，单一频率下的损耗因数不足以反映介质特性的变化，即使这种变化很强烈，而频域介电谱法通过在更宽的频域范围内测量绝缘介质的损耗和复电容，能反映出油纸绝缘的老化状态、含水量和几何结构的变化，因此可采用频域介电谱法试验对油纸绝缘的绝缘状态进行检测与诊断。

3. 局部放电特征量

（1）局部放电产生的机理。局部放电是指在电场作用下，绝缘系统中只有部分区域发生放电而并没有形成贯穿性放电通道的一种放电。在电气设备的绝缘系统中，各部位的电场强度往往是不相等的，当局部区域的电场强度达到该区域介质的击穿场强时，该区域就会出现放电，但这个放电并没有贯穿施加电压的两导体之间，即整个绝缘系统并没有击穿，仍然保持绝缘性能，发生在绝缘体内的称为内部局部放电；发生在绝缘体表面的称为表面局部放电；发生在导体边缘而周围都是气体的，可称为电晕。

大型电气设备的绝缘结构比较复杂，使用的材料多种多样，整个绝缘系统电场分布很不均匀。造成电场不均匀的因素很多。

1）电气设备的电极系统不对称，如针对板、圆柱体等。

2）介质不均匀，如各种复合介质：气体—固体组合、液体—固体组合、不同固体组合等。在交变电场下，介质中的电场强度是反比于介电常数的，因此介电常数小的介质中的电场强度就高于介电常数大的介质。

3）绝缘体中含有气泡或其他杂质。气体的相对介电常数接近于 1，各种固体、液体介质的相对介电常数都要比它大一倍以上，而固体、液体电介质的击穿场强一般要比气体介质的大几倍到几十倍，因此绝缘体中有气泡是产生局部放电的最普遍原因。

局部放电会逐渐腐蚀、损坏绝缘材料，使放电区域不断扩大，最终导致整个绝缘体击穿。它对绝缘的破坏机理有以下几个方面：带电粒子（电子、离子等）冲击绝缘，破坏其分子结构，如纤维碎裂，因而绝缘受到损伤；由于带电离子的撞击作用，使该绝缘出现局部温度升高，从而易引起绝缘的过热，严重时就会出现碳化；局部放电产生的臭氧（O_3）及氮的氧化物（NO、NO_2）会侵蚀绝缘，当遇有水分则产生硝酸，对绝缘的侵蚀更为剧烈；在局部放电时，油因电解及电极的肖特基辐射效应使油分解，加上油中原来存在些杂质，故易使纸层处凝集着因聚合作用生成的油泥（多在匝绝缘或其他绝缘的油楔处），油泥生成将使绝缘的介质损伤角 tanδ 激增，散热能力降低，甚至导致热击穿的可能性。

（2）局部放电的表征参数。基本表征参数是用以描述每一次放电的特征参数，基本表征参数有视在放电电荷（放电量）、放电能量及放电相位（时间）。

1）视在放电电荷（q）。在绝缘体中发生局部放电时，绝缘体上施加的电压两端出现的脉动电荷称为视在放电电荷。视在放电电荷是这样测定的：将模拟实际放电的已知瞬变电荷注入试品的两端（施加电压的两端），在此两端出现的脉冲电压与局部放电时产生的脉冲电压相同，则注入的电荷量即为视在放电电荷量，单位用皮库（pC）表示。在一个试品中可能出现大小不同的视在放电电荷，通常以稳定出现的最大视在放电电荷作为该试品的放电量。

C_c、R_c 并联代表绝缘体中气泡的阻抗；C_b、R_b 并联代表与气泡串联部分的阻抗；C_a、R_a 并联代表其他部分的阻抗；视在放电电荷 q_a 与放电处（如气泡内）实际放电电荷 q_c 之间的关系为

$$q_a = \frac{C_b}{C_b + C_c} q_c \tag{5-12}$$

由此可见，视在放电电荷总比实际放电电荷小，在实际产品测量中，有时放电电荷只有实际放电电荷的几分之一甚至几十分之一。

2）放电能量（W）。气泡中每一次放电发生的电荷交换所消耗的能量称为放电能量，通常以微焦耳（μJ）为单位。设外加电压上升到幅值为 u_{im} 时，出现放电，相应的能量变化为

$$W = \frac{1}{2}(C_b + C_c)\frac{u_{im}}{C_b + C_c}C_b\Delta u_c = 0.7U_i q_a \tag{5-13}$$

式中：U_i 为外加电压的有效值；Δu_c 为气泡两端电压的有效值。

在起始放电电压下，每次放电所消耗的能量，可用外加电压的幅值或有效值与视在放电电荷的乘积来表示。当施加电压高于起始放电电压时，在半个周期内可能出现多次放电。各次放电能量可用视在放电电荷与该次放电时外加电压的瞬时值的乘积来表示。

3）放电相位（φ）。各次放电都发生在外加电压作用之下，每次放电所在的外加电压的相位，即为盖茨放电的相位。在工频正弦电压下，放电相位与放电时刻的电压瞬时值密切相关。前后连续放电的相位之差，可代表前后两次放电的时间间隔。

累计表征参数为在一定测量时间内累积的表征参数。

1）放电重复频率（放电次数）。在测量时间内，每秒钟出现放电次数的平均值称为放电重复率，单位为次/s，实际上受到测试系统灵敏度和分辨能力的限制，测得的放电次数只能是视在放电电荷大于一定值、放电间隔时间足够大时的放电脉冲数。

2）平均放电电流。设在测量时间 T 内，出现 m 次放电，每次相应的视在放电电荷分别为 q_1、q_2、…、q_m，则平均放电电流为

$$I = \sum_{i=1}^{m}|q_i|/T \tag{5-14}$$

这个参数综合反映了放电量和放电次数。

3）放电功率。设在测量时间 T 内，出现 m 次放电，每次放电对应的视在放电电荷和外加电压的瞬时值的乘积分别为 q_1u_{t1}、q_2u_{t2}、…、q_mu_{tm}，则放电功率为

$$P = \sum_{i=1}^{m} q_i u_{ti} / T \qquad (5-15)$$

这个参数综合表征了放电量、放电次数以及放电时外加电压瞬时值，它与其他表征参数相比，包含有更多的局部放电信息。

起始放电电压和熄灭电压。

1）起始放电电压。当外加电压逐渐上升，达到能观察出局部放电时的最低电压，即为起始放电电压。为了避免测试系统灵敏度的差异造成测试结果的不可对比，实际上各种产品都规定了一个放电量的水平，当出现的放电达到或一出现就超过这个水平时，外加电压的有效值就作为放电电压的起始值。

2）熄灭电压。当外加电压逐渐降低到观察不到局部放电时，外加电压的最高值就是熄灭电压。在实际测量中，为了避免因测试系统的灵敏度不同而造成不可对比，一般规定一个放电量水平，当放电不大于这一水平时，外加电压的最高值为熄灭电压。

（3）变压器油纸绝缘老化对绝缘局部放电的影响。大型油浸式电力变压器作为电力系统的枢纽设备，其绝缘运行状况好坏和健康水平直接关系到电网的安全与稳定，而油纸绝缘是油浸式电力变压器内绝缘的主要组成形式，因此对油纸绝缘状态进行诊断评估具有重要的工程意义。随着绝缘物质结构的变化，其电气性能和机械性能都逐渐劣化，电力变压器绝缘故障的主要原因是绝缘薄弱处的局部放电（PD，简称局放）引起的绝缘失效。局部放电不仅是绝缘劣化的原因，更是绝缘劣化的先兆和表现形式，因此，国内外都广泛地把局部放电测量作为绝缘状态质量监控的重要指标。

在电力变压器中的油纸绝缘受到的持续电场作用可以分为两类，一类是变压器正常运行时的工作电场，另一类是由于局部缺陷存在时引发的局部电场集中。变压器在制造和生产过程中，根据设计寿命对运行或者可能承受的电场都考虑了足够的裕度。因此，在正常运行情况下的第一类电场作用不会对变压器的使用寿命造成较大威胁。而且有研究结果表明，即使老化使得绝缘纸聚合度降低，其能够耐受的电场强度仍然保持较高的水平。但当绝缘存在缺陷的时候，情况将发生改变。由尖端、气隙、气泡等缺陷引起的第二类电场作用的局部场强集中，将会使绝缘局部场强远远高于其工作电场强度，从而导致局部绝缘的击穿引发局部放电。单次局部放电脉冲释放的能量通常为10eV以上，缺陷处的绝缘表面在持续的局部放电轰击作用下，化学键将会发生断裂，导致绝缘表面腐蚀、绝缘特性劣化。缺陷大小和放电强度将会进一步发展，严重时将最终导致击穿。

相比于油中溶解气体分析（DGA）、呋喃衍生物浓度分析、油纸聚合度（DP）与抗拉强度（TS）的测量，基于局部放电的变压器油纸老化状态评估的优势是使评估实时化、在线化。研究表明以局部放电起始电压、起始放电量、击穿前最大放电量、击穿电压为特征量，分析了不同温度、不同电极结构、不同含水量等条件下油浸纸板与牛皮纸局部放电与老化的关系，得到了较为满意的评估结果。Ariastina（阿里亚斯蒂娜）研究了油纸绝缘老化前后的局部放电信号，并对局部放电数据进行了相位分析（PRA）与电压差分析（VDA），利用局部放电分布参数划分老化等级，指出放电量水平以及放电相位分布图谱可以作为评估绝缘老化状态的特征量。相关研究得出油纸绝缘老化对相位分辨局部放电谱图（PRPD）、放电量、放电次数和统计参数的影响，得出图谱偏斜度可用于评估油纸绝缘针—板电极模型下的老化状态。

5.3.3 其他老化性能特征量

1. 绝缘纸拉伸强度

绝缘纸是电力变压器中最主要固体绝缘材料,其性能直接关系到电力变压器的运行安全。国家对变压器中的绝缘纸制定了相应标准,用于变压器中的绝缘纸必须满足国家标准。绝缘纸拉伸强度是绝缘纸力学性能的重要指标。

根据 QB/T 3521—1999《500kV 变压器匝间绝缘纸》、QB/T 2692—2005《110kV～330kV 高压电缆纸》,500kV 变压器匝间绝缘纸和 110～330kV 高压电缆纸的主要参数见表 5 - 6 和表 5 - 7。

表 5 - 6　　　　　　　500kV 变压器匝间绝缘纸（QB/T 3521—1999）

指标名称			单位	规定	
				BZZ - 075	BZZ - 125
厚度			μm	75±5	75±5
紧度			g/cm³	0.95±0.05	
抗张强度	纵向	≥	kN/m(kgf/15mm)	6.00 (9.2)	9.20 (14.0)
	横向			2.60 (4.0)	4.20 (6.5)
伸长率	横横向	≤	%	2.0	2.3
	纵纵向			6.0	7.0
透气度		≤	μm/(Pa·s)(mL/min)	0.085 (5)	0.255 (15)
横向撕裂度		≥	mN(gf)	500 (51.2)	1015 (103)
水抽提液电导率		≤	mS/m	4.0	
水抽提液 pH 值				6.0～8.0	
灰分		≤	%	0.25	
灰分中的钠含量		≤	mg/kg	30	
工频击穿强度		≥	kV/mm	8.00	
干纸介质损耗角正切（tanδ100℃）		≤	%	0.23	
交货水分		≤	%	6.0～9.0	

表 5 - 7　　　　　　　110～300kV 高压电缆纸（QB/T 2692—2005）

指标名称			单位	规定				
				GDL - 50	GDL - 60	GDL - 70	GDL - 125	GDL - 175
厚度			μm	50±3.0	63±4.0	75±5.0	125±7.0	175±10.0
紧度			g/cm³			0.85±0.05		
抗张强度	纵向	≥	kN/m(kgf/15mm)	3.90	4.90	6.40	10.00	12.80
	横向			1.90	2.40	2.80	4.80	6.40
伸长率	横向	≤	%		1.8		2.0	
	纵向			4.0		4.5	5.0	

指标名称		单位	规定				
			GDL-50	GDL-60	GDL-70	GDL-125	GDL-175
透气度	≤	$\mu m/(Pa \cdot s)$	0.255	0.340	0.340	0.425	0.425
横向撕裂度	≥	mN	220	280	500	1200	1800
水抽提液电导率	≤	mS/m			4.0		
水抽提液pH值					6.0~7.5		
灰分	≤	%			0.28		
灰分中的钠含量	≤	mg/kg			34.0		
工频击穿强度	≥	kV/mm			8.00		
干纸介质损耗角正切（tanδ100℃）	≤	%			0.22		
交货水分	≤	%			6.0~9.0		

从表 5-6 和表 5-7 中可以看出，在国家标准中绝缘纸的主要参数都是针对绝缘纸的电气性能和力学性能制定的。其中抗张强度（纵、横向）、断裂伸长率、横向撕裂度等是绝缘纸的力学性能。绝缘纸的拉伸强度取决于内部的纤维强度，纤维强度主要是纤维氢键作用产生的。大型浸油式电力变压器所用的绝缘纸主要为 A 级硫酸盐木浆纸，是由约 90% 的纤维素，6%~7% 的半纤维素和 3%~4% 的木素构成。纤维素是由结晶区和无定形区交错连接而成的二相体系，是由约 2000 个葡萄糖单体（$C_6H_{10}O_5$）组成的长链状高聚合物碳氢化合物，约 70% 的结晶部分和 30% 的无定形部分。晶区结构遵循稳定规则，即使在高温下也很稳定，无定形区结构杂乱无章，呈无序状态。

2. 绝缘纸微观形貌

绝缘材料在老化后微观特性会发生变化，通过观察其微观形貌变化，进行绝缘材料老化后微观特性分析，同时，对分析绝缘材料宏观表现也具有一定参考意义。观察材料微观形貌常使用光学显微镜和各类电子显微镜，目前常用的仪器之一是扫描电子显微镜（Scanning Electron Microscope，SEM），可以通过扫描电子显微镜观测绝缘纸老化过程中的微观形貌。

以 Nomex 绝缘纸为例。Nomex 绝缘纸在内因和外因的作用下发生老化，宏观上表现为机械强度的变化，即机械特性参数（如抗拉强度）的变化，但实际上这些变化源于绝缘纸微观上的化学分解，绝缘纸机械强度的变化是绝缘纸微观特性变化的宏观体现。绝缘纸微观特性的研究手段之一是对其微观形貌变化的观察，为分析 Nomex 绝缘纸老化前后微观特性的变化情况，同时也是为了进一步研究绝缘纸机械强度和表面状态变化的原因，在不同的老化周期取出 Nomex 绝缘纸试样，并在 600 倍放大条件下观察试样的微观形貌。

Nomex 绝缘纸由短切纤维、浆粕等，经过复杂的工艺过程制作而成。图 5-11 所示为未老化时 Nomex 绝缘纸的微观形貌图，其中区域 1 为短切纤维，是由芳纶长丝经切断制

得，呈现出伸直的棒状形；区域 2 为浆粕，由沉
析设备高速剪切沉析剂作用的芳纶聚合体溶液制
得，呈现出膜状或带状，围绕分布在纤维周围。
短切纤维和浆粕对 Nomex 绝缘纸表面的形态和
性能有不同作用，短切纤维是 Nomex 绝缘纸的增
强相，决定着绝缘纸的机械特性，而浆粕作为 No-
mex 绝缘纸的填充物，决定着绝缘纸的介电特性。

　　经过不同老化周期后，采用扫描电子显微镜
在 600 倍放大条件下，观察 Nomex 绝缘纸试样
的微观形貌。图 5 - 12 为不同老化周期绝缘纸试

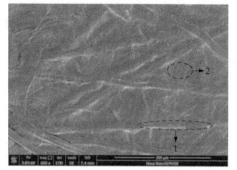

图 5 - 11　未老化时 Nomex 绝缘纸微观形貌图

样的扫描电镜图，相较于未老化的 Nomex 绝缘纸，老化后的 Nomex 绝缘纸表面形貌发生
了明显的变化。

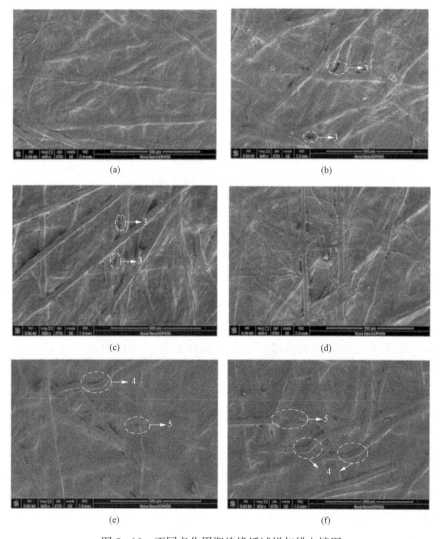

(a)　　　　　　　　　　　　(b)

(c)　　　　　　　　　　　　(d)

(e)　　　　　　　　　　　　(f)

图 5 - 12　不同老化周期绝缘纸试样扫描电镜图
（a）未老化；（b）老化 1 周期；（c）老化 2 周期；（d）老化 3 周期；（e）老化 4 周期；（f）老化 5 周期

由于在热老化过程中，短切纤维表面分子发生老化分解，导致了纤维紧密度的降低且开始逐渐变细，随着老化的深入，分解程度越高变化现象便更明显，到了老化末期，老化程度较高，变细的短切纤维开始凹陷变弯甚至断裂。同时，由于浆粕作为基体分布在纤维周围，与外界的接触面较大，并且相互间又有较多的交叉点，交叉点是绝缘材料的薄弱点，这使得浆粕很容易受到热老化的作用，因此在热老化过程中，浆粕会由膜状和带状逐渐变细，同时排列变得松散，因此，相互间出现了孔隙和孔洞。

5.4 油纸绝缘老化特性

5.4.1 油纸绝缘老化化学特征量变化规律

1. 糠醛变化规律

高效液相色谱检测糠醛的含量的方法对不同老化温度下油纸变压器油中糠醛含量进行测试分析，变化规律如下。

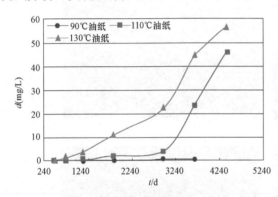

图 5-13 三种老化温度下不同油纸试样糠醛随时间变化关系

由图 5-13 可以看出：90℃下，图中的油中的糠醛含量随时间的增长而增大，因为变压器在正常运行时，油箱中的温度一般不会超过100℃，所以可以看出用糠醛含量可以判断变压器运行的年限或者是老化程度。110℃和130℃下可以看出，糠醛的含量急剧升高，尤其是130℃下的油纸，到老化到一定程度，糠醛含量的增长率大，这可能存在过负荷运行，或者低温过热引起的绝缘加速老化。130℃糠醛含量增长率远远大于90℃，就是说如果变压器正常运行时，糠醛含量增长的量是非常少的，但一旦温度急剧升高，糠醛的含量就会增大，变压器在运行当中，如果发生故障，例如电晕、局部放电、火花放电等时，变压器油箱的局部温度就会急剧升高，就会促使绝缘纸发生非正常的裂解，而生成的糠醛量明显增多。所以说糠醛含量可以判断变压器是否发生故障。糠醛不但受温度的影响，而且还受到纸种类的影响，无论是在 90℃，110℃还是 130℃，经过相同的老化时间，糠醛含量受到纸种类的影响还是很大，在变压器运行当中要判断变压器老化或者发生故障，只能选择相同绝缘纸的数据来比较，这样才有可比性；同时也说明，耐高温绝缘纸的研究也是一个新的研究方向。

总之，糠醛不但受纸种类的影响，也受温度的影响。现场测试结果表明油纸糠醛含量与变压器运行年限存在一定的函数关系，但由于结构、生产厂家、负荷情况等不同，实际糠醛含量与该统计分析结果可能存在较大的差异。糠醛既可以判断变压器老化，又可以监测变压器是否发生故障。

2. 聚合度变化规律

通过粘度测试法对不同温度老化条件下油纸绝缘中绝缘纸聚合度进行测试，由于绝缘纸的主要成分是纤维素,纤维素在加热的情况下就会发生一系列的裂解,图5-14 为三种老化温度下不同油纸试样聚合度随时间变化关系。在 120℃、100℃和 80℃下,浸于 25 号和45 号两种油的绝缘纸聚合度随老化时间的变化规律如图 5-14 所示。图中缺失点为绝缘纸已降低到较低水平,且变压器油也已严重老化,不再适合运行变压器使用,因此没有继续测量数据,根据试验获得的结论如下:

(1)从图 5-14 可以看出 120℃下聚合度数值较小,且下降速率较快,在 800h 内就已经降低至 400 以内,100℃下,绝缘纸聚合度降低至 400 用了 1800h 左右,而80℃下,在 2200h 时聚合度还没有达到400。可见温度是影响绝缘纸劣化的主要因素之一,温度较高时,绝缘纸聚合度减小速率较快。

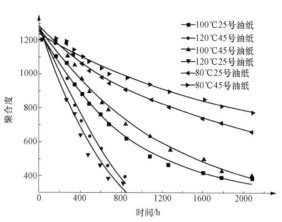

图 5-14　三种老化温度下不同油纸
试样聚合度随时间变化关系

(2)25 号油中聚合度值比 45 号油中聚合度值小且下降速率快,25 号油老化速率比 45 号油老化速率快,这与聚合度的变化规律相一致,所以导致两种油中聚合度变化不同的原因可能是油纸绝缘老化过程中,变压器油老化裂解生成了水分等物质,对绝缘纸的老化起到了催化促进作用,25 号油老化裂解快,所以促使浸于 25 号油中的绝缘纸老化速率也相对较快。

(3)绝缘纸聚合度在老化初期,即聚合度大于 500 时,聚合度下降速率较快,而当聚合度小于 500 时,聚合度下降速率开始变得缓慢。这一先快速下降,然后再变缓的趋势与绝缘体积电阻率的变化趋势相似,故可以考虑用绝缘体积电阻率辅助评价绝缘纸绝缘老化程度。通过常规实验发现绝缘纸的老化趋势,就可以及时掌握设备的情况,对老化明显的设备进行糠醛实验并及时采取有效措施,可以避免用于测试聚合度的绝缘纸在取样时停电、吊芯等苛刻要求。

3. 酸值变化规律

根据 GB/T 28552—2012《变压器油、汽轮机油酸值测定法(BTB 法)》对不同老化温度下油纸绝缘试样进行酸值测试。

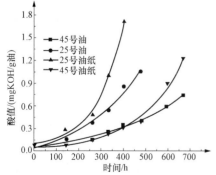

图 5-15　120℃老化条件下纯油和
油纸试样中酸值随时间的变化规律

(1)通过图 5-15~图 5-17 对比发现:对于油和油纸,120℃下,酸值增长速度最快,100℃下次之,80℃下最慢。可见油酸值变化的主要影响因素是温度。随着老化时间的延长,温度越高,酸值越大。

(2)三种温度下,对于油和油纸样品,油纸的酸值都较油的酸值较大。在 120℃下,25 号油纸在400h 附近,就出现油样颜色变深,无法用 BTB 监测其酸值,而 25 号油在 500h 附近才出现这种情况。因此可认为一方面可能是因为绝缘纸中纤维素在劣化过程中裂解产生酸性物质，另一方面可能是绝缘纸裂解产物对油的裂解起了作用，造成油纸中酸值增大。其中 120℃和 100℃下，45 号油和油纸，老化初期油的酸值比油纸样品酸值大，老化一段时间后，油纸的酸值开始大于油的酸值，可能是由于 45 号油老化初期生成的水溶性酸较多，易于被绝缘纸吸附。

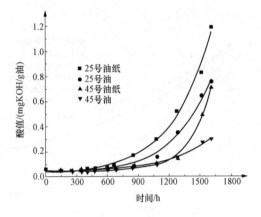

图 5-16 100℃老化条件下纯油和
油纸试样中酸值随时间的变化规律

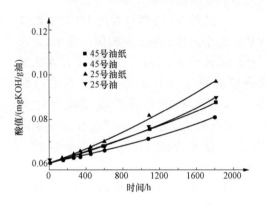

图 5-17 90℃老化条件下纯油和
油纸试样中酸值随时间的变化规律

（3）25 号油和油纸酸值及增长速率都大于 45 号油和油纸。在 120℃下，实验开始不久后 25 号油和油纸的酸值呈现快速上升的趋势，在同等老化条件下，45 号油和油纸的增长趋势较缓慢，且酸值一直小于 25 号油和油纸，说明 45 号油的抗氧化性能强于 25 号油。抗氧化性能主要取决于精制深度和添加剂，由两种牌号的出厂资料，可知两种牌号的油均添加了抗氧化添加剂，45 号油的精制深度比 25 号油好。

（4）油和油纸的酸值随老化的延长，呈指数关系增长。故酸值 c 与老化时间 t 之间的关系式可以按照 $c = \exp(kt + b)$（k、b 为常数），对于不同温度不同牌号下，k、b 值不同。

（5）从 120℃和 100℃下酸值随老化时间的变化曲线可以比较明显地看出油和油纸随老化时间经历了"诱导期""加速期"的变化过程，即"诱导期"酸值变化较缓慢，这一期间，油劣化成酸性物质，如甲酸、乙酸等低分子有机酸，进入"加速期"后，酸值成指数形式（近似于直线形式）快速增长，制油处于诱导期内。这时油内成分复杂，油内开始生成低聚物、树脂类物质和某些过氧各项指标已难以控制。

（6）80℃下，酸值的变化速率很慢，变化值也较小，但其内部也有一些水溶性有机酸产生。有机酸不影响油的继续使用，但继续老化对油的氧化起催化作用，影响油的使用寿命，所以运行油还要进行水溶性酸的测定。

酸值是衡量变压器油中存在酸性成分的物理量，油中水溶性酸对变压器的固体绝缘材料老化影响很大，有机酸性产物会使油的导电性增高，降低其绝缘性能，从而劣化其电气性能，同时还可能影响散热，腐蚀变压器内的金属部件，直接影响变压器的运行寿命。

以聚合度为横坐标，酸值为纵坐标，得到 120℃老化条件下 25 号、45 号油纸酸值与绝缘纸聚合度的关系如图 5-18 所示，对数据进行拟合分析，可以得聚合度与酸值之间呈指数关系，用式（5-16）表示，聚合度与酸值的拟合关系常数见表 5-8。

$$DP = Ae^{x/b} + c \tag{5-16}$$

式中：DP 为聚合度；x 为酸值；A、b、c 为常数。

表 5 - 8 聚合度与酸值的拟合关系常数

项目	A	b	c	R^2（拟合优度）
120℃ 25 号油纸	53.67	−184.1	0.055 3	0.971 7
120℃ 45 号油纸	14.00	187.73	0.033 4	0.963 6

（1）样品酸值随聚合度的降低而增大，酸值主要取决于变压器油的老化程度。但由于油中水溶性酸对绝缘纸的影响较大，运行温度较高（80℃以上）时，会促使纸纤维材料的老化，由表 5 - 8 可以看出 25 号油纸聚合度和酸值的拟合优度为 0.971 7，45 号油纸聚合度和酸值的拟合优度为 0.963 6，可见酸值与聚合度之间也有一定的相关性。

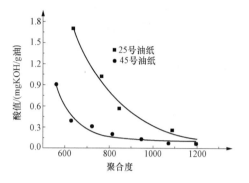

图 5 - 18 120℃老化条件下 25 号、45 号油纸酸值与绝缘纸聚合度的关系

（2）随着聚合度的降低，在劣化初期，酸值小于 0.4mgKOH/g 油，聚合度大于 800 时，绝缘纸处于老化初期，酸值增大速率较慢，即油纸样品老化速率较慢，可以认为样品处于"诱导期"，当酸值大于一定值（0.4mgKOH/g 油），聚合度小于 800 时，绝缘纸进入老化中期，实验样品开始进入老化"加速期"，酸值增大速率变得很快。

（3）随着聚合度的降低，45 号油纸酸值下降比 25 号油纸慢，即 45 号油纸热稳定性好，从而使聚合度相同时，45 号油纸酸值较低。

4. 粘度变化规律

25 号和 45 号油纸的粘度随老化时间的变化规律见图 5 - 19 所示，图 5 - 19 中 120℃下粘度数据缺失与微水数据缺失相同。根据图中曲线变化规律可以得出以下结论：

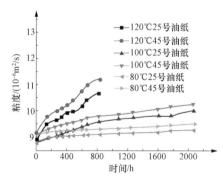

图 5 - 19 120℃老化条件下 25 号、45 号油纸试样粘度变化规律

（1）温度对油和油纸粘度变化有一定影响。120℃下，粘度变化速率较快。80℃下变化最慢，由此可见，可能是因为油和油纸在老化过程，油和油纸发生裂化，裂解后生成了某些油性物质导致油品的粘度开始变大，而 120℃下油和油纸的老化速率最快，故其粘度变化速度也最快。

（2）油纸比纯油的粘度值大，且变化速率较快，这与酸值的变化规律相类似。故可以认为绝缘纸的老化产生一些有机物，以及绝缘纸老化过程中生成的某些产物促进油进一步裂解。油和绝缘纸裂解的产物使油品成分变得复杂，裂解到后期甚至有油泥类物质产生，从而导致油纸粘度大于纯油粘度。

（3）120℃下，油和油纸的粘度变化很快，短期内就达到了 $10 \times 10^{-6} m^2/s$ 以上。变压器运行过程中，贴近绕组的油变热而上升，而温度较低的油从器壁向器底流去，这样就产生了油的对流现象，达到冷却的作用，所以对运行变压器而言粘度越小，冷却效果越好。所以在运行变压器中考虑到局部过热问题，需要对油品的粘度指标进行监测。

（4）三个温度下，25号油纸的粘度值比45号油纸的粘度值小，造成这一现象的原因与两种油本身的特性有关。

5. 体积电阻率变化规律

120℃，100℃和80℃下绝缘体积电阻率随老化时间的变化曲线如图5-20所示，根据曲线的变化规律可以得出以下结论：

（1）试验温度越高，绝缘体积电阻率 ρ_v 下降速率越快，120℃下，油和油纸的体积电阻率 ρ_v 在200h就下降至 300×10^{12} Ω/cm 以内，100℃下，其绝缘体积电阻率 ρ_v 在450h左右下降至 300×10^{12} Ω/cm 以内，在80℃，油和油纸的体积电阻率 ρ_v 在1800h左右才下降至 300×10^{12} Ω/cm 以内，可见温度越高，油和油纸的绝缘体积电阻率下降速率越快。

（2）油和油纸的绝缘体积电阻率随老化时间的延长，呈指数趋势下降，故可以通过老化时间来表示 ρ_v 的变化，即

$$\rho_v = A e^{-t/B} + C \tag{5-17}$$

其中，A、B、C 为常数。

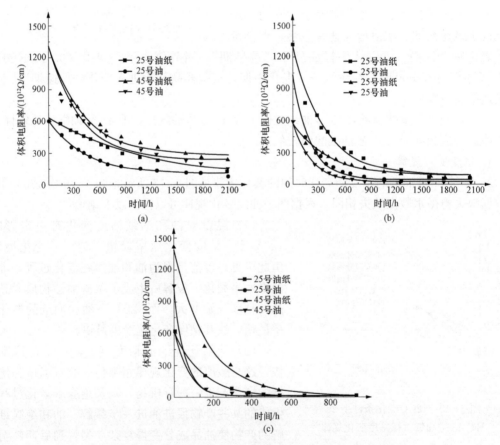

图5-20　绝缘体积电阻率随老化时间的变化曲线变化规律

(a) 80℃条件老化；(b) 100℃条件老化；(c) 120℃条件老化

对于不同牌号，不同温度下 A、B、C 的值不同。可以通过对不同条件下的 ρ_v 和老化时间进行拟合，进而得到三个常数值。120℃下 25 号、45 号油和油纸绝缘体积电阻率和劣化时间的拟合关系常数见表 5 - 9。

表 5 - 9　　　　　　　油纸试样绝缘体积电阻率和劣化时间的拟合关系常数

项目	A	B	C
25 号油纸	613.0	127.0	−2.6
45 号油纸	1386.7	149.0	11.1
25 号油	801.9	67.9	7.9
45 号油	1039.7	49.8	10.2

（3）三个温度下，25 号和 45 号的油和油纸，同一时间，油纸的绝缘体积电阻率值都比纯油的高，且其下降速率也比纯油的低，可能是因为绝缘纸吸附了油中的某些离子，而体积电阻率对油的离子传导耗损反应最为灵敏，导致油的体积电阻率值较高，变化较缓慢。

（4）对比 25 号油纸与 45 号油纸发现，不管是油还是油纸，25 号绝缘体积电阻率比 45 号低，但 45 号体积电阻率下降速率比 25 号快，这与油的变化规律一致。造成这一现象可能是由于 45 号油的精制程度深，使其芳香烃含量较低，导致老化过程中绝缘体积电阻率下降较快。

通过相关性分析可以得出以下结论：

（1）绝缘纸聚合度随着油纸绝缘体积电阻率的降低而降低。45 号油纸体积电阻率 ρ_v 比 25 号油纸体积电阻率 ρ_v 下降速率快，这与纯油的变化规律一致，且对比实验结果发现，油纸和纯油的绝缘体积电阻率非常接近，因此可以认为 ρ_v 值主要是由变压器油决定的。由图 5 - 20 可以看出，聚合度值较大（大于 800）时，绝缘体积电阻率下降很快，呈指数形式下降，当聚合度值为 800 时，绝缘体积电阻率 ρ_v 值就已经下降到 150×10^{12} Ω/cm 以下，已经处于绝缘纸的老化后期；当聚合度值小于 800 时，体积电阻率 ρ_v 的下降就变得非常缓慢，可以认为体积电阻率 ρ_v 与聚合度之间随老化时间的延长存在一定的相关性。

（2）当绝缘纸聚合度值相同时，25 号油纸样品的绝缘体积电阻率较低，这是因为 25 号油纸老化速率较 45 号油纸快，体积电阻率主要是反映油的老化情况和受污染程度。

5.4.2　油纸绝缘老化电气特征量变化规律

1. PDC（极化去极化电流测试法）测试曲线变化规律

从图 5 - 21 可以看出，极化电压大小对于极化、去极化电流的影响仅仅表现在幅值上，而对其发展趋势没有影响，高的极化电压对应高的电流幅值。图中曲线表明，不同大小极化电压的极化曲线表现出了较好的线性特性，即极化电压的高低不会影响采集到的绝缘内部信息。但就现场测量而言，不同大小的极化电压会有不同的信噪比，需要根据现场实际情况来确定最终的极化电压。

极化电流在 30s 时便已趋于平稳，说明极化过程已经比较充分，随着时间的增加，极化电流

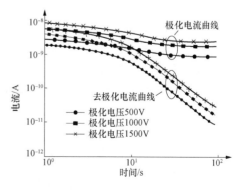

图 5 - 21　不同极化电压 PDC 测试曲线

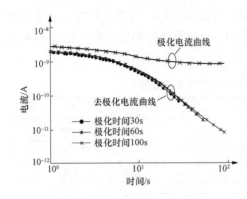

图 5-22 不同极化时间 PDC 测试曲线

基本稳定在一个固定值。从图 5-22 中可以看出，3 种曲线的极化电流完全重合，去极化电流也基本重合，只是极化时间长时，去极化电流曲线略微上翘，这表明更充分的极化过程可以产生更多的束缚电荷，使去极化电流的衰减变慢，对油纸绝缘，随着极化时间的增加，采集到的绝缘内部信息相对也更多。

由图 5-23 可以看出，随着试品中水分含量的增加，去极化曲线的起始部分变化不大，而测量曲线的中末段则出现明显不同，水分含量越大，去极化曲线的衰减时间常数越大，由于水分是一种强极化分子，越多的水分在外加极化电压下产生的束缚电荷越多，在去极化过程中其衰减也越来越慢，由此导致了其去极化曲线衰减到零的时间也越久。即在相同的时刻，含水量越多，其去极化电流的值就越大。同时由于纸板水分变大导致纸板的电导率变大，由此导致了极化电流幅值随着水分含量增多而变大。

从图 5-24 中可以看出，测量到的去极化电流和不同含水量试品的测量结果非常类似，即热老化时间越久，产生的水分会越多，束缚电荷也就越多，导致了在同样的时间下老化程度越大，其去极化电流的值就越大。从试验中可以看出，水分作为油纸绝缘老化的直接产物，在 PDC 测试中能够得到非常直接的表现。

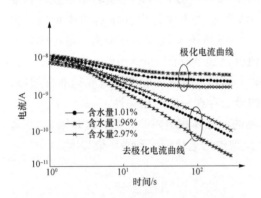

图 5-23 不同含水率油纸试样 PDC 测试曲线

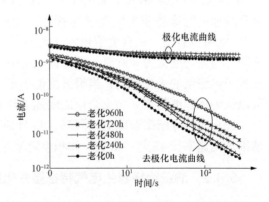

图 5-24 不同老化程度油纸试样 PDC 测试曲线

2. FDS 测试曲线变化规律

不同水分含量下未老化油浸绝缘纸的 $\tan\delta$ 频域谱如图 5-25 所示。由图 5-25 可看出，随绝缘纸水分含量的增加，$\tan\delta$ 在 $10^{-3}\sim10^{2}$ Hz 范围内显著增大，而高频部分变化不大。这是由于水分为高介电常数的强极性物质，水分含量的增加将导致油浸绝缘纸中单位体积内参与极化的分子数目增多，油纸样品极化程度增加，同时绝缘纸受潮使油纸界面极化响应速度加快，界面极化得到加强。而高频部分由于界面极化转向速度跟不上电场变化，极化过程无法建立，在此频段主要由转向极化起主导作用，而相对于界面极化，水分对转向极化影响的幅度很小。

在 120℃下加速热老化不同时间的油浸绝缘纸的 $\tan\delta$ 频域谱如图 5-26 所示。$\tan\delta$ 在

$10^{-3}\sim10^{-1}$ Hz 范围内随老化时间增加而增大，而在 10^{-1} Hz 以上则变化不明显。在交变电场作用下，油纸介质及其界面发生极化，不同类型极化完成所需时间不同。$\tan\delta$ 在低频区域随老化时间的变化主要是由界面极化造成的，在高频段则与转向极化有关。在油纸绝缘热老化过程中，热应力使纤维素结构疏散、分子内相互作用力减弱，变压器油能更充分地和纸板接触，形成更多油纸界面，从而导致油纸间界面极化加剧，使得 $\tan\delta$ 在低频区增大。

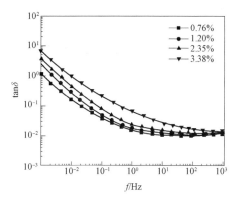

图 5-25　不同水分含量下未老化
油浸绝缘纸的 $\tan\delta$ 频域谱

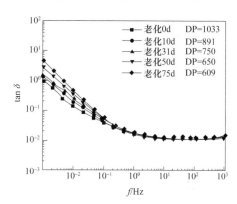

图 5-26　不同老化程度油纸
试样 FDS 测试曲线

　　同时随着纤维素链的断链，水分、有机酸和糠醛等强极性物质不断生成，提高了绝缘纸的电导率，从而减小了界面极化的响应时间，使 $\tan\delta$ 整体向右平移。而在高频段，偶极子转向极化占主导，但有机酸、水分等强极性物质的含量相对油纸绝缘自身而言并不是十分显著，对绝缘整体的偶极子极化程度改变很小，因此对 $\tan\delta$ 大小的影响也可忽略不计。

　　如图 5-27 所示为不同温度下油浸纸板介电常数，可看出在不同测试温度下，油浸纸板介电常数实部在 $1\sim10^{4}$ Hz 测试频率范围内趋于一致，在 $0.001\sim1$ Hz 测试频率范围内，高温下介电常数明显大于低温；油浸纸板介电常数虚部在测试频率为 100Hz 时存在转折点，大于 100Hz 时低温下介电常数相对较大，而小于 100Hz 时低温下介电常数相对较小。当测试频率为 $0.001\sim1$ Hz 时，随着温度的升高，ε' 急剧增大的频率区域向高频方向移动，根据低频弥散理论（Low Frequency Dispersion，LFD），产生这种现象的主要原因为：测试温度的升高会导致极化分子的平均动能增加，弛豫时间减小，弥散区域频率升高；而在较高的测试频率范围内，由于频率较高松弛极化过程不能建立，极化过程较弱。

　　在低频区域认为油纸绝缘损耗以电导损耗为主，而在高频区域认为损耗以极化损耗为主，而在中频区，损耗以电导及极化共同作用，温度升高导致电导损耗变大，由于电导损耗在低频，因此，当温度升高，使导电粒子平均动能增加，导电粒子运动速度变快，迁移率增大，试样的电导率变大，由于电导损耗在较低频率下对试品 ε'' 贡献较大，随频率升高影响逐渐减弱；当在高频阶段由于油纸绝缘试样以松弛极化损耗为主，温度越高使得分子的热运动增加，阻碍偶极子在电场方向的定向，温度越高松弛损耗反而减小，温度越低松弛损耗反而加大，因此出现了高频下低温测试介电常数虚部逐渐升高这一现象。

3. 油纸绝缘电—热老化化学特征量变化规律

　　试验材料选用 25 号变压器油和普通变压器绝缘纸，绝缘纸厚度为 0.5mm。为了尽量缩

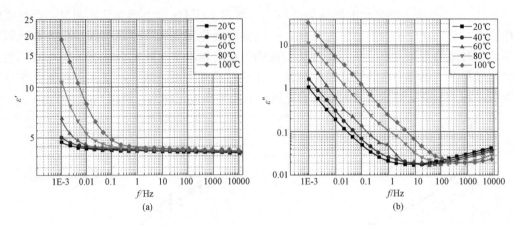

图 5-27　不同温度下油浸纸板介电常数
（a）实部；（b）虚部

短老化时间，采用 130℃ 的恒温对变压器油纸样本进行加速老化。当所受场强达到 3kV/mm 时，变压器油纸处于加速电老化状态，因每组板—板电极间叠加放有两层绝缘纸，故本次试验施加电压值为 3kV。

在 130℃ 下开展了三组对比老化试验，一组是油纸绝缘单因子热老化试验（T组），探究在热应力作用下油纸绝缘的加速老化情况；一组是均匀电场下的油纸绝缘热电联合老化试验（TE组），探究在均匀电场和热应力的联合作用下油纸绝缘的老化情况；另一组则是油中电晕放电条件下的加速老化试验（TC组），探究油中电晕放电对油纸绝缘加速老化特性的影响。通过三组试验的对比，分析油纸绝缘热电联合老化的特性。

将预处理后的样本分 T、TE 两组置于老化箱内，T 组用于单因子热老化，TE 组用于热电联合老化，T 组只需加热，TE 组同时施加温度和电压，试验温度为 130℃，电压为 3kV 工频交流电压；定期测量样本的绝缘纸聚合度、绝缘纸击穿电压、微水含量等参量。

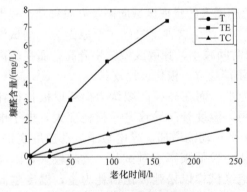

图 5-28　不同老化因素下
油纸绝缘试样糠醛变化规律

糠醛的来源已被证实只来自绝缘纸的老化，因此通过测量变压器油中糠醛的含量在一定程度上可以用来表征绝缘纸的老化状态。实验测取了不同老化时间 T、TE、TC 组的油中糠醛含量，测量结果如图 5-28 所示。

根据图中的变化规律可以看出，油中糠醛含量随着老化时间的增加而增大。T 组糠醛含量上升得很缓慢，而 TE 组的糠醛含量增长速率远大于 T 组，说明电场的持续作用大大加速了绝缘纸的老化，从而产生更多的糠醛溶于油中，使油中糠醛含量大幅度提升。

TC 组糠醛含量的增长速率比 T 组略高一点，但也远低于 TE 组。可见油中电晕放电一定程度上也加速了绝缘纸的老化，但可能受试验过程中放电次数及放电持续时间的限制，其影响作用并不明显。

绝缘纸的聚合度测量可以反映绝缘老化的本质特征，需要的实验样品比较少，数据分散性也比较小，具有重复性好、测量精度高、能准确反映绝缘老化程度的优点，是判断绝缘纸老化程度的理想参数。参照 ASTM D4243《新的和老化的电绝缘纸和纸板聚合作用的平均粘滞程度的测量的标准试验方法》及 ASTM D445《透明与不透明液体运动粘度的测试方法》的标准，采用粘度法测量得到三组样本不同老化阶段的聚合度如图 5 - 29 所示。

从图中绝缘纸聚合度随老化时间的变化规律可以看出，随着老化时间的延长，绝缘纸聚合度逐渐降低，且下降速率由快变慢。当老化时间达到 100h 时，聚合度值已经降至 800 以下，在聚合度大于 800 时，聚合度下降速率较快，当聚合度小于 800 时，聚合度下降速率开始减小。

对比三组样本的变化规律，TE 组聚合度下降速率明显要大于 T 组，TC 组聚合度下降速率比 T 组略大，但相差无几。可见电场的持续作用大大加速了绝缘纸的老化，而

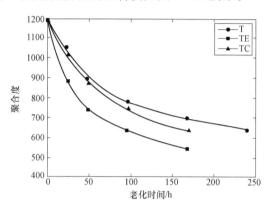

图 5 - 29　绝缘纸聚合度随老化时间变化规律

偶尔的油中电晕放电对绝缘纸聚合度的影响并不明显。由于试验中热电联合老化试验仅选用了一个电压值，因此还无法定量分析绝缘纸老化速率与电场之间的关系。在 130℃温度下，油纸绝缘老化速度比较快，当老化时间达到 240h 时，绝缘纸聚合度已降至 600 左右，此时绝缘纸处于老化的中期。

采用滴定法对变压器油的酸值进行测定，得到 T、TE、TC 组油样的酸值随老化时间的关系曲线如图 5 - 30 所示。随着老化时间的延长，变压器油的酸值会逐渐增大，对比两组样本的酸值变化情况能够看出 T，TC 组酸值变化得很缓慢，一直维持在较低水平（＜0.6m/L），在 140℃下热加速老化 240h 时，T 组酸值仅达到 0.55mgKOH/g 油；TC 组酸值增加的速率要略快于 T 组，而 TE 组酸值增加速率明显比 T、TC 组快速，当老化时间为 168h 时，T 组酸值为 0.35mgKOH/g 油，TC 组略高于 T 组，达到 0.49mgKOH/g 油，而 TE 组酸值则达到 2.86mgKOH/g 油，是 T 组的 8 倍左右。

由此推出电场对油中酸值具有较大的影响，在电场持续作用下，变压器油会加速劣化并产生较多的酸性物质溶于油中，导致油中酸值增大。电晕放电也会使油的酸值增加，但可能因为受限于油中放电频率和每次放电的持续时间，所以试验结果中电晕放电对酸值的影响并不明显。

变压器油、纸在老化裂解过程中均会生成水，导致油纸绝缘系统内水分含量增加，进一步加快油纸绝缘的老化进程。对于油、纸组成的固液绝缘系统，水分会在油与纸之间进行迁移以达到某种动态平衡，最终会以一定的比例分配在变压器油和纤维纸中，而一般绝缘纸内的水分含量难以获取，故通常以油中微水含量作为油纸绝缘老化的一个重要特征参量。两组试验的油中微水含量随老化时间的变化规律如图 5 - 31 所示。

由图可知，对于 130℃下的两组试验，在油纸绝缘老化初期油中微水含量总体趋势呈现先增大再减小，然后趋于平稳的趋势，但总的变化并不明显。

将绝缘纸在 90℃下烘干 2h，去除绝缘纸上的油渍，以空气为介质对单层绝缘纸进行耐

压试验。分别测量 T、TE 和 TC 组单层绝缘纸的击穿电压值，结果见表 5‐10。

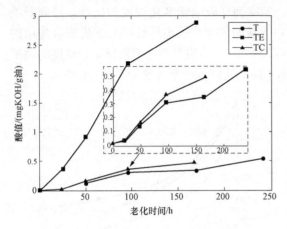

图 5‐30　酸值随老化时间的关系曲线　　　图 5‐31　油中微水含量随老化时间的变化规律

表 5‐10　　　　　　　　　　　　　　　　绝缘纸击穿电压

组别	老化时间/h	0	24	48	96	168
T	击穿电压/kV	4.15	4.23	4.22	4.4	4.21
	标准差	0.11	0.17	0.07	0.18	0.13
TE	击穿电压/kV	4.15	4.19	4.19	4.21	4.18
	标准差	0.10	0.11	0.19	0.07	0.22
TC	击穿电压/kV	4.15	3.92	3.88	3.71	3.55
	标准差	0.11	0.13	0.18	0.11	0.14

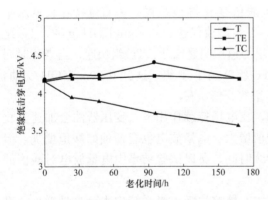

图 5‐32　绝缘纸击穿电压随老化时间的变化规律

绝缘纸击穿电压随老化时间的变化规律如图 5‐32 所示，从图中 T、TE 和 TC 组的绝缘纸击穿电压对比情况可以看出，T 组样本在老化前期击穿电压整体上呈现上升的趋势，随后又下降，但变化均不明显；TE 组绝缘纸击穿电压基本没变化，且整体上比 T 组略低。对于均匀电场条件下的热电联合老化，电场的持续作用对绝缘纸的电气强度没有直接的影响。

而随着老化时间的延长，TC 组有明显的下降趋势，这说明油中电晕放电降低了绝缘纸的电气强度，随着电晕放电次数的累积，绝缘纸电气强度越低，击穿电压越小。初步分析其原因，可能是由于油浸绝缘纸内部难免会存在气隙或气泡等缺陷，而油纸绝缘的击穿过程是寻找油纸绝缘系统"最薄弱环节"的过程，油中电晕放电使得这些微小的缺陷逐渐变大或者让绝缘纸产生新的损伤，造成绝缘纸内部"薄弱环节"的数量增加以及薄弱程度加深，进而导致绝缘纸更加容易被击穿。

在复合绝缘材料中，绝缘材料分担的电场强度与其介电常数成反比。一般情况下，绝缘纸中难免会有气隙等缺陷的存在，即"薄弱环节"。设绝缘纸的介电常数为 ε_0，空气的介电常数为

ε_1，则在交流电压作用下，绝缘纸中电场强度 E_0 与气隙中的电场强度 E_1 的关系如式（5-18）

$$\frac{E_0}{E_1} = \frac{\varepsilon_1}{\varepsilon_0} \qquad (5-18)$$

普通绝缘纸的相对介电常数 ε_0 为 4～5，空气的相对介电常数约为 1，因此在绝缘纸中气隙部位，空气承担的场强是纸的 4～5 倍，这使得在气隙部位首先出现局部放电现象，放电产生大量的带电粒子，带电粒子撞击气隙周围的绝缘纸纤维素分子，并产生很高的热量，导致纤维素分子链断裂和碳化，气隙逐步扩大，形成放电通道。随着电压的不断升高，放电通道不断延伸，最终导致绝缘纸被击穿，并留下明显的碳化孔洞。

油中电晕放电能够在短时间内对绝缘纸造成不可恢复的损伤，这些受损的部位成为绝缘纸内部的"最薄弱环节"，在交流电场作用下最容易形成局部放电，从而使得绝缘纸起始放电电压降低、击穿电压值减小。

当绝缘纸与变压器油组成油纸绝缘系统后，绝缘纸中的"气隙"被"油隙"所替代，变压器油的相对介电常数约为 2.2，此时"油隙"中变压器油所承担的电压仅为绝缘纸的 2 倍左右，与"气隙"相比，"油隙"具有更高的起始放电电压，因此绝缘纸浸油后其电气强度会得到显著提高。

为探究绝缘纸击穿电压与聚合度之间的关系，试验中对绝缘纸样本进行充分烘干、去油后，以空气为介质对纸样进行耐压试验，从而排除变压器油对绝缘纸击穿电压的影响。

现将绝缘纸击穿电压 U_b 与聚合度随老化时间的变化规律进行对比分析（如图 5-33 所示）。为消除量纲的影响，对击穿电压和油中微水含量进行归一化处理，处理方式为取数据与该类所有数据总和的比值。

从对比情况来看，绝缘纸击穿电压与聚合度没有明显的相关性，绝缘纸击穿电压并未随聚合度的下降而递减或递增。在单因子热老化的前期，绝缘纸击穿电压有升高的趋势，当出现油中电晕放电时，绝缘纸击穿电压会降低，因此尽管无法通过绝缘纸击穿电压来估算聚合度，但可以根据其变化情况来判断变压器内是否有放电等故障出现。

普遍认为水分是影响绝缘介质电气强度的重要因素之一，因此需探究绝缘纸击穿电压与油中微水含量之间的关系，如图 5-34 所示。为消除量纲的影响，对击穿电压和油中微水含量进行归一化处理，处理方式为取数据占数据总和的比值。从图中可以看出，绝缘纸击穿电压与油中微水含量之间并不具有明显的相关性。

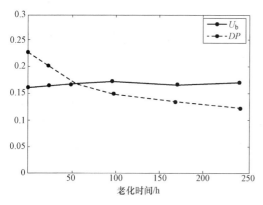

图 5-33 绝缘纸击穿电压与聚合度
随老化时间的变化规律

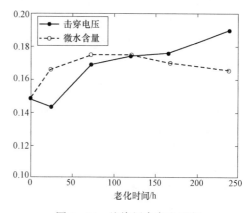

图 5-34 绝缘纸击穿电压与
油中微水含量的关系

5.4.3 油纸绝缘老化寿命的影响因素

变压器绝缘是变压器的生命线。变压器油和纤维绝缘材料及其他有机材料一样，在运行期间受到水分、氧气、热量等影响，发生化学变化的过程称为"老化"，最终限制了变压器的使用寿命。

影响变压器绝缘老化的原因很多，主要有过电流、高负载运行、过热、微水、氧化等，这与变压器运行期间的工况与环境密切相关，一般认为，变压器设备寿命的正常老化主要受到热、机械、电三方面应力的影响，可通过热点温升、聚合度、糠醛含量、变压器油性能、油中气体、微水、恢复电压、介损、频响、局部放电与振动等主要技术手段来评估变压器的状态。基于状态监测的变压器寿命评估的整体思路为：在传统老化模型的基础之上，选择利用表征设备初始状态与现有状态等关键信息，充分发掘利用已有的典型数据与经验，通过计算校核、规律分析、加权打分与专家系统分析等方法，对模型中的变量进行修正和调整，使模型能反映设备状态的基础与变化，进而找出设备寿命状态随时间变化的规律。围绕影响绝缘系统的电、机械、热等主要因素以及附件寿命，选取已有成功经验或阶段成果的评估技术，同时引入设备先天健康状态，对变压器寿命作出综合评估。

1. 温度对油纸绝缘寿命的影响

作为一个完整的评估系统，必须考虑热老化对寿命损失的影响。热点温升是热老化评估的主要内容，国际电工委员会（IEC）认为 A 级绝缘系统的变压器在 80℃～130℃温度时，温度每增加 6℃，变压器绝缘老化速度会加速一倍，称为 6℃法则；并且不应忽略冷却系统性能对热老化有着显著的影响。

温度是影响变压器油纸绝缘老化的主要因素，变压器绝缘寿命与运行温度直接相关。油浸式电力变压器在额定负载下，绕组平均温升为 65℃，最热点温升为 78℃，若平均环境温度为 20℃，则最热点温度为 98℃。正常温度下，变压器可运行 20～30 年，但若变压器超载运行，温度升高，绝缘寿命缩短。

2. 电场对油纸绝缘寿命的影响

绝缘寿命减小表现为绝缘纸含水量上升，绝缘性能下降，伴随局部放电量逐渐增大。相关研究表明，整体介损、恢复电压与油中微水的检测有助于近似定量分析绝缘纸含水量，且三者可相互验证，而含水量与寿命状态也存在一定联系；同时，局部放电统计规律与特征分析也会有助于判断设备的寿命状态。

电应力对绝缘材料性能的影响呈现概率性分布，材料的电老化的后果表现为材料在电场下的失效（击穿）现象，其电老化寿命表现为概率寿命。

3. 机械应力对油纸绝缘寿命的影响

统计表明，多数变压器设备的寿命终结是机械性能破坏的结果。这说明寿命老化对机械性能的影响最为显著，其主要表现为绝缘纸板纤维素链断裂，聚合度下降，导致机械强度下降。相关研究表明，糠醛、CO 和 CO_2 的检测有助于定量分析绝缘纸聚合度，且三者有利于相互验证，而聚合度与材料抗拉强度存在联系。同时，振动统计规律与特征分析也有助于分析设备的机械性能。

4. 水分对油纸绝缘寿命的影响

油纸绝缘老化过程中水分扮演着重要角色，一方面水分是绝缘纸降解反应的主要参与者，在电力变压器运行过程中加速油纸绝缘老化；另一方面，水分也是绝缘纸降解的生成物，绝缘纸和变压器油在老化过程中不断生成水分。水分对变压器油及油纸绝缘的电气性能、机械性能和热稳定性能均会产生严重的影响。水分在绝缘纸中存在状态有三种：由于毛细管作用绝缘纸表明吸附的水分，形成氢键等化学键的水分，由于细胞壁渗透作用吸附的水分。研究结果表明，变压器内部总水量中，由于纤维的强亲水性导致有 99％的水分存在固体绝缘纤维中，只有仅有的 1％以下水分存在于变压器油中。

5.4.4　油纸绝缘系统寿命可靠性评估

在电气工程领域，可靠性分析主要用于电力系统风险评估及发输电设备的可靠性评估。故障类型包括不可修复故障和可修复故障两种，其中由绝缘老化引起的为不可修复故障，由部件损坏、过热、过电压等引起的为可修复故障。

电力变压器作为电力系统的核心元件，其可靠性一直是研究热点，有关其可靠性评估主要是根据运行统计数据进行相关可靠性指标量的分析。油浸式电力变压器是由多个系统构成的复杂集合体，各个系统对其可靠性水平的影响不一样。绕组油纸绝缘系统作为变压器最核心部分，决定了变压器的寿命，其可靠性水平直接关系着变压器能否正常运行。准确评估油纸绝缘系统的可靠性水平，对可修复的缺陷进行及时处理，以免绝缘故障过早发生具有重大意义，在变压器可靠性研究方法主要从以下几点展开。

基于数理统计理论，对变压器历史数据进行整合，建立可靠性评估模型，这种方法将变压器看作一个整体，对各个子系统综合考虑，这种方法同样适用于其他设备，所建立的模型多停留在数学概念上，一般所得的评估结果过于理想化，工程实际意义不大，如何提升评估结果的可信度是研究的方向。

基于元件级的可靠性评估，深挖变压器老化机理，建立可靠性评估模型，这种建模方法多基于试验数据，采用加速老化试验、截尾试验等模拟设备老化进程，积累基础数据进而建立可靠性评估模型，这种建模方法所得出的评估结果以大量的试验数据为基础，可信度比较高。但也仅限于实验室中，变压器实际工作环境比较复杂，充满多种不确定因素，不具备实验室中的条件可控性，如何能将试验结果转化为工程实用成果还有一定的路要走。

综合考虑元件老化、历史数据信息的综合可靠性评估模型，这种可靠性评估方法以元件老化研究为基础，通过对预期寿命的评估建立可靠性评估模型，辅助以历史数据、运行数据、试验数据等对其进行修正，所建立的模型考虑维度更广，模型也相对比较复杂，但在实际工程中应用的意义更大。

变压器寿命评价的方法主要包括以下几种：

（1）故障模式及影响分析法和故障树分析法。

故障模式及影响分析法（Fault Mode and Effect Analysis，FMEA）是一种从设备故障模式及影响出发对其进行整体的全面描述及定性分析的方法，该方法考虑设备的设计、制造等方面因素影响，有效分析设备运行各阶段可能导致严重故障的隐患。FMEA 通过分析归纳确定设备故障模式，找到可能发生故障的环节，在设备的故障诊断和检修时提出指导意见。

故障树分析方法（Fault Tree Analysis，FTA）是一种从设备的最终故障出发，由总体到部分将造成该故障的原因逐渐细分的分析方法。对设备进行分析时把最严重的故障状态作为故障树顶事件，找出可能导致下一级中间事件发生的所有原因作为下一级中间事件，直到找到无需再往下分析的底事件为止。FTA 是在 FMEA 基础上发展的，FTA 可以以 FMEA 方法中关于故障原因和影响的分析结果为参考进行建树和分析，利用 FMEA 可以使电力变压器故障树的建立更加方便、客观、合理。

（2）基于马尔可夫模型的变压器可靠性评估。变压器是一个可修复系统，当其发生故障时，工作人员会确定故障的位置和形式，然后对发生故障部位进行修复，使其重新变为正常运行状态。变压器在运行过程中处于各个状态的概率可以通过马尔可夫过程计算，这种"状态转移"的过程是随机的。采用马尔可夫过程分析时，变压器在各个状态中不断变化，虽然每次状态的转移都服从一定的概率分布，但是在未来某个时间的状态是随机的，这种特征与变压器运行过程类似，所以变压器可以用马尔可夫过程来分析其可靠性。

（3）基于绝缘老化失效的可靠性模型。鉴于变压器的可靠性最薄弱的环节是绝缘部分，故工程中认定变压器绝缘纸的使用时间即为其本身的寿命。结合变压器老化的韦布尔模型建立变压器的 Arrhenius-Weibull（阿伦尼斯—威布尔）模型，其与时间 t 相关的故障率 λ_{ta} 及概率分布函数 F_{ta} 为

$$
\begin{cases}
\lambda_{ta}(t \mid \theta_H) = \dfrac{\beta}{Ce^{\frac{B}{\theta_H+273}}}\left(\dfrac{t}{Ce^{\frac{B}{\theta_H+273}}}\right)^{\beta-1} \\
F_{ta}(t \mid \theta_H) = 1 - e^{-\left[\frac{t}{Ce^{\frac{B}{\theta_H+273}}}\right]^{\beta}}
\end{cases}
\tag{5-19}
$$

式中：B 和 C 是经验常数。θ_H 为热点温度，β 为待拟合的韦布尔模型参数。

第6章

特高压变压器的振动与噪声

6.1　特高压变压器振动

6.1.1　振动机理

由于变压器内部漏磁场的存在，当变压器正常运行时，通有交变电流的绕组线圈将因受到电磁力的作用而产生变形。根据长期实践经验和相关试验情况可知，在电力变压器的运行过程中，其绕组振动主要是由于绕组的辐向电磁力和辐向电磁力作用的结果，由于绕组辐向刚度小于辐向的刚度，使得绕组在振动时依然以轴向的振动为主。

电力变压器铁芯振动主要由变压器铁芯由于励磁而导致其硅钢片形状发生改变的现象（磁致伸缩现象）以及铁芯接缝处由漏磁所引起电磁力而共同作用产生。由于现代变压器制造工艺的进步，对铁芯叠积方式进行了优化改进，由叠片间漏磁产生的铁芯振动信号较小，几乎可以忽略，而磁致伸缩现象能量较大，不易控制，故认为变压器铁芯的振动基本由硅钢片磁致伸缩的程度来决定。

振动来自铁芯和绕组的振动，且以100Hz的倍频为主，因此振动传感器选用压电式加速度传感器。在ICP型振动加速度传感器、信号适配器以及数据采集单元的基础上，利用图形化编程软件NI/Labview开发换流变压器的振动监测系统，实现换流变压器振动的现场监测。可选择信号连续不间断采集或设置时间间隔自动采集，实时显示振动信号的频谱以及满足将数据存储为Excel文件的功能，应用时输入变压器的电压，电流以及温度信息，保证了对换流变压器在不同影响因素下的振动特性的准确记录。

6.1.2　振动分析

±500kV宝鸡换流站内两极各有6台换流变压器，其中Y/Y组和Y/△组各有3台单相换流变压器。为了全面反映变压器内部振动情况，选变压器绕组末端对应的外壳处作为振动测点，每台变压器各有网侧和阀侧两个测点。测试在直流线路输送3000MW和2400MW容量，即额定容量和80%额定容量两种工况下进行。测试系统由压电式振动传感器，信号调理电路，数据采集卡和终端计算机构成。压电式振动传感器将变压器外壳的振动信号转换为电信号，电信号经过信号调理电路的放大滤波调理过程变成标准信号输入到数采卡，数采卡将模拟信号采集为数字信号最终输入计算机存储处理。

实际测试到换流变压器的振动频谱如图6-1所示。变压器外壳主要振动频率为100Hz

的倍数，400Hz 对应的频谱分量最高。电应力对应电压和电流的平方，所以电应力的频率为电压电流频率的两倍，对于基频为 50Hz 的变压器电压电流，振动频谱的基频理论上也应该是 100Hz，400Hz 处的频谱峰值对应于变压器铁芯和外壳的固有振动频率。

将每台变压器两个测点的振动各频谱分量进行能量相加，得到各变压器振动的幅值如图 6-2 所示。比较两种工况下的振动幅值可以发现，变压器外壳的振动幅值随容量的降低显著降低。这是因为降低容量以后，变压器网侧、阀侧绕组电流都相应减小，振动的原动力电应力也降低，导致外壳振动幅值也降低。

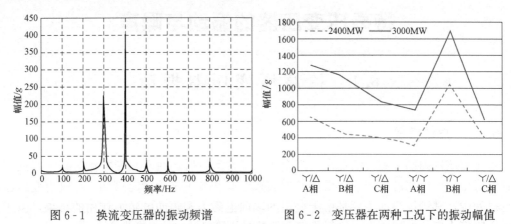

图 6-1　换流变压器的振动频谱　　　　图 6-2　变压器在两种工况下的振动幅值

两极各台变压器振动幅值如图 6-3 和图 6-4 所示。由图 6-3、图 6-4 可知，极 I Y/Y 组 B 相，极 II Y/Y 组 A 相和 B 组变压器振动偏大。极 I Y/Y 组 B 相变压器振动频谱如图 6-5 所示。由图 6-5 可知，400Hz 频率分量显著增大，其他频率分量有不同程度的降低，建议加强对其运行状态的监测。

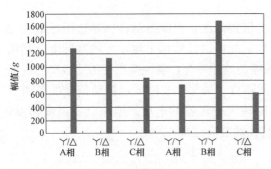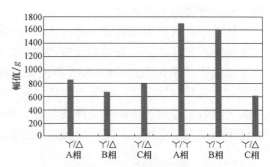

图 6-3　极 I 各台变压器在 300MW 容量　　图 6-4　极 II 各台变压器在 300MW 容量
　　　　下的振动幅值　　　　　　　　　　　　　下的振动幅值

极 II Y/Y 组 A 相变压器只有网侧绕组对应振动测点的振动幅值较大，其振动频谱如图 6-6 所示。该变压器振动频谱与极 I Y/Y 组 B 相变压器振动频谱类似，也是 400Hz 频率分量显著增大，建议加强对其运行状态的监测。

极 II Y/Y 组 B 相变压器的振动频谱如图 6-7 所示。该变压器振动频谱除了 400Hz 处显著增大以外，100Hz 频谱分量也有增大，建议加强对其运行状态的监测。

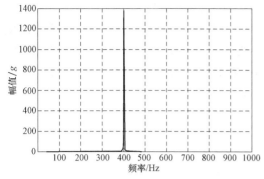

图 6-5　极 I Y/Y 组 B 相变压器振动频谱

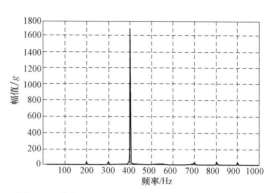

图 6-6　极 II Y/Y 组 A 相变压器网侧测点振动频谱

变压器振动特征量的研究，常规的方法是从频域对振动信号进行分析，先将时域信号转变为频域信号，然后利用一定的算法和原理对振动的特征信息进行统计分析。在换流变压器振动特性的研究中，采用频域分析的方法对振动特征进行描述，利用 FFT（快速傅里叶变换）获得 50~4000Hz 频率范围内，为 50Hz 倍频的振动频谱，获得以下振动特征参数：①基频幅值为 100V。由上述对于变压器振动原理的介绍可知当电源频率为 50Hz 时，变压器振动的基频为 100Hz。②主频率 f_m 为振动频谱中最大振幅对应频率。

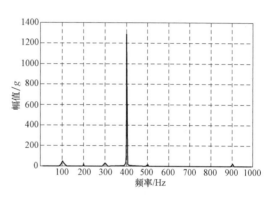

图 6-7　极 II Y/Y 组 B 相变压器振动频谱

③主频幅值 A_m 为振动频谱中的最大振幅。④振动功率谱密度 psd，从帕斯瓦尔定理的角度出发，将频谱中各频点的振动幅值进行求和获得，见式（6-1）。

$$psd = \int_{-\infty}^{\infty} |x(t)|^2 \mathrm{d}t = \int_{-\infty}^{\infty} |X(f)|^2 \mathrm{d}f \approx \sum_{f=50}^{4000} |A_f|^2 (f = 50、100、150、\cdots)$$

$$(6-1)$$

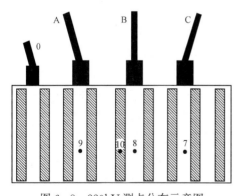

图 6-8　220kV 测点分布示意图

油箱体结构除大部分由平板组成外，为了降低油箱表面的振动，加强油箱的刚性，箱壁上还包含加强筋、焊接处及其他不规则结构。在加强筋结构中，加强筋明显影响了振动能量的正常传递路径，将会显著的影响变压器箱体振动信号。对某变电站内的 220kV1 号主变压器的表面布置了 10 路振动传感器，其中，7~10 号传感器用于研究加强筋对于变压器油箱表面振动信号的影响，测点分布示意如图 6-8 所示。

7~9 号传感器分别位于 A、B、C 三相套管下面正对绕组的平板区域，10 号测点位于 8 号测点旁的加强筋上。

在正常运行状态下，采集 7~10 号测点的振动信号，并进行频谱分析，分析结果如图 6-9 所示（1g=9.8m/s²）。从 7~9 号测点的振动频谱来看，3 个测点的振动加速度的频带都集中在 0～2000Hz，3 个测点均含有较大成分的 100Hz 振动分量，同时 7、8 号测点的振动主频率为 100Hz，振动加速度的幅值接近 0.25g，其余频率的振动分量较小；9 号测点的振动主频率为 400Hz，但其振动幅值与 100Hz 基频大致相等，约为 0.13g。从 10 号测点的频谱图上难以获得直观的加强筋对振动信号的影响，需要借助振动特征值进行进一步的研究。

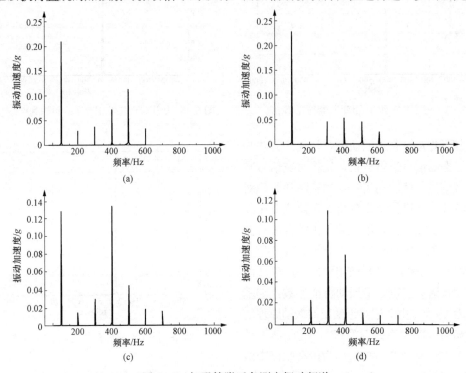

图 6-9　加强筋附近各测点振动频谱

（a）7 号测点振动频谱；（b）8 号测点振动频谱；（c）9 号测点振动频谱；（d）10 号测点振动频谱

7～10 号测点的振动特征值见表 6-1。从 4 个测点的振动功率来看，7～9 号测点的振动功率均明显大于位于加强筋表面的 10 号测点，说明加强筋对于振动的响应要略小于油箱表面的平板结构。从 4 个测点的基频比重来看，7～9 号测点的基频比重均大于 40%，而位于加强筋上的 10 号测点的基频比重仅为 0.33%，要远远小于其他 3 个测点，结合变压器绕组和铁芯振动机理说明加强筋上不适合利用 100Hz 对变压器振动进行监测。

表 6-1　　　　　　　　　　　　　　　　7～10 号测点的振动特征值

振动特征值	7 号测点	8 号测点	9 号测点	10 号测点
功率/g^2	0.261 746	0.238 391	0.152 831	0.068 188
奇偶次谐波比%	0.000 989	0.000 314	0.000 63	0.000 855
基频幅值/g	0.420 266	0.454 512	0.256 436	0.051 086
基频比重/%	67.479 120	86.656 210	43.027 69	0.333 776
主频幅值/g	0.420 266	0.454 512	0.267 539	0.216 232
主频率/Hz	100	100	400	300
主频比重/%	67.479 120	86.656 210	46.834 3	68.569 690
频谱复杂度	0.992 449	0.579 055	1.088 043	0.835 088

由表 6-1 可得，变压器油箱表面的加强筋会显著减弱油箱表面的振动信号并使得主频率发生畸变，因此选择变压器油箱表面振动测点时，应当尽量远离油箱表面的加强筋结构，选择较为宽阔的平板作为振动传感器的监测点。

根据变压器振动测点选择的研究及换流变压器的内部的实际结构，现场安装振动加速度传感器的位置如图 6-10 所示。从变压器靠近墙体的一侧至风扇组侧，可以将传感器分别命名为 1、2、3 号测点。

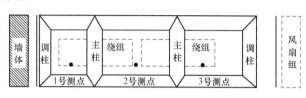

图 6-10　振动测点位置分布

振动加速度传感器通过螺丝与永磁体安装座紧固连接，并通过永磁体吸附于油箱表面，使得传感器在测量过程中保证与油箱没有相对移动，保证测量精度。

位于极Ⅰ的△绕组的 C 相换流变压器上 3 个测点的振动频谱如图 6-11 所示。从图 6-11 中可以看出振动的主要频率和能量集中在 0～1000Hz，3 个测点的振动以 1000、1600、2200Hz 为频谱分段的端点，形成 0～1000、1000～1600、1600～2200、2200～4000Hz 的 4 个频谱分段。因此换流变压器振动频带一般应根据实际测试结果进行选择，对于该研究所测试的换流变压器而言，选择 0～4000Hz 可以较好地体现换流变压器的振动特性。

对上述 3 个测点进行振动频谱的特征值计算，获得各测点振动特征值见表 6-2。从表 6-2 中可以看出，3 个测点中 1 号测点的振动功率最大，说明该点的振动能量大于另外 2 个测点，利于获得较高的信噪比，提高测量的可靠性；3 个测点的 50Hz 比重及幅值均处于合理范围之内，说明现场测试未受到强烈的电磁干扰，测试结果真实可信；从 3 个测点的基频幅值及主频幅值来看，基频幅值分别为 0.18g、0.12g、0.20g，而主频幅值分别为 1.9g、0.53g、0.5g，1 号测点的振动主频幅值远大于其他测点，也远大于普通的电力变压器主频振动幅值，但经过与测试的其他变压器进行比较，认为该振动幅值在正常范围。

表 6-2　　　　　　　　　　测点振动特征值

振动测试点	1 号测点	2 号测点	3 号测点
奇偶次谐波比/%	0.025 719	0.176 685	0.180 866
50Hz 比重/%	0.003 724	0.018 471	0.006 623
基频幅值/g	0.185 883	0.118 843	0.205 891
基频比重/%	0.738 253	2.794 934	9.766 944
主频幅值/g	1.899 887	0.534 328	0.469 821
主频率/Hz	200	200	400
主频比重/%	77.122 330	56.498 920	50.856 690
总频谱复杂度	0.714 421	1.288 860	1.461 315

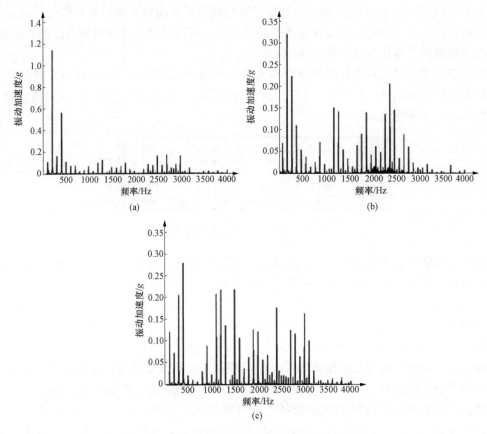

图 6-11 3 个测点的振动频谱
(a) 1 号测点频谱；(b) 2 号测点频谱；(c) 3 号测点频谱

变压器的相电流与晶闸管的导通方向在任何时候都需要保持一致，即电流不能反向流过晶闸管，换流阀通过导通角的调整，使得整流和逆变时变压器绕组的线电压发生变化。当处于逆变状态时，逆变器的直流电压和阀电压、阀电流波形均相当于整流器的波形反转180°，此时变压器的功率因数角应当由整流状态下的正值转变为逆变状态下的负值，将对于绕组和铁芯振动的合成作用产生一定的影响。

对位于换流极Ⅰ的 Y/Y 连接组的 C 相换流变压器进行功率翻转前后的振动测试，整流时该变压器 3 个测点的振动频谱如图 6-12 所示。

如图 6-12，3 个测点的振动主频幅值均在 1 附近，其中 1 号测点的振动幅值略大于其他两个测点，达到了 1.5g 左右，振动的频带主要集中在 0～3000 Hz，3000～4000Hz 的振动分量较少。同时对该换流变压器在逆变端各测点的振动频谱进行监测，测试结果如图 6-13所示。与整流端相比，3 个测点的整体的振动幅值均出现了一定程度的减小，但与整流时的频带相比，逆变时的振动出现了更多的频率，3 号测点在 3000～4000Hz 的振动明显增加。

这说明变压器作为逆变端时的振动功率要小于整流状态，主频幅值和频谱复杂度也会减小。1 号测点和 3 号测点的基频幅值与主频比重均出现了下降，与振动的合成作用规律一致，2 号测点的基频幅值增加而主频比重出现了下降，可能由于该测点位于 1 号测点和 3 号测点中间，使得振动的叠加受到来自两部分铁芯和绕组振动的影响，使得该测点的振动规律不符合与铁芯和绕组紧邻的测点振动规律；工作状态的改变会对换流变压器的振动主频率产生一定的影响。

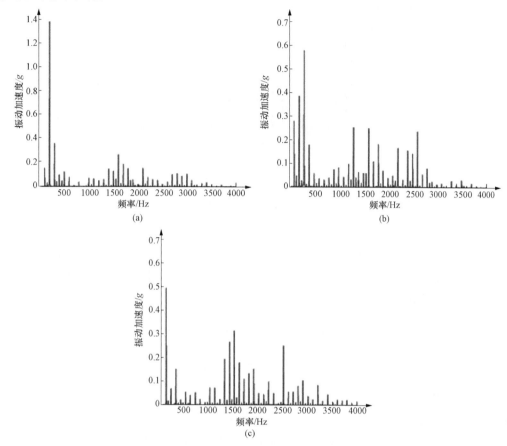

图 6-12 3 个测点的振动频谱

（a）1 号测点振动频谱；（b）2 号测点振动频谱；（c）3 号测点振动频谱

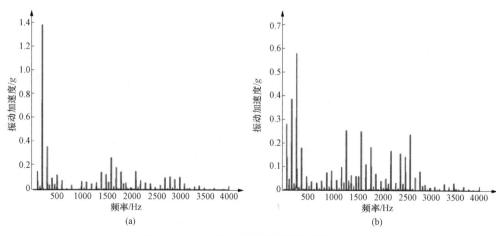

图 6-13 3 个测点的逆变端振动频谱（一）

（a）1 号测点振动频谱；（b）2 号测点振动频谱

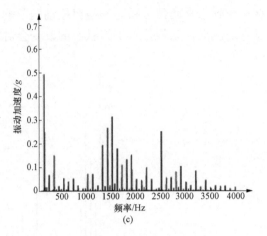

图 6-13　3 个测点的逆变端振动频谱（二）

(c) 3 号测点振动频谱

变压器绕组振动和铁芯振动均影响油箱表面的振动信号，使得在整流状态和逆变状态的振动不同，因此在实际的监测过程中需要考虑整流和逆变状态对振动的影响，在进行同一台变压器的纵向历史数据比较时，尽可能地选取在同一工况下的振动数据进行比较，以提高数据的可信度和诊断的正确性。

6.2　特高压变压器噪声

6.2.1　噪声源

特高压变压器在交直流电场作用下耐受电压水平高，电、磁、力、热等方面问题繁多，绝缘结构复杂、油箱空间及铁芯截面同常规变压器相比更大，且阀厅中流出的电压谐波较高，导致换流变压器运行的振动和噪声比同容量特高压交流变压器大很多。由于换流变压器在交接试验和运行中的振动特性并没有统一的考核标准，在日常带电检测中也未列入常规检测项目，通过振动对其进行辅助故障诊断的工作较少。

6.2.2　噪声计算

图 6-14 为模态测试系统示意，图中信号发生器用于产生 20kHz 的带宽白噪声信号，经过功率放大器进行放大后，驱动垂直悬挂的激振器对变压器绕组进行激励。其中，激振器端部细杆末端装有力传感器，用于采集激励力的大小。数据激振器力信号与振动加速度传感器信号，计算出各测点处的频响函数。采用单点激励多点拾振法对变压器绕组进行模态测试，分批次进行。其中，加速度传感器被固定在金属夹件上，沿轴向布置 5 层，每层 4 个，共 20 个测点，对换流变压

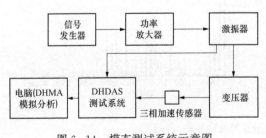

图 6-14　模态测试系统示意图

器绕组轴向模态特性进行了测试。

图 6-15 为模态实验得到的变压器绕组振动频响函数（VFRF）曲线，纵坐标采用对数坐标表示。由图可见，振动频响函数的形状随频率变化有着较为明显的峰值，且在低频部分存在较大的噪声干扰。考虑到多参考点最小二乘复频域（PolyMAX）特别适用于大阻尼和密集模态结构模态参数的识别，因此可选用该算法对变压器绕组的模态参数进行识别。

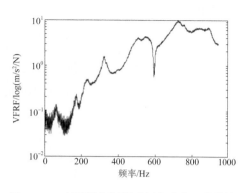

图 6-15　变压器绕组振动频率响应函数曲线

6.2.3　降噪措施

实验数据表明：未滤波前，铁芯谐波磁通含量较高，变压器振动噪声较大。通过加装传统滤波支路，铁芯谐波磁通有少量降低，变压器的振动噪声也随之有小幅下降，感应滤波支路通过变压器内部谐波磁势相消的原理实现滤波功能，所以铁芯中谐波磁通下降明显，变压器的振动噪声降幅较大。基于以上理论与实验分析可知，换流变压器铁芯中的谐波磁通是造成换流变压器噪声的主要原因，通过应用感应滤波技术有效抑制谐波磁通可明显降低换流变压器的振动噪声。

针对变压器的噪声污染，目前的主要治理措施有两种。一种是从变压器铁芯入手，如：①采用磁致伸缩率小的上等硅钢片。如冷轧变压器硅钢片，另外对硅钢片表面施加张力，合理的张力可以有效减小磁致伸缩率。②减少铁芯中的谐波磁通含量。在变压器阀侧装设并联电容或无源滤波器，能有效降低高次谐波磁通对磁致伸缩的影响。③改善铁芯结构本尺寸。调节铁芯基本结构尺寸时，需使其尺寸间的比值相近，由实验数据表明，普通电力变压器铁芯高度和心柱直径的比值下降 10%，其噪声降幅达 5.7dB。④合理设计铁芯尺寸。通过合理设计铁芯尺寸避免激励源作用下变压器本体振动频率接近其固有振动频率造成谐振。⑤利用先进的制造技术。尽量减轻硅钢片在剪裁、搭接和叠装过程中，外接因素对铁芯制造的影响。叠装完毕后，绑扎间隔要适宜，夹紧力须适当，防止叠片挤压产生变形。同时可在铁芯片表面涂刷环氧树脂，让树脂毛细渗入填补两两硅钢片间缝隙，使其紧贴一起缩小硅钢片的磁滞伸缩率，从而达到根本降噪目的。

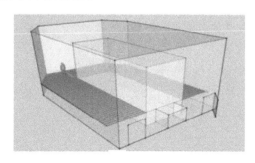

图 6-16　BOX-IN 隔声结构

另一种措施是采用 BOX-IN 隔声结构（见图 6-16），这种方式通过可拆卸式与带有通风散热的隔声罩将变压器本体与外界隔离开，并将变压器的冷却风扇放在隔音室外，从而间接降低变压器噪声对周围环境的影响。图 6-17 所示为隔声罩现场安装图。BOX-IN 隔声装置中间放置变压器。虽然 BOX-IN 隔声装置通过隔音间接降低噪声，但在实际工程应用中仍存在许多需要考虑的问题，如换流变压器在隔声装置内工作时散热的处理、装置布置占地面积的设计、装置内部造价和构造技术等。

图 6-17　隔声罩现场安装图

第7章

特高压变压器试验

7.1 例 行 试 验

7.1.1 例行试验项目

《直流±800kV级换流变压器通用技术规范》对技术参数、技术条件、试验项目、方法等进行规范，下列试验应在所有的换流变压器上进行，但不必依次遵循下述顺序：

(1) 联结组标号检定。

(2) 电压比测量。

(3) 绕组电阻测量。

(4) 绕组连同套管的绝缘电阻、吸收比或极化指数测量。

(5) 铁芯及其相关绝缘的试验。

(6) 绕组绝缘介质损耗及电容测量。

(7) 套管试验。

(8) 空载损耗和空载电流测量。

(9) 负载损耗和短路阻抗测量。

(10) 谐波损耗试验。

(11) 温升试验。

(12) 绝缘油试验。

(13) 雷电冲击全波试验。

(14) 操作冲击试验。

(15) 外施直流电压耐受试验（包括局部放电测量）。

(16) 极性反转试验（包括局部放电测量）。

(17) 阀侧外施交流耐压试验与中性点交流耐压试验（包括局部放电测量）。

(18) 长时交流感应耐压试验（包括局部放电测量）。

(19) 油流带电试验。

(20) 长时间空载试验。

(21) 1h励磁测量。

(22) 套管电流互感器试验。

(23) 有载分接开关动作试验。

（24）油箱机械强度试验。

（25）风扇和油泵电机的吸取功率测量。

（26）所有附件和保护装置的功能控制试验。

（27）辅助回路绝缘试验。

（28）高频阻抗测量。

（29）频率响应特性或低压电抗测量。

7.1.2　试验方法

（1）套管试验。套管制造单位应依照规范 GB 1094.1—2013《电力变压器　第 1 部分：总则》、GB/T 4109—2008《交流电压高于 1000V 的绝缘套管》、GB/T 2376—2013《硫化染料　染色色光和强度的测定》、GB 50150—2016《电气装置安装工程电气设备交接试验标准》、DL/T 596—1996《电力设备预防性试验规程》及 IEC 62199—2004《直流装置套管》的试验项目，对换流变压器的套管进行型式、逐个试验，试验电压可参考标准，并向用户提供试验报告。

1）网侧套管。套管应按 GB/T 4109—2008 的规定进行型式、逐个试验。

2）阀侧绕组套管。套管一般应按 IEC 62199—2004 的规定进行型式、逐个试验，或者在缺乏适合的标准时，应由制造单位与用户就套管的交流和直流试验程序进行协商。

需要注意，试验中应将套管安装于能得到与运行中出现的电气作用强度条件近似或相同的结构件上。

（2）空载损耗和空载电流的测量。在 10%、90%、100%、110% 和 115% 额定电压下进行测量，如果可能还应在 120% 额定电压下测量。试验时，应在换流变压器的主分接位置上进行；读数时应记下所有电压的波形系数。

（3）负载损耗和短路阻抗测量。应在正弦波电流下进行负载损耗试验。为了推测运行条件下的损耗，要求进行两次损耗测量，阻抗电压（主分接）、短路阻抗和负载损耗（主分接、最大、最小分接）。一次是在额定频率下进行（同时应进行低电压下的电抗值测量，向用户提交测量报告），另一次是在不低于 150Hz 的某一频率下进行，然后根据这些测量结果来进行下述计算：

1）推算绕组内、外附加损耗的分布值。

2）推算运行中的负载损耗。

3）短路阻抗和负载损耗应校正到参考温度 80℃时的值。与设计值相比，阻抗允许偏差为±设计值×5%。

损耗测量方法按 GB 1094.1—2013 的规定，令额定频率下的电流值等于额定电流值，频率更高时的电流值为 10% 至 50% 额定电流值。通过这两种频率下的测量，有可能把附加损耗分解为两部分，其中一部分与绕组中的涡流损耗 P_{WE1} 有关，另一部分与结构件中的杂散损耗 P_{SE1} 有关。当绕组电流中的谐波电流大于额定电流的 10% 时，这两部分损耗之间的比值可以假设为常数。

在两次不同频率 f_1 和 f_x 及其对应的电流 I_1 和 I_x 下测得的负载损耗，若以 P_1 和 P_x 表示，则有

$$P_1 = RI_1^2 + P_{WE1} + P_{SE1} \tag{7-1}$$

$$P_{x} = PI_{x}^{2} + (I_{x}/I_{1})^{2}(f_{x}/f_{1})^{2}P_{WE1} + (I_{x}/I_{1})^{2}(f_{x}/f_{1})^{0.8}P_{SE1} \qquad (7-2)$$

用上述两个等式可对两个附加损耗分量 P_{WE1} 和 P_{SE1} 进行估算。使用负载损耗规定的计算规则，可以推算出实际运行时的负载损耗。运行时的总损耗等于空载损耗与推算出运行时的负载损耗之和。

（4）谐波损耗试验与温升试验。

1）谐波损耗试验按 IEC 61378-2-2001《变流变压器　第 2 部分：高压直流（HVDC）用变压器》的要求进行，试验应针对主分接、最大、最小分接进行。

2）温升试验。

在确定换流变压器在运行中，变压器油、绕组和其他金属结构件的温升时，应考虑谐波电流的影响。温升试验按 GB 1094.2—2013《电力变压器第 2 部分：液浸式变压器的温升》、IEC 61378-2-2001 的规定来确定温升特性。

试验目的为：①确定顶层油温升；②确定绕组平均温升；③计算绕组热点温升；④确定附件及外壳的热点温升。

应按 IEC 61378-2 的标准计算总损耗来确定稳态条件下的顶层油温升。如果试验设备受到限制，可以将施加的功率损耗降低至不低于规定值的 80%。试验结束时，应对本试验所确定的温升进行校正。

顶层油温升确定后，用与额定运行条件下的负载损耗等效的 50Hz 正弦试验电流继续进行试验。这种条件应在绕组中持续 1h，在此期间应测量油和冷却介质的温度。试验结束时，应测定绕组的温升。

假设涡流损耗和杂散损耗与电流的平方成正比，绕组涡流损耗与频率的 2 次方成正比，结构件中的杂散损耗与频率的 0.8 次方成正比。涡流损耗和杂散损耗为

$$\Delta P \infty I^{2} \times f^{k} \qquad (7-3)$$

其中，绕组涡流损耗时，$k=2$；杂散损耗时，$k=0.8$。

根据给定的谐波频谱，运行中的总负载损耗可做如下计算

$$P_{N} = I_{LN}^{2}R + P_{WE1}F_{WE} + P_{SE1}F_{SE} \qquad (7-4)$$

其中
$$I_{LN} = \sqrt{\sum_{h=1}^{35} I_{h}^{2}} \ （25 为计算的最高谐波次数）$$

$$F_{WE} = \sum_{h=1}^{25} k_{h}^{2} \times h^{2}$$

$$F_{SE} = \sum_{h=1}^{25} k_{h}^{2} \times h^{0.8}$$

$$k_{h} = \frac{I_{h}}{I_{1}}, h = \frac{f_{h}}{f_{1}}$$

式中：I_{LN} 为绕组运行时负载电流方均根值；I_{h} 为 h 次谐波的电流；I_{1} 为额定电流；k_{h} 为电流 I_{h} 与 I_{1} 的比值；F_{WE} 为绕组涡流损耗附加系数；F_{SE} 为结构件中杂散损耗附加系数；P_{WE1} 为基波频率下的绕组涡流损耗；P_{SE1} 为基波频率下结构件中的杂散损耗。

此等效的试验电流应等于

$$I_{eq} = I_{1} \left(\frac{I_{LN}^{2}R + F_{WE}P_{WE1} + F_{SE}P_{SE1}}{I_{1}^{2}R + P_{WE1} + P_{SE1}} \right)^{0.5} \qquad (7-5)$$

在温升试验前、后及试验中，每隔 4h 应进行油中气体分析试验。气体色谱分析装置对

气体的最小检测值应达到表 7-1 的规定；温升试验前后绝缘油中产气率不应大于表 7-2 的规定；当超过规定时，应与用户协商，采取延长试验时间等方式解决。

进行温升试验时，应采用红外测温仪等设备测量箱壳表面的温度分布。

表 7-1　　　　　　　色谱分析装置对气体的最小检测值　　　　　　单位：μL/L

CO	CO_2	H_2	CH_4	C_2H_6	C_2H_4	C_2H_2
5	10	2	0.1	0.1	0.1	0.1

表 7-2　　　　　　　　　　绝缘油中产气率　　　　　　　　　单位：mL/d

总烃	C_2H_4	C_2H_4/C_2H_6	CO
20	4	<1	120

（5）绝缘油试验。试验项目包括油中含水量、油中溶解气体色谱分析、击穿电压、介质损耗因数、油中颗粒含量测量等。

套管中的绝缘油可不进行试验，但套管制造单位应提供套管中的绝缘油的各项试验报告（包括油中气体色谱分析）。

1）在绝缘油注入前、后，换流变压器制造单位应提供油样的试验报告。现场验收新油时，应按规定进行油样试验。

2）在真空注油并按规定的时间静置以后，应从换流变压器本体的油样阀门中取油样，且至少进行下列试验，并达到以下要求：①击穿电压不小于 70W；②tanδ（90℃）不大于 0.5%；③水分不大于 10mg/L；④油中含气量的体积分数不大于 1%；⑤过滤以后的油中，大于 5μm 的油中颗粒颗粒不多于 2000 个/100mL。

（6）雷电冲击全波试验。雷电冲击试验应按 GB 1094.3—2016《电力变压器　第 3 部分：绝缘水平、绝缘试验和外绝缘空气间隙》、GB/T 10944—2005《电力变压器　第 4 部分：电力变压器和电抗器的雷电冲击和操作试验导则》和 GB/T 16927.2—2013《高电压试验技术　第 2 部分：测量系统》的方法进行试验。

网侧绕组的试验电压应施加于每个端子上，每次试验一个端子。

1）应在绕组的每个端子施加冲击波，其余端子应直接接地。雷电冲击试验电压为试验中通过绕组两端的电压，试验电压值参照标准。

2）如果端子对地的绝缘水平规定值与通过绕组两端的绝缘水平不同时，试验应在绕组的每个端子上进行。可以考虑将绕组非被试端子通过一个适当的电阻接地，此电阻的选择应使受冲击的端子上的对地电压值等于规定值时，绕组两端也能得到所需要的试验电压值。

当绕组对地和绕组两端的雷电冲击水平相同时，只需做 1）中的试验。

对于并非所有端子均通过油箱或箱盖引出的绕组，其雷电冲击试验应由用户与制造单位协商确定。

3）对绕组线端进行雷电冲击截波试验时，截波试验的截断系数应在 0.2～0.3。

4）中性点端子雷电全波冲击试验。当一个绕组的中性点端子具有额定冲击耐受电压时，可由施加于绕组线端的冲击试验来检验。

5）试验时，记录电压和电流的瞬变波形图，并根据这些波形图判断绝缘耐压试验是否合格。

（7）操作冲击试验。当网侧绕组进行操作冲击试验时，应按 GB 1094.3—2016 和 GB/T 1094.4—2005 的试验方法，试验电压参照标准。试验时，应谨慎地选择有载分接开关的分接位置，使阀侧绕组出现的试验电压不超过阀侧绕组的绝缘水平。

当操作冲击试验电压施加于阀侧绕组时，绕组各端子应连接在一起，操作冲击试验电压应施加于绕组与地之间。切记非被试绕组的端子应接地，不要在阀侧绕组两端之间进行操作冲击试验。

（8）外施直流电压耐受试验（包含局部放电测量）。

1）试验温度：在试验中，油温应为 10℃～30℃。

2）试验电压和极性：试验电压参照标准，且为正极性。

3）试验程序。

非被试端子应直接接地。所有套管端子应在试验开始前至少接地 2h，不允许对换流变压器绝缘结构预先施加较低的电压。试验电压应在 1min 内升至规定的水平并保持 120min，此后，电压应在 1min 内降低至零。

在整个外施直流电压耐受试验过程中，应进行局部放电量测量，测量按 GB 1094.3—2016 的有关适用部分进行，测量仪器按 GB/T 7354—2018《高电压试验技术　局部放电测量》的规定。

如果在试验的最后 30min 内，记录到不小于 2000pC 的脉冲数不超过 30 个，且在试验的最后 10min 内，记录到不小于 2000pC 的脉冲数不超过 10 个，此试验结果通过验收，不需要继续进行局部放电试验。如果此条件未满足，可以将试验延长 30min。

延长 30min 的试验只允许进行一次，当在此 30min 内不小于 200pC 的脉冲数不超过 30 个，且在最后 10min 内不小于 2000pC 的脉冲数不超过 10 个，该试验合格。

外施直流耐压试验结束后，应进行充分的放电。否则，绝缘结构件中可能会有相当多的残余电荷，对以后的局部放电量测量可能会有影响。推荐使用能对局部放电进行探测和定位的仪器，特别是能对换流变压器内部的局部放电和试验线路上的局部放电加以区分的仪器。

局部放电测量是非破坏性的试验，当局部放电测量值不合格时，制造单位应进一步采取措施，且与用户进行协商、决定。

（9）极性反转试验。

1）试验温度：在试验中，油温应为 10℃～30℃。

2）试验电压参照标准。

3）试验程序。非被试端子应直接接地。所有套管端子应在试验开始前至少接地 2h，不允许对换流变压器绝缘结构预先施加较低的电压。

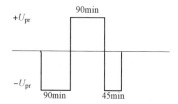

图 7-1　双极性反转试验的
电压变化图

双极性反转试验的电压变化如图 7-1 所示。试验应进行两次极性反转，试验顺序应包括施加负极性电压 90min，然后施加正极性电压 90min，最后再施加负极性电压 45min。每次电压极性反转均应在 1min 内完成。

当电压达到 100% 试验值时，极性反转结束，进行充分的放电。否则，绝缘结构件中可能会有相当多的残余电荷，对以后的局部放电量测量可能会有影响。

整个试验过程中应监视局部放电水平，推荐使用能对局部放电进行探测和定位的仪器，特别是能对换流变压器内部的局部放电和试验线路上的局部放电加以区分的仪器。

局部放电测量应按 GB 1094.3—2003 的有关适用部分进行，测量仪器按 GB/T 7354—2018 的规定使用，应在整个极性反转试验过程中测量局部放电量。

如果在每次极性反转后的 30min 内，记录到不小于 200pC 的脉冲数不超过 30 个，且在每次极性反转的最后 10min 内，记录到不小于 2000pC 的脉冲数不超过 10 个，应认为通过试验。

局部放电测量是非破坏性的试验。当局部放电测量值不合格时，制造单位应进一步采取措施，且与用户进行协商、决定。

（10）阀侧外施交流耐压试验与中性点交流耐压试验。试验电源频率应为 50Hz。试验程序及方法应按 IEC 61378-2-2001、GB 1094.3—2016 和 GB/T 1094.4—2005 等的规定，同时试验电压参照标准的规定。

试验电压应施加在各相应端子连接在一起的每个绕组上，所有非被试端子均应接地。局部放电测量按 GB 1094.3—2016 标准的有关适用部分进行，测量仪器按 GB/T 7354—2018 的规定。试验持续时间为 1h，允许的局部放电量最大值应不超过 300pC。推荐使用能对局部放电进行探测和定位的仪器，特别是能对换流变压器内部的局部放电和试验线路上的局部放电加以区分的仪器。

（11）长时交流感应电压试验。应按 IEC 61378-2-2001、GB 1094.3—2016 和 GB/T 1094.4—2005 等的规定进行试验，试验电压参考标准。

长时感应交流电压试验中，使用预加压电压 U_m，试验持续时间为 1h，允许的局部放电量最大值应不超过 300pC。

在感应电压试验中，要注意用超声探测仪探测单个随机高幅值放电脉冲。如果放电量不小于 2000pC 的放电脉冲数为每分钟超过 1 次，那么换流变压器应在感应电压试验前。

考虑直流电阻测试、直流耐压等直流试验的影响，建议先对换流变压器附加额定频率（50Hz）的 $1.1 \times U_m/\sqrt{3}$ 电压（网侧绕组），进行 1h 励磁的预处理，以充分消除残余的直流电荷。

（12）油流带电试验。启动全部冷却器运转 4h，其间连续测量中性点对地的泄漏电流，在不停泵情况下进行局部放电试验（电压 $1.5U_m/\sqrt{3}$，维持 60min，连续观察并测量局部放电量），放电量不大于 300pC。

若冷却器运转 4h 而中性点对地泄漏电流未达到稳定值，应加长试验时间，达到稳定值为止。

油流带电试验应按有关的要求在试验期间取油样。

（13）长时间交流感应耐压试验。在工频 1.1 倍额定电压下运行 12h 或额定电压下运行 24h，同时启动全部运行的冷却器进行长时间空载试验。其间应无明显的局部放电的声、电信号，试验前后油中溶解气体总烃含量应无明显变化，并且无块。

（14）1h 励磁测量。在完成全部绝缘试验之后，换流变压器还应经受 1h 的励磁测量。其试验条件与原先的空载损耗和激磁电流测量一样。

在 110% 额定电压下保持 1h，在 110% 和 100% 额定电压下测量并记录换流变压器的励磁损耗。最后一次测到的励磁损耗结果应用来评价其损耗保证值。如果这次在额定电压下测到的励磁损耗值超过了早先测到的励磁损耗值的 4%，那么制造单位应与用户协商，对试验结果进行评定。

（15）套管电流互感器试验，应单独进行变比和极性检查、绝缘电阻、测量直流电阻、短时工频耐压试验、校验励磁特性试验。

（16）有载分接开关动作试验。在换流变压器完成装配后，有载分接开关应进行如下的操作试验：

1）换流变压器不励磁，分接开关完成 10 个操作循环（1 个操作循环指从分接范围的一端到另一端，并返回到原始位置）。

2）换流变压器不励磁，在 85％的额定操作电压下完成 1 个操作循环。

3）换流变压器在额定频率和额定电压下，完成 1 个操作循环。

4）负载电流下的有载分接开关动作试验。温升试验后，保持试验电流，操作有载分接开关完成 10 个操作循环，试验结束后，测量换流变压器绕组的直流电阻。

（17）油箱机械强度试验。

1）油箱真空残压试验。油箱中的真空残压应为 13.3Pa 绝对气压或更低，然后应关断通往抽真空装置的阀门。大约 10min 后，测量油箱中的真空残压，且应基本维持不变。

2）油箱压力试验。所有的油箱、焊缝、冷却器以及构成换流变压器所需的其他部件应进行漏油及强度试验（试验时压力释放装置应拆除）。得到用户同意后，检查变压器组装好后进行试验，试验时油箱中注满油，压力不小于 0.1MPa，从油箱顶上加压，在室温下保持 12h。压力试验应在温升试验完成后开始。如果出现渗漏，应在止漏后重新开始试验。

（18）风扇和油泵电机的吸取功率测量，按 GB 1094.1—2013 的规定进行风扇及油泵的功率测量。

所有附件和保护装置的功能控制试验包括冷却装置、继电器、温度计、压力释放器等的功能控制检查和试验，按相关标准执行，提供试验报告。

按各装置标准规定的试验方法校验测量、保护和监测装置。同时，应符合产品技术条件的规定，其误差及变差，均应在产品相应等级的允许误差范围内。

（19）辅助回路绝缘试验。冷却器油泵和风扇电机、有载分接开关的电机传动、信号电路及控制和辅助设备回路导线等用 2500V 绝缘电阻表测量绝缘电阻，应无闪络及击穿现象。

（20）高频阻抗测量。应在用户与制造单位协商的频率范围下测量换流变压器的高频阻抗。典型频率范围为 50～5000Hz，30～50kHz。

（21）频率响应特性或低压电抗测量。用频率响应特性、低压电抗法或其他方法测量换流变压器的绕组结构情况，记录测量结果，作为换流变压器发生短路故障时诊断绕组是否变形的参考。

7.2　型　式　试　验

7.2.1　型式试验项目

型式试验在每种型式换流变压器中的一台产品上进行如下试验：

（1）雷电冲击截波试验。

（2）短时交流感应电压试验。

（3）无线电干扰水平测量。

（4）油流带电试验。

（5）声级测定。

（6）短路试验。

7.2.2　试验方法

（1）雷电冲击截波试验与7.1.2节中"（6）雷电冲击全波试验"一致。

（2）短时交流感应电压试验与7.1.2中"（11）长时交流感应电压试验"一致。

（3）无线电干扰水平测量。现场端部屏蔽条件下，按 CISPR（国际无线电干扰）特别委员会规定进行测量。

（4）声级测定。应在额定电压、额定频率及所有冷却器开启情况下，按 GB/T 1094.10—2003《电力变压器　第10部分：声级测定》规定的测量方法和要求进行测量。

现场交接验收试验中，应在额定工况及所有冷却器开启情况下，参照 GB/T 1094.10—2003 规定的测量方法和要求，测量距离换流变压器轮廓线2m处的噪声水平和敏感地点的实际噪声水平。

7.3　特　殊　试　验

7.3.1　试验项目

如果用户有特殊要求，应进行下列试验，但不必依次遵循下述顺序：

（1）重复的冲击波形（RSO）测量。

（2）短路承受能力试验。

（3）负载损耗和短路阻抗测量（其他分接）。

（4）零序阻抗测量。

（5）负载电流试验。

7.3.2　试验方法

为了验证换流变压器的载流能力，应施加按 GB 1094.1—2013 的规定和式（7-1），式（7-2）计算出的总运行损耗进行负载电流试验。试验持续时间应不少于12h。应通过对油中溶解气体的色谱分析来检测可能出现的过热和异常温度。如果进行了温升试验，则负载电流试验可不必进行。

7.4　交　接　试　验

7.4.1　变压器本体交接试验项目与方法

1. 变压器本体试验项目

变压器本体试验项目见表7-3。

项目名称	变压器本体试验项目	调压补偿变压器试验项目	变压器本体连同调压补偿变压器项目
整体密封检查	▲	▲	
测量绕组连同套管的直流电阻	▲	▲	▲
测量绕组电压比	▲		
测量绕组所有分接头的电压比		▲	▲
检查引出线的极性	▲	▲	▲
测量绕组连同套管的绝缘电阻、吸收比和极化指数	▲	▲	▲
测量绕组连同套管的介质损耗角正切值 tanδ 和电容量	▲	▲	▲
测量绕组连同套管的直流泄漏电流	▲	▲	▲
测量铁芯与夹件的绝缘电阻	▲	▲	
套管试验	▲	▲	
套管式电流互感器	▲	▲	
绝缘油试验	▲	▲	
油中溶解气体色谱分析	▲	▲	
绕组连同套管的外施交流耐压试验			▲
绕组连同套管的长时感应电压试验带局部放电试验	▲	▲	
绕组频率响应特性试验	▲	▲	
低电压下的空载电流	▲	▲	
低电流下的短路阻抗	▲	▲	
额定电压下的冲击合闸试验			▲
检查相位			▲
测量噪声			▲

表 7-3   变压器本体实验项目

2. 变压器本体交接试验方法

（1）整体密封试验。整体密封检查，变压器油箱及储存油柜应能承受在最高油面上施加 0.03MPa 静压力的油密封试验，其试验时间连续 24h，不得有渗漏及损伤。

（2）测量绕组连同套管的直流电阻。

1）测量应在各分接头的所有位置上（如果有）进行，100kV 绕组测试电流不宜大于 2.5A，500kV 绕组测试电流不宜大于 5A，110kV 绕组测试电流不宜大于 20A，测量调变直流电阻时，非测量绕组至少有一端与其他回路断开。

2）应测量母线连接电阻，可用 100A 回路电阻测试仪进行测量。

3）变压器本体、调压补偿变压器的直流电阻，各相测得值的相互差值应小于三相平均值的 2%。

4）变压器本体、调压补偿变压器的直流电阻，与同温下产品例行试验数值比较，相应变化不应大于2%。

5）无励磁调压变压器直流电阻应在分接开关锁定后测量。

6）测量温度以顶层油温为准，不同温度下的电阻值的换算公式为

$$R_2 = R_1 \times (T + t_2)/(T + t_1) \tag{7-6}$$

式中：R_1、R_2分别为在温度t_1、t_2时的电阻值；T为电阻温度常数，铜导线取235。

（3）测量绕组电压比。

1）各相分接的电压比顺序应符合铭牌给出的电压比规律，与铭牌数据相比应无明显差别。

2）额定分接电压比的允许偏差为±0.5%，其他分接电压比的允许偏差为±1%。

（4）检查引出线的极性。必须与变压器铭牌上的标记和油箱上的符号相符。

（5）测量绕组连同套管的绝缘电阻、吸收比和极化指数。

1）使用5000V的绝缘电阻表测量。

2）绝缘电阻值宜不低于例行试验值的70%。

3）测量温度以顶层油温为准，测量通常应在10℃～40℃进行。当测量温度与例行试验时的温度不同时，一般可按式（7-7）换算到相同温度的绝缘电阻值进行比较

$$R_2 = R_1 \times 1.5^{(t_1-t_2)/10} \tag{7-7}$$

吸收比和极化指数不进行温度换算。

4）吸收比不应低于1.3或极化指数不低于1.5，且与制造厂例行试验值进行比较应无明显变化。

5）当绝缘电阻R_{60s}大于1000MΩ，吸收比及极化指数较低时，应根据绕组连同套管的介质损耗角正切值和绕组连同套管的直流泄漏电流等数据进行综合判断。

（6）测量绕组连同套管的介质损耗角正切值tanδ和电容量。

1）测量时非被试绕组短路接地，被试绕组短路接测试仪器试验电压为10kV交流电压。

2）绕组连同套管的介质损耗角正切值tanδ值不应大于例行试验值的130%，电容值与例行试验值相比应无明显变化。

3）测量温度以顶层油温为准，尽量在10℃～40℃时测量，不宜超过50℃。当测量温度与例行试验时的温度不同时，一般可按式（7-8）换算到相同温度的tanδ值进行比较

$$\tan\delta_2 = \tan\delta_1 \times 1.3^{(t_2-t_1)/10} \tag{7-8}$$

式中：$\tan\delta_1$、$\tan\delta_2$分别为在温度t_1、t_2时的介质损耗角正切值。

（7）测量绕组连同套管的直流泄漏电流。

1）测量时非被试绕组短路接地，被试绕组短路施加直流试验电压。

2）试验电压应符合表7-4的规定。当施加试验电压达1min时，在高压侧读取泄漏电流。泄漏电流值不宜超过表7-5的规定值。

3）试验时，试验电压可分为四次逐级升压。每次升压待微安表指示稳定后，再读取泄漏电流值。

表7-4　　　　　　　直流泄漏电流试验电压标准

绕组额定电压/kV	63～330	500	1000
直流试验电压/kV	40	60	60

160

表 7-5　　　　　　　　　　　　　不同温度下直流泄漏电流参考值　　　　　　　　　　单位：μA

绕组电压 /kV	直流试验电压 /kV	10℃	20℃	30℃	40℃	50℃	60℃	70℃	80℃
63～330	40	33	50	74	111	167	250	400	570
500	60	20	30	45	67	100	150	235	330
1000	60	20	30	45	67	100	150	235	330

（8）测量铁芯和夹件的绝缘电阻。

1）使用 2500V 绝缘电阻表进行测量，持续时间为 1min，应无闪络及击穿现象。

2）应测量铁芯对油箱的绝缘电阻，绝缘电阻值与例行试验结果相比应无明显区别。

3）应测量夹件对油箱的绝缘电阻，并测量铁芯与夹件二者间的绝缘电阻，绝缘电阻值与例行试验结果相比应无明显差异。

（9）套管试验按 7.4.4 进行。

（10）套管式电流互感器的试验按 7.4.2 进行。

（11）绝缘油试验按 7.4.7 进行。

（12）油中溶解气体色谱分析。

1）应在变压器注油前、注油后 24h，外施交流耐压试验和局部放电试验 24h 后，冲击合闸后及额定电压运行 24h 后，各进行一次油中溶解气体的色谱分析。

2）试验按 GB/T 7252—2016《变压器油中溶解气体分析和判断导则》有关规定进行。

3）油中溶解气体含量应符合：总烃≤20μL/L，H_2≤10mL/L，C_2H_2＝0，其中总烃是指 CH_4、C_2H_6、C_2H_4 和 C_2H_2 的总和。

4）各次测得的数据应无明显差别，若气体组分含量有增长趋势时，可结合相对产气速率综合分析判断，必要时缩短色谱分析取样周期进行追踪分析。

（13）绕组连同套管的外施交流耐压试验。

1）变压器中性点及 10kV 绕组应进行外施交流耐压试验。

2）试验电压为例行试验电压值的 80%，具体数值见表 7-6，时间为 1min。

表 7-6　　　　　　　　　　　　外施耐压试验电压标准　　　　　　　　　　电压：kV

施压位置	系统标称电压	设备最高电压	例行交流耐受电压	交接交流耐受电压
中性点	1000	1100	140	112
110kV 绕组	110	126	275	220

3）试验电压尽可能接近正弦，试验电压值为测量电压的峰值除以 $\sqrt{2}$，试验时应在高压端监测。

4）试验过程中变压器无异常现象，且试验前后变压器色谱分析结果应无明显差别。

（14）绕组连同套管的长时感应电压试验带局部放电试验。

1）应对本体、调压补偿变压器分别进行局部放电试验，试验前应考虑剩磁的影响。

2）试验方法和判断方法，均按 GB 1094.3—2016 有关规定进行。

3）进行调压补偿变压器局部放电试验时，施加电压的程序应与制造厂例行试验一致；

进行本体局部放电试验时，加压方式与制造厂相同，施加电压应按以下程序进行：

a）在不大于 $U_2/3$ 的电压下接通电源。

b）电压上升到 $1.1U_m/\sqrt{3}$，保持 5min。

c）电压上升到 U_2，保持 5min。

d）电压上升到 U_1，当试验电压频率等于或小于两倍额定频率时，试验持续时间应为 60s，当试验频率超过两倍额定频率时，不少于 15s，试验持续时间为

$$t = 120 \times \frac{f_1}{f_N} \text{ (s)} \tag{7-9}$$

式中：f_1 为额定频率；f_N 为试验频率。

e）试验后电压立刻不间断地降低到 U_2，并至少保持 60min，以便测量局部放电。

f）电压降低到 $1.1U_m/\sqrt{3}$，保持 5min。

g）当电压降低到 $U_2/3$ 以下时，方可断开电源。

进行本体局部放电试验时，$U_m = 1100kV$，对地电压值应为

$$U_1 = 1.5U_m/\sqrt{3}$$
$$U_2 = 1.3U_m/\sqrt{3}$$

局部放电的观察和评估如下：

1）应在所有绕组的线路端子上进行测量。自耦连接的一对绕组的较高电压和较低电压的线路端子应同时测量。

2）接到每个所用端子的测量通道应在该端子与地之间施加重复的脉冲波来校准；这种校准是用来对试验时的读数进行计量的。在变压器任何一个指定端子上测得的视在电荷量是指最高的稳态重复脉冲并经合适的校准而得出的。偶然出现的高幅值局部放电脉冲可以不计入。在每隔任意时间的任何时间段中出现的连续放电电荷量，若不大于技术条件规定值，是可以接受的，只要此局部放电不出现稳定的增长趋势，当局部放电测量过程中出现异常放电脉冲时，增加局部放电超声波监测，并进行综合判断。

3）在施加试验电压的前后，应测量所有测量通道上的背景噪声水平。

4）在电压上升到 U_2 及由 U_2 下降的过程中，应记录可能出现的局部放电起始电压和熄灭电压，应在 $1.1U_m/\sqrt{3}$ 下测量局部放电视在电荷量。

5）电压 U_2 的第一个阶段中应读取并记录一个读数。对该阶段不规定其视在电荷量值。

6）电压 U_1 期间内应读取并记录一个读数。对该阶段不规定其视在电荷量值。

7）电压 U_1 的第二个阶段的整个期间，应连续地观察局部放电水平，并每隔 5min 记录一次。

如果满足下列要求，则试验合格：

1）试验电压不产生突然下降。

2）在 U_2 的长时试验期间，本体 1000kV 端子局部放电量的连续水平应不大于 100pC、500kV 端子的局部放电量的连续水平应不大于 200pC；调压补偿变压器 110kV 端子局部放电量的连续水平应不大于 300pC。

3）在 U_2 下，局部放电不呈现持续增加的趋势，偶然出现较高幅值的脉冲以及明显的外部电晕放电脉冲可以不计入。

4）在 $1.1U_m/\sqrt{3}$ 下，视在电荷量的连续水平应不大于 100pC。

（15）绕组频率响应特性试验。

1）应对变压器各绕组分别进行频率响应特性试验。

2）同一组变压器中各台单相变压器对应绕组的频响特性曲线应基本相同，并且与例行试验结果比较应无明显差别。

（16）低电压下的空载电流。

1）测量变压器在 380V 电压下的空载电流。

2）变压器在 380V 电压下测量的空载电流与例行试验时在相同电压下的测试值相比应无明显变化。

3）同一组变压器中各台单相变压器在 380V 电压下测量的空载电流应无明显差异。

（17）低电压下的短路阻抗。

1）测量变压器在 5A 电流下的短路阻抗。

2）变压器在 5A 电流下测量的短路阻抗与例行试验时在相同电流下的测试值相比应无明显变化。

（18）额定电压下的冲击合闸试验。

1）在额定电压下对变压器进行冲击合闸试验，试验时变压器中性点必须接地，分接位置应置于使用分接上。

2）冲击合闸试验一般进行 5 次，第 1 次冲击合闸后的带电运行时间不少于 30min，其后每次合闸后带电运行时间可逐次缩短，但不应少于 5min。

3）冲击合闸时，应无异常声响等现象，保护装置不应动作。

4）冲击合闸时，可测量励磁涌流及其衰减时间。

5）冲击合闸前后的油色谱分析结果应无明显差别。

（19）相位检查应满足变压器的相位必须与电网相位一致。

（20）测量噪声。

1）变压器满载运行并开启其所需的冷却装置情况下，距变压器本体基准声发射面 2m 处，距调压补偿变压器基准声发射面 0.3m 处的噪声值应不大于合同规定值。

2）测量方法和要求按 GB/T 1094.10—2003《电力变压器 第 10 部分 声级测定》的规定进行。

3）噪声测量使用 I 型声级计。

7.4.2　套管式电流互感器试验项目和方法

1. 套管式电流互感器交接试验项目

（1）绕组的绝缘电阻测量。

（2）二次绕组短时工频耐压试验。

（3）绕组的直流电阻测量。

（4）准确度（误差）测量及极性检查。

（5）励磁特性校验。

2. 套管式电流互感器交接试验方法

（1）绕组的绝缘电阻测量。使用 2500V 绝缘电阻表，二次绕组对地及绕组间的绝缘电阻应大于 1000MΩ。

（2）二次绕组短时工频耐压试验。电流互感器二次绕组之间及对地的工频耐受试验电压应为 3kV（方均根值），试验时间 1min。

（3）绕组的直流电阻测量。

1）二次绕组的直流电阻测量值与换算到同一温度下的出厂值比较，直流电阻相互间的差异不应大于 10%。

2）同型号、同规格、同批次电流互感器二次绕组的直流电阻相互间的差异不宜大于 10%。

3）直流电阻测量应使用电工式电桥，直流电桥准确级不应低于 0.5 级。

（4）准确度（误差）测量及极性检查。

1）用于 GIS 设备关口计量的互感器必须进行误差测量，非关口计量的互感器及变压器、电抗器套管电流互感器可以进行变比测量。

2）用于互感器误差测量的方法必须是互感器检定规程所规定的。

3）极性检查可与误差测量同时进行，也可以采用直流法进行，同时核对各接线端子标识是否正确。

4）对于多变比绕组，可以仅测量其中一个变比的全量限误差，其他变比可以仅复核 $20\%I_r$（I_r 为电气设备额定电流）点的误差。各绕组所有变比必须与铭牌参数相符。

5）误差测量以直接（差值）法为准，如果施加电流达不到规定值，允许采用间接法检测，但是使用间接法的前提条件是用直接法测量 $20\%I_r$ 点的误差。

（5）励磁特性校验。

1）测量级的仪表保安电流、P 级复合误差、暂态保护级的瞬态误差均可通过励磁特性曲线测量进行核验。

2）在互感器的一个二次绕组上施加实际正弦波电压，测量相应的励磁电流，一次绕组开路，测量结果与例行试验结果比较应无明显差别。

3）对于测量级和 P 级电流、电压表采用方均根值表计，对于暂态保护级采用平均值电压表（有效值显示）和峰值电流表进行测量。

7.4.3 接地开关交接试验项目和方法

1. 接地开关交接试验项目
（1）外观检查。
（2）控制及辅助回路的绝缘试验。
（3）机械操作试验。
（4）操动机构试验。

2. 接地开关交接试验方法
（1）外观检查，外观结果应符合技术条件要求。
（2）控制及辅助回路的绝缘试验。

1）耐压试验前，用 1000V 绝缘电阻表测量，绝缘电阻值应大于 2MΩ。

2）控制及辅助回路应耐受工频电压 2000V，时间 1min。耐压试验后的绝缘电阻值不应降低。

（3）机械操作试验。

1）操作试验是保证接地开关在其操动机构规定的电源电压限值范围内，具有规定的操作性能所进行的试验。

2）试验在主回路上无电压和无电流流过的情况下进行，应验证当其操动机构通电时接地开关能正确地分闸和合闸。

3）试验期间，不应进行调整且操作无误。在每次操作循环中，应到达合闸位置和分闸位置，并且有规定的指示和信号。

4）试验后，接地开关的部件不应损坏。

5）如果出厂机械操作试验是在单独的组件上进行的，则在交接试验时，机械操作试验应在装配完整的设备上进行。

（4）操动机构试验。

1）电动操动机构的电动机端子的电压在其额定电压值的 85%～110%，保证接地开关可靠合闸和分闸。

2）二次控制线圈和电磁闭锁装置：当其线圈接线端子的电压在其额定电压值的 80%～110%时保证接地开关可靠合闸或分闸；

3）机械或电气闭锁装置应准确可靠。

7.4.4 1000kV **套管的交接试验项目和方法**

1.1000kV 套管的交接试验项目

（1）油浸式套管。

1）外观检查。

2）测量套管主绝缘的绝缘电阻。

3）末屏小套管和抽压小套管的绝缘电阻测量。

4）10kV 下的介质损耗角正切值 $\tan\delta$ 和电容量。

5）测量末屏对地的介质损耗角正切值 $\tan\delta$。

6）密封试验。

（2）SF₆ 气体绝缘套管。

1）外观检查。

2）测量套管主绝缘的绝缘电阻。

3）SF₆ 套管气体试验。

2.1000kV 套管的交接试验方法

（1）外观检查。套管的瓷套部分应符合 GB/T 772—2005《高压绝缘子瓷件技术条件》的规定；套管的复合外套应符合 IEC 61462—2007《复合空心绝缘子——用于额定电压大于1000V 的电气设备的加压和无压绝缘子 定义、试验方法、验收标准和设计建议》规定。

1）检查套管有无破损，裂纹，划痕，有无渗漏油。

2）大小伞结构的两相邻大（小）伞伞间距应不小于 70mm。

（2）测量套管主绝缘的绝缘电阻。

1）测量主绝缘的绝缘电阻，应使用 5000V 或 2500V 绝缘电阻表。

2）主绝缘的绝缘电阻值应不低于 10000MΩ。

（3）末屏小套管和抽压小套的绝缘电阻测量。

1）测量末屏小套管对法兰的绝缘电阻，应使用 2500V 绝缘电阻表，其绝缘电阻值不应低于 1000MΩ。

2）对有抽压小套管的 1000kV 套管，应测量抽压小套管对法兰的绝缘电阻，测量时使用 2500V 绝缘电阻表，其绝缘电阻值不低于 2000MΩ。

（4）10kV 下的介质损耗角正切值 $\tan\delta$ 和电容量。

1）安装前后，测量变压器、电抗器用套管主绝缘的 $\tan\delta$ 和电容量试验电压为 10kV。

2）油浸式套管的实测电容值与产品铭牌数值相比，其差值应小于 ±5%。

（5）测量末屏对地的介质损耗角正切值 $\tan\delta$。

1）测量末屏对地介质损耗角正切值 $\tan\delta$ 时的试验电压为 2kV，采用反接线进行测量。

2）电压抽头：耐受电压为抽头额定电压的两倍，试验持续时间为 60s。

3）末屏对地的介质损耗角正切值 $\tan\delta$ 应符合技术条件的规定。

4）测量端子、电压抽头的介质损耗角正切值 $\tan\delta$ 应符合技术条件的规定。

（6）密封检查，应对套管油枕、法兰等部位有无渗漏进行仔细检查。

（7）SF_6 套管气体试验。

1）SF_6 水分含量不得大于 250μL/L（20℃体积分数）。

2）定性检漏无泄漏点，有怀疑时应进行定量检漏，年泄漏率应小于 0.5%。

7.4.5　1000kV 避雷器的交接试验项目和方法

1.1000kV 避雷器的交接试验项目

（1）避雷器绝缘电阻测量。

（2）底座绝缘电阻测量。

（3）直流参考电压及 0.75 倍直流参考电压下的泄漏电流试验。

（4）运行电压下的全电流和阻性电流测量。

（5）避雷器监测器检验。

2.1000kV 避雷器的交接试验项目

（1）避雷器绝缘电阻测量。

1）绝缘电阻测量应在避雷器元件上进行。

2）绝缘电阻测量采用 5000V 绝缘电阻表，测得的绝缘电阻不应小于 2500MΩ。

（2）底座绝缘电阻测量采用 2500V 及以上绝缘电阻表，测得的绝缘电阻不应小于 2000MΩ。

（3）直流参考电压及 0.75 倍直流参考电压下泄漏电流试验。

1）试验应在避雷器或避雷器元件上进行。

2）整只避雷器直流 8mA 参考电压值不低于 1114kV，但不得大于电压上限，并记录直流 4mA 参考电压值；如果试验在避雷器元件上进行，整只避雷器直流参考电压等于各元件之和。

3）0.75 倍直流 8mA 参考电压下，避雷器或避雷器元件的漏电流应不大于 200μA。

（4）运行电压下的全电流和阻性电流测量（投运或试投运情况下）。在运行电压下，全电流和阻性电流值不应大于厂家额定值。

（5）避雷器监测器检验。

1）避雷器监测器外观不应有破损，字迹清晰，表针应指向零位，并记录计数器初始次数。

2）测量动作电流下限值。

7.4.6 悬式绝缘子和支柱绝缘子的交接试验项目和方法

1. 悬式绝缘子和支柱绝缘子的交接试验项目

（1）外观检查。

（2）绝缘电阻测量。

（3）交流耐压试验。

2. 悬式绝缘子和支柱绝缘子的交接试验方法

（1）外观检查。逐只进行外观检查，检查结果应符合技术条件的要求。

（2）绝缘电阻测量。

1）采用 2500V 绝缘电阻表测量绝缘子的绝缘电阻。

2）悬式绝缘子的绝缘电阻不应低于 500MΩ，棒式绝缘子不进行此项试验。

（3）交流耐压试验。悬式绝缘子的交流耐压试验电压值为 60kV。

7.4.7 1000kV 充油电气设备中绝缘油的试验项目及标准

当需绝缘油要进行混合时，在混合前，应按混油后的实际使用比例先取油样进行混油试验，其试验结果应满足表 7-7 中序号 7、9、10 的要求。混油后还应按表 7-7 中规定的项目进行绝缘油的试验。

电力变压器和电抗器的绝缘油应在注入设备前和注入设备后分别取油样做试验和分析，其结果均应满足表 7-7 的要求。

表 7-7   绝缘油的试验项目及标准

序号	试验项目	标准	说明
1	外观	透明、无杂质或悬浮物	目测：将油样注入试管冷却至 5℃ 在光线充足的地方观察
2	凝点/℃	符合技术条件	按 GB/T 510—2018《石油产品凝点测定法》进行试验
3	闪点（闭口）/℃	≥140（10、25 号油） ≥135（45 号油）	按 GB/T 261—2021《石油产品闪点测定法》进行试验
4	界面张力（25℃）（mN/m）	≥35	按 GB/T 6541—1986《石油产品对水界面张力测定法（圆环法）》进行试验
5	酸值（mgKOH/g）	≤0.03	按 GB 264—1986《石油产品酸值测定法》或 GB/T 7599—1987《运行中变压器油、汽轮机油酸值测定（BTB）法》进行试验
6	水溶酸性 pH	≥5.4	按 GB/T 7598—2008《运行中变压器油、汽轮机油水溶性酸测定法（比色法）》进行试验

序号	试验项目	标准	说明
7	油中颗粒含量	5～100μm 的颗粒度 ≤1000/100ML 无 100μm 以上颗粒	DL/T 432—2018《油中颗粒污染度测量方法（显微镜对比法）》试验
8	体积电阻率（90℃）/Ω	＞6×10^{10}	按 GB/T 5654—2007《液体绝缘材料工频相对介电常数介质损耗因数和体积电阻率的试验方法》进行试验
9	击穿电压/kV	≥70	按 GB/T 507—2002《绝缘油介电强度测定方法》或 DL/T 429.9—1991《电力系统油质试验方法绝缘油介电强度测量法》进行试验
10	tanδ（90℃）（%）	注入设备前≤0.5 注入设备后≤0.7	按 GB/T 5654—2007《液体绝缘材料工频相对介电常数介质损耗因数和体积电阻率的试验方法》进行试验
11	油中水分含量（mg/L）	≤8	按 GB/T 7600—2014《运行中变压器油水分含量测定法（库仑法）》或 GB/T 7601—2008《运行中变压器油水分测定法（气相色谱法）》进行试验
12	油中含气量（V/V）（%）	≤0.8	按 DL/T 423—2009《绝缘油中的含气量的测试方法（真空法）》或 DL/T 450—1991《绝缘油中含气量的测试方法（二氧化碳洗脱法）》DL/T 703—2015《绝缘油中含气量的气象色谱测定法》进行试验
13	油中溶解气体色谱分析	见表 7-8	按 GB/T 17623—2017《绝缘油中溶解气体组分含量的气相色谱测定方法》、GB/T 7252—2001《变压器油中溶解气体分析和判断导则》和 DL/T 722—2000《变压器油中溶解气体分析和判断导则》的有关要求进行试验

7.5 在 线 监 测

7.5.1 绝缘在线监测

在一次设备侧使用绝缘在线监测单元、零磁通电流电压传感器、IED 数据处理单元，实现对变压器铁芯、避雷器、容性设备的泄漏电流、全电流、阻性电流、介质损耗、雷击次数、母线电压等参数的实时监测。通过绝缘指标、判断设备内部老化、受潮的故障，合理安排停电计划消除故障。

1. 油色谱在线监测

油色谱在线监测是早期发现内部故障的重要手段，它有两种方式：一种是通过油色谱在线监测软件，通过传感器传输油色谱参数，在后台监测油色谱参数；另一种是油化工作人员在设备运行或检修时，使用针筒和瓶子对绝缘油进行采样，然后送回试验室，使用油化试验仪器进行化验。试验项目有油色谱和微水，主要针对 CO_2、CH_4、C_2H_2、C_2H_4、总烃等监测量进行监测，以判断换流变压器、变压器、高压并联电抗器（高抗的）绝缘性能。油色谱在线监测主要有色谱气相法、光生光谱法、阵列式气敏传感器法和红外光谱法等四种方法。如果发现换流变压器或变压器气体含量异常，可采取相应措施予以检修。以变压器本体为例，表 7-8 为油色谱在线监测参数，给出了监测气体种类和标准及测量范围。以上气体含量超标，均会影响绝缘油的绝缘性能，可能导致绝缘油击穿造成设备跳闸事故。如果 H_2 和微水含量超标，则需滤油处理，如果 C_2H_2 气体含量超标，应更换变压器或更换套管。

表 7-8   油色谱在线监测参数表

序号	气体种类	标准，测量范围
1	H_2	≤10，3～3000ppm
2	CH_4	5～7000ppm
3	CO_2	5～30000ppm
4	C_2H_6	5～5000ppm
5	CO	30～25000ppm
6	C_2H_4	5～10000ppm
7	C_2H_2	≤0.1，3～5000ppm
8	可燃气体总量 TDCG（H_2，C_2H_2，C_2H_4，CO，CH_4，C_2H_6）	1～3000ppm
9	总烃气体总量 THC（C_2H_2，C_2H_4，CH_4，C_2H_6）	≤20
10	微水	≤10

2. 局部放电监测

局部放电是导致电气设备绝缘故障的主要原因，虽然没有造成击穿，但能够表征电气设备出现了绝缘劣化，局部放电与电场环境是紧密相关的。局部放电会产生多种类型的现象，包括电现象和非电现象。电现象通常伴随电能损耗以及电荷转移，如电磁辐射、电脉冲；非电现象有发热、发光、产生声波、产生生成物等。

局部放电是反映变压器绝缘状态以及判别变压器绝缘老化程度的主要依据，局部放电特征量可以表征电力变压器内部绝缘老化从而反映变压器的运行情况。按照局部放电产生的现象是否属于电现象，变压器局部放电的检测方法可以分为电气测量法和非电测量法。常见电气测量法有脉冲电流法、特高频检测法、射频检测法，非电测量法主要包括气相色谱法、超声波检测法、光检测法、温度测量法、红外测量法。

7.5.2 附件在线监测

1. SF_6 在线监测

作为当今电力系统最为主流的灭弧介质，当换流站内的 SF_6 充气设备因为各种原因发生故障时，灭弧气室内部会放电产生电弧，通过化学反应分解 SF_6 气体，产生低氟硫化物。通过采用油气分离装置，色谱传感器，SF_6 气体传感器，电压、电流传感器，A/D 转换电路，单片机，RS485 数据接口，智能 IED 监测单元等附件组成在线监测系统的硬件结构，使用光纤将数据通过 IED 单元传输至站控层交换机，后台监控软件与交换机服务器实现通信，实现数据交互。

SF_6 在线监测参数见表 7-9。

表 7-9   **SF_6 在线监测参数表**

监测器室名称	环境温度测量/℃	微水测量范围/ppm	微水要求/ppm	压力/MPa
短路器灭弧气室	−30~60	10~20 000	≤150	0.01~1
其他气室	−30~60	10~20 000	≤250	0.01~1

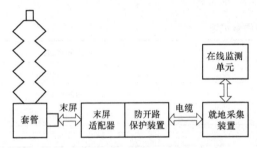

图 7-2 套管在线监测系统原理框图

2. 套管在线监测系统

套管在线监测系统原理框图如图 7-2 所示。硬件系统主要包括安装在高压场地的套管末屏适配器、电缆、就地采集装置、电压采集单元，以及安装在主控室的在线监测单元及综合处理单元等。套管末屏引出后形成两条并联支路：一个经防开路保护装置（正反向并联二极管）直接接地，防止套管运行中末屏失去接地；另一条通过电缆接至就地采集装置后返回套管安装法兰接地，用于采集末屏接地电流信号。

7.5.3 在线监测系统

1. 绝缘在线监测系统

绝缘在线监测模块是系统关键部分，一般安装于被测设备立柱上，使三相传感器模拟信号线路最短，独立完成三相电流信号与电压信号的相位差与幅值测量。它主要由信号输入电路、I/V 信号电路、滤波电路、A/D 变换电路、DSP 信号处理电路、单片机、RS485 总线等部分组成，如图 7-3 所示。此外，受到铁芯本身损耗产生的励磁电流的影响，传感器存在测量误差，利用单片机在传感器二次回路注入电流的办法来补偿励磁电流对传感器造成的测量误差。

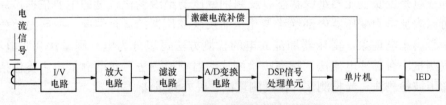

图 7-3 电气绝缘在线检测模块原理图

由于进入 I/V 电路的电流一般在 4~20mA 范围内，电流信号通过零磁通传感器后，需要通过一次侧和二次侧的变比调节，使零磁通互感器的二次侧输出电流符合要求。电流进入 I/V 电路后，将被转换为电压信号。根据 A/D 变换电路模拟输入电压量的范围，从 I/V 电路输出的电压信号在经过放大电路后，模拟信号值被放大。随后，滤波电路中的低通滤波器将模拟信号中的高频谐波滤除，排除了高频谐波的干扰，确保了 A/D 变换电路输入信号的精确性。

A/D 变换电路对模拟信号采样后，经过内部电路实现模数转换，将数字信号传输至 DSP 信号处理器，DSP 信号处理电路对经过 12 位高速 A/D 转换后的信号进行傅里叶变换，取得被测信号的相位和幅值信息。随后，被测信号值传送至单片机中，经处理后控制模拟回路产生励磁电流回送至二次阻抗回路，实现了零磁通互感器的有源补偿，提高了传感器和测量结果的精度。通过单片机处理的数据由 RS485 总线传输至 IED 中。

2. 油色谱在线监测系统

油色谱在线监测系统的输入端是色谱传感器，油色谱在线监测系统的质量和水平受色谱传感器性能影响大，色谱传感器是油色谱在线监测系统的核心和关键环节。表 7-10 展示了变压器故障与色谱传感器采集的对应特征性气体的关系。如图 7-4 所示，油色谱在线监测系统运行时，从变压器本体注油阀获取油样，强制循环装置使变压器中的油进入油气分离装置，通过高效的真空油气分离装置完全分离变压器油中的特征气体。

表 7-10　　　　　　　　　变压器故障和特征性气体关系表

序号	故障性质	特征气体的特
1	一般过热性故障	总烃较高，$C_2H_2 < 5\mu L/L$
2	严重过热性故障	总烃高，$C_2H_2 > 5\mu L/L$，但 C_2H_2 未构成总烃的主要成分，H_2 含量高
3	局部放电	总烃不高，$H_2 > 100\mu L/L$，CH_4 占总烃的主要成分
4	火花放电	总烃不高，$C_2H_2 > 10\mu L/L$，H_2 含量高
5	电弧放电	总烃高，C_2H_2 高并构成主要成分，H_2 含量高

3. 局部放电在线监测系统

当局部放电发生在电抗器或变压器时，能量瞬间释放导致分子之间形成剧烈的碰撞，并伴随着超声波脉冲的产生。局部放电源会持续向外辐射超声波，类似于一个波源。超声波信号在变压器中的传播形式是以球面波形式向周围辐射，其传播路径如图 7-5 所示。吸附在变压器油箱外壁上的传感器可以在超声波信号到达油箱壁时接收到放电产生的超声波信号。传感器在油箱外壁接收到的信号强弱会随着超声波信号传导路径的变化而变化。变压器外壁上信号最强的位置可以通过前期接收超声信号的强弱变化而确定，然后通过电声定位法确定局部放电时产生部位。

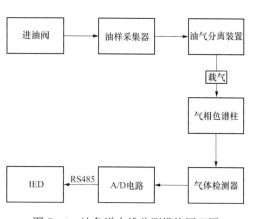

图 7-4　油色谱在线监测模块原理图

图 7-5 所示为超声波在变压器内部的传播路径示意图，局部放电源处于 S 位置，其产生的超声波信号可通过 SA、SCA、SBA 路径传播至 A 处的传感器。SA 路径波形类型为纵波，超声波信号从局部放电源直接传播到 A 处传感器；SCA(SBA) 路径的波类型包括纵波

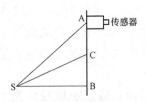

图 7-5 超声波传播路径

和横波，并且衰减严重，超声波信号先以纵波形式传播至 C 或 B 处变压器内壁，再传播至 A 处传感器。油中纵波的传播速度最慢，是采集信号的主要来源，箱壁中横波、纵波速度较快。

该系统使用变压器油阀特高频局放、变压器套管末屏高频局放、变压器铁芯夹件接地线高频局放等不同位置的监测方式，应用波形鉴别、图谱鉴别、极性鉴别等技术，解决换流变套管局放监测中的抗干扰问题；且通过基于深度学习的局放诊断技术的研究，提高在线监测系统局放类型识别的准确性。

4. SF_6 在线监测系统

该在线监测系统需要采集、处理 SF_6 充气设备的 SF_6 气体的温度、压力、露点等 3 个特征量。在 SF_6 一次设备的密度继电器上有专门供充气与离线检测微水含量的自闭封充气阀门。该阀门在正常情况下保持密闭，而安装上专用的接口时，阀门由连接口内的顶针打开，气体会自然导出。在此阀门上安装一个三通阀门，一头和气室相连，一头和 SF_6 在线监测装置相连，一头封闭，用于离线监测气室微水时使用。

SF_6 在线监测模块原理图如图 7-6 所示，SF_6 气体经过采样后，经过露点变送器、压力传感器、温度传感器的测量，将 SF_6 气体的露点（湿度）、气室压力、气室温度转换为电信号，电信号经过 A/D 变换电路后，转换为可见的数字信号，再进入单片机中，将气室在不同温度下的微水值换算为 20℃时的标准值，再通过 RS485 总线传输至 IED 处理单元，形成一条过程层至间隔层的数据传输链。如果运行设备的灭弧气室微水值≥300ppm、其余气室微水值≥500ppm，设备内部可能受潮，绝缘性能受到影响，应当换气；如果压力低于额定压力，代表设备可能存在泄漏，应当补气至额定压力，并执行检漏操作。

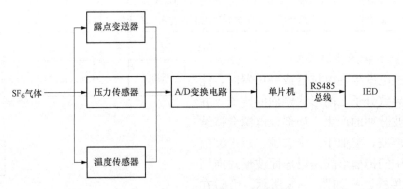

图 7-6 SF_6 在线检测模块原理图

5. 绕组温度检测

如图 7-7 所示，绕组温度检测采用光纤测温系统进行测量，光纤在线测温系统由探头、光缆、辅助固定件和测量仪器组成。它的探头是一种涂在光纤上的氟锗酸镁的磷光材料，尺寸直径小于 1.7mm，该材料具有耐高温、耐化学腐蚀、性能稳定等优点，而且能在长时间内发出按指数衰减的荧光，非常适用工业温度测量。探头和光纤材料在变压器油中能长期工作。光纤外套是由聚四氟乙烯材料制成的特氟纶螺旋状护套，抗折，光纤最小弯曲半径小于 2mm。

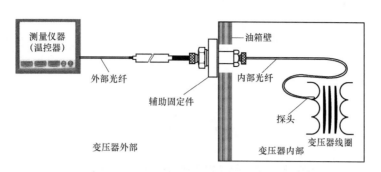

图 7-7　光纤在线测温系统组成

测试仪的自动增益控制器是采用低能发光二极管作为光源，发的光通过光纤到达探头，探头受光后产生荧光反射到自动增益控制器的光电探测器，微处理器及数字信号处理器将返回的荧光强度按照检测温度的形式反映出来。辅助固定件用于安装固定的接头。

超高压电力变压器的温升要求比较严格，表 7-11 为要求的温升限值；超高压电力变压器对过负荷能力的要求见表 7-12。

表 7-11　　　　　　　　　　　　　温　升　限　值

温升类型	单位	温升限值
顶层油温升	K	≤55
绕组平均温升	K	≤60
（连续）绕组热点温升	K	≤65
（短时过负荷）绕组热点温度	℃	≤120
拐角温升	K	≤75

表 7-12　　　　　　　　　　　　　过　负　荷　要　求

序号	允许持续运行时间	过负荷能力（额定负荷的倍数表示）	备用冷却器投切状态	环境温度/℃
1	连续	1.05	未投入（热点 105℃）	≤40
2	2h	1.1	投入（热点 105℃）	≤40
3	2h	1.05	未投入（热点 120℃）	≤40
4	≤3s	1.25	投入（热点 120℃）	≤40
5	≤3s	1.2	未投入（热点 120℃）	≤33

第 8 章

特高压变压器的运维技术

8.1 运行巡检项目

1. 常规巡检项目

(1) 换流变压器无异常声音和明显振动。

(2) 各部温度正常、油位与温度相对应。

(3) 储油柜、有载分接开关储油柜以及套管油位、SF_6压力正常，各部分无渗漏现象。

(4) 呼吸器完好，硅胶无严重变色。

(5) 套管外部无破损裂纹，无放电痕迹及其他异常现象。

(6) 冷却器运行正常，油流指示正常，风扇运行良好。

(7) 有载分接开关调节驱动装置及控制柜加热器投入良好。

(8) 外壳接地，冷却系统接地良好，无腐蚀和锈蚀现象。

(9) 在线滤油装置运行正常。

(10) 消防系统处于良好状态。

(11) 在线气体分析装置运行正常，无报警信号。

(12) 二次端子箱门关严，各标志齐全。

2. 随季节变化，应增加项目

(1) 雪天检查接头处有无水蒸气及冰溜现象。

(2) 大风天检查架空线、母线有无严重舞动及挂落物。

(3) 雨、雾天检查各处无异常放电声，接头有无热气流。

(4) 冬季气温低于 5℃时，带电设备电加热器应投入运行。

(5) 大负荷时，对配电设备接头应进行定期红外测温。

8.2 监控系统

根据上述换流变压器的故障情况以及换流站对状态在线监测的要求，换流变压器状态在线监测的范围主要是油中溶解气体及微水监测，储油柜中绝缘油油位、油温监测，绕组温度监测，铁芯接地电流监测，套管绝缘监测，局部放电监测。确保换流变压器正常运行的主要部件包括绕组、铁芯、绝缘油、冷却器及有载调节器（OLTC）。因此，监控的关键参数包括油纸的绝缘（包括绕组和变压器）、负载和运行状态、OLTC 故障。状态在线监测

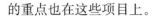

的重点也在这些项目上。

1. 状态在线监测

（1）油中溶解气体监测。目前工程已投入使用的状态监测装置主要为换流变压器气体在线监测装置。换流变压器安装在线气体监测装置是为了提早预测变压器等充油设备电气设备内部故障，对于保障安全供电、防止事故扩大极为重要。

需要测量的气体有氢气、甲烷、乙炔等 8 种，该装置对气体含量报警设置值见表 8 - 1。

表 8 - 1　　　　　　　　　　　　　　气体含量报警设置值

气体	气体含量报警值/μL/L	气体	气体含量报警值/μL/L	气体	气体含量报警值/μL/L	气体	气体含量报警值/μL/L
氢气	50	甲烷	50	乙炔	50	乙烯	50
乙烷	50	一氧化碳	50	二氧化碳	50	氧气	50

该装置的主要特点：

1）取油样的过程是全封闭的，油只在密闭的不锈钢管里流动，从变压器流出再流回变压器。

2）变压器油连续 24h 不间断流过仪器，使得脱出的气体能更好地反映变压器内部的状况。

3）默认状态下每 4h 做一次采样运行。

4）默认状态下每 3 天进行一次校验运行，保证仪器的测量精度。

（2）铁芯接地电流监测。铁芯电流监测技术能够不失真地采集变压器铁芯对地的泄漏电流信号，并通过对电流信号的数据运算和处理，剔除杂波干扰信号，得到实际接地泄漏电流信息，并分析、判断、预测铁芯绝缘的健康状况。通过铁芯接地电流的监测来发现箱体内异物、内部绝缘受潮或损伤、油箱沉积油泥、铁芯多点接地等类型的故障。

铁芯的单点接地能够有效地解决寄存电容，悬浮电位的问题，变压器正常运行仅有毫安级的微量电流通过接地线，一般不会高于 100mA，而一旦发生多点接地，铁芯主磁通周围存在的短路匝内流过的环流会达到几十安培。在线监测系统实时监测变压器的运行，要考虑两种状态下电流存在较大跨度范围的情况。因为没有一款电流传感器能够直接进行测量，选择小电流量程的传感器，在发生异常时会直接烧毁，选择大量程范围的传感器，达不到精确。所以选用电流互感器的输入电流在 0～10A 且线性度为 0.1%，隔离耐压 3kV，通常电流为 0～60A，一次侧与二次侧间的电流变比是 1000：1。

（3）套管绝缘监测。变压器套管绝缘在线监测系统如图 8 - 1 所示，由电压采集单元、保护电路板单元、泄漏电流采集单元等组成。变压器在带电运行情况下流过套管的总电流由有功分量及无功分量两部分组成，泄漏电流采集单元采集总电流，电压采集单元跟踪系统的频率、电压、相角。泄漏电流采集单元及电压采集单元将采集到的信息传给 IED 监测单元进行数据处理计算后得出流经套管总电流的有功分量及无功分量的比值，即套管介质损耗正切角 tanδ，最终通过比较、诊断 tanδ 变化的大小来判断套管绝缘状态的好坏，从而实现套管绝缘状态的在线监测。

变压器套管绝缘在线监测系统的保护电路板如图 8 - 2 所示，由 G1、R1、D1 三个元器

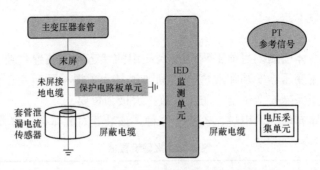

图 8-1 变压器套管绝缘在线监测原理图

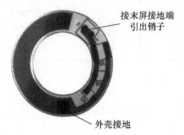

图 8-2 保护电路板

件组成。它与套管末屏电缆并联接于套管末屏，末屏接地电缆接地良好或无损坏时，G1、R1、D1 不导通且绝缘良好，末屏接地电流经末屏接地电缆流到大地。当末屏接地线损坏或者接触不良时，电流无法正常从接地电缆流到大地，此时末屏上电压升高，G1、R1、D1 将根据电压高低，分级导通，将接地电流重新流回大地，从而防止因该末屏接地电缆开路而引发的事故。

保护电路板原理图如图 8-3 所示。G1 为气体放电管，其工作原理是当放电管两极之间施加一定电压时，便在极间产生不均匀电场，在此电场作用下，管内气体开始游离，当外加电压增大到使极间场强超过气体的绝缘强度时，两极之间的间隙将放电击穿，由原来的绝缘状态转化为导电状态，导通后放电管两极之间的电压维持在放电弧道所决定的残压水平，这种残压一般很低，从而使得与放电管并联的电子设备免受过电压的损坏。R1 为压敏电阻，是一种具有非线性伏安特性的电阻器件，主要用于在电路承受过压时进行电压钳位，吸收多余的电流以保护敏感器件，当加在压敏电阻上的电压低于它的阈值时，流过它的电流极小，它相当于一个阻值无穷大的电阻。即相当于一个断开状态的开关；当加在压敏电阻上的电压超过其阈值时，流过它的电流激增，它相当于阻值无穷小的电阻。也就是说，当加在它上面的电压高于其阈值时，它相当于一个闭合状态的开关。D1 为 TVS 管，又称瞬态抑制二极管，是普遍使用的一种新型高效电路保护器件，它具有极快的响应时间（亚纳秒级）和相当高的浪涌吸收能力。当两端经受瞬间的高能量冲击时，TVS 管能以极高的速度把两端间的阻抗值由高阻抗变为低阻抗，以吸收瞬间大电流，把其两端电压钳制在一个预定的数值上，从而保护后面的电路元件不受瞬态高压尖峰脉冲的冲击。

2. 图像监控系统

±800kV 换流站采用了工业电视图像监控系统，它可对换流站电气设备、继电保护小室、站区环境、主控楼、辅控楼以及阀厅进行全方位监控。图像监控系统采用二级组成结构，在换流站主控室设 1 个本地监控中心，且本地监控中心设计了远传功能，可将各换流站本地的相关信息远传至国调进行远程集中监视及控制。图像监控系统可以自动与

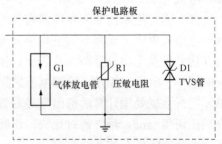

图 8-3 保护电路板原理图

周边防卫系统联动，具备防盗贼入侵报警、摄像追踪记忆功能，能及时、全面地了解变电站发生的情况，保证变电站的安全运行。

8.3　本　体　保　护

换流变压器本体检修项目见表 8-2。

表 8-2　　　　　　　　　　换流变压器本体检修项目

检修项目		检查工艺	质量标准	注意事项
换流变压器本体例行维修	压力释放阀检查	检查压力释放阀密封情况	密封良好，无渗油痕迹	登高作业必须正确使用安全带
		检查压力释放阀信号回路	(1) 信号回路良好。 (2) 手动拉升压力释放阀顶盖中间的机械指示杆至试验位置时，OWS 显示信号正确	
		检查压力释放阀回路绝缘情况	用 1000V 绝缘电阻表测量绝缘电阻不小于1MΩ	测量绝缘时应将控制系统隔离
		检查压力释放阀外观及防雨罩情况	安装正常，无锈蚀，无脱落	
	气体继电器检查	检查气体继电器密封情况	密封良好，无渗油痕迹	
		检查气体继电器信号回路	(1) 信号回路良好。 (2) 手动按下继电器试验按钮，OWS 显示信号正确	
		检查气体继电器回路绝缘情况	用 1000V 绝缘电阻表测量绝缘电阻不小于1MΩ	测量绝缘时应将控制系统隔离
		检查气体继电器外观及防雨罩情况	安装正常，无锈蚀，无脱落	
		检查气体继电器取气装置	阀门关闭，无渗油痕迹	
	储油柜油位及油位计检查	检查储油柜油位	按温度曲线查对油位计，指示正常	
		检查储油柜及连管，油位计密封情况	密封良好，无渗漏油及油位计进水痕迹	
		检查储油柜油位计信号回路	信号回路良好	

检修项目		检查工艺	质量标准	注意事项
换流变压器本体例行维修	储油柜油位及油位计检查	检查储油柜油位计回路绝缘情况	用 1000V 绝缘电阻表测量绝缘电阻，不小于 1MΩ	测量绝缘时应将控制系统隔离
		检查储油柜油位计外观及防雨罩情况	安装正常，无锈蚀，无脱落	
	测温装置检查	检查温度计指示情况	指示正常	
		检查温度计、温控器密封情况	密封良好，无渗漏油及温度计进水痕迹	
		检查温度计、温控器信号回路	(1) 信号回路良好。 (2) 手动拨动指针，OWS 显示信号正确	
		检查温度计、温控器回路绝缘情况	用 1000V 绝缘电阻表测量绝缘电阻不小于 1MΩ	测量绝缘时应将控制系统隔离
		检查温度计、温控器外观及防雨罩情况	安装正常，无锈蚀，无脱落	
	油箱及全部阀门塞子检查	检查本体及分接头油箱是否有渗漏油	整体密封可靠，无渗漏	
		检查各阀门接头密封情况	无渗漏，密封可靠	
		检查各放气、放油塞子	密封圈无老化，渗漏	
	吸湿器检修	将吸湿器从换流变压器上卸下，倒出内部吸附剂，检查玻璃罩，清洁内部，更换密封垫	(1) 玻璃罩清洁完好，密封良好。 (2) 3/4 以上硅胶变色时必须更换	一般在换流变压器温度逐渐升高的情况下更换（比如上午）
		把干燥吸附剂装入吸湿器	(1) 离顶盖留下 1/5 高度空隙。 (2) 新吸附剂呈蓝色	
		下部油封罩内注入清洁换流变压器油，并将罩拧紧	加油至正常油位线能起到呼吸作用	
	接地系统检查	检查本体、附件接地情况	接地无锈蚀，各附件与本体接地线连接良好	
		检查黄绿油漆色标	油漆色标正确清晰	
	金属附件检查及处理	按力矩要求紧固，导线、母线接触良好	按力矩表要求	防止在检修时损坏、刮伤导线、均压环等部件而引起放电
	本体及附件防腐、渗漏点检查、生锈处补漆	(1) 去除锈蚀并进行补漆。 (2) 检查相色漆是否清晰	换流变压器无渗漏、生锈点、补漆合格	

8.4 状态检修及试验

8.4.1 状态维修

状态检修又称预知性检修，它是一种以设备状态为基础，以预测设备状态发展趋势为根据的检修方式。根据对设备的日常检查、定期重点检查、在线状态监测和故障诊断提供的信息，经过分析处理后，判断设备的健康与否和性能劣化状况及其发展趋势，在设备故障发生前有计划地安排检修。这种检修方式可以解决预防性检修所存在的检修不足或检修过剩的问题，可以节约检修费用和资源，并提高设备的可靠性。

8.4.2 状态维修试验

换流变压器例行维修项目见表8-3。

表8-3　　　　　　　　　　换流变压器例行维修项目

序号	检修项目		检修工艺	质量标准	注意事项
1	油套管例行维修	外绝缘检查及清洗	清洁绝缘子套管积尘和污垢，必要时可用清洁剂，然后用清洁水清洗并擦拭干净	绝缘外护套无损伤，表面清洁	
		末屏及接线盒检查	检查末屏接地情况，检查接线盒锈蚀情况	连接良好，接线盒内无潮气水迹	
		渗漏点检查及处理	检查套管连接部位是否有渗漏现象	无渗漏现象	
		油位检查及调整	油位、压力在正常范围内		
2	SF$_6$套管例行维修	外绝缘检查及清扫	清洁套管积尘和污垢，必要时可用中性清洁剂，然后用清洁水清洗并擦拭干净	绝缘外护套无损伤，表面清洁	
		末屏、次屏及接线盒检查	检查末屏接地情况、次末屏接线情况，检查接线盒锈蚀情况	连接良好，接线盒内无潮气水迹	
		SF$_6$压力检查	检查压力无报警，报警信号远传良好	（1）SF$_6$气体密度不允许低于额定压力。（2）带压力指示装置直接读取压力值，或使用经校检合格的表计读取压力值	
		SF$_6$气体泄漏检查	用泄漏检测仪检查套管有无泄漏	密封良好无泄漏	
		SF$_6$气体水分检查	每3年检查一次水分，做微水试验	含水量在规定范围内	

179

序号	检修项目		检修工艺	质量标准	注意事项
3	干式套管例行维修	外绝缘检查及清扫	清洁套管积尘和污垢，必要时可用拧干的抹布擦拭干净	外绝缘无损伤，表面清洁	
		末屏、次末屏及接线盒检查	检查末屏接地情况、次末屏接线情况，检查接线盒锈蚀情况	连接良好，接线盒内无潮气水迹	
		外观检查	检查各处密封，必要时拧紧旋紧螺栓（指阀侧套管）	无渗漏油	
			检查套管是否弯曲变形	无弯曲、无变形、无裂纹、无受潮	
4	有载分接开关例行维修	在线滤油机滤芯检查及更换	记录滤油单元的压力，并注意对比往年读数	如压力值超过3.5×10^5Pa或运行6年时应更换滤芯（MR技术）	
		电动操动机构功能检查及处理	（1）检查电动机情况。（2）检查紧急开关。（3）检查加热器情况。（4）检查传动机构。（5）检查计数器并记录读数。（6）对机构进行润滑。（7）润滑后对机构进行操作，动作情况良好	（1）功能无异常。（2）电动操动机构的外观完好。（3）电动机操动机构无松动。（4）加热器动作正常	
			不施电压时手动操作、就地电动操作、远方电动操作工作正常	（1）手动操作应轻松，必要时力矩表测量，其值不超过制造厂规定。（2）电动操作应无卡涩，无连动现象。（3）电气和机械限位动作正常	
		有载分接开关操动机构箱检查及处理	检查箱柜门的密封和锁扣情况，清理箱柜的透气口	箱柜门的密封和锁扣完好，无进水。箱柜空气流通，油漆完好	
			检查柜内照明情况	打开柜门照明灯应自动接通	
			清洁柜内机械部分，加润滑脂	多触点圆盘开关和位置指示器正确，电动机正常	
			接触器、电动机、传动齿轮、辅助触点、位置指示器、计数器等动作检查	接触器、电动机、传动齿轮、辅助触点、位置指示器、计数器等动作正确灵敏	

序号	检修项目		检修工艺	质量标准	注意事项
4	有载分接开关例行维修	有载分接开关外部轴系检查及处理	（1）拆下水平轴、垂直轴和万向轴护管。 （2）检查水平轴、垂直轴和万向轴连接是否紧固，根据需要添加适量润滑脂。 （3）检查伞齿轮盒是否稳固，内部轴承有无锈蚀，根据需要添加适量润滑脂。 （4）操作分接开关，传动轴系应无卡涩现象	（1）水平轴、垂直轴和万向轴连接紧固。 （2）伞齿轮盒稳固，内部轴承无锈蚀，密封良好。 （3）操作分接开关过程中，传动轴承应无异常声响	
		油流继电器功能检查	检查油流继电器密封情况	密封良好，无渗油痕迹	
			检查油流继电器信号回路	（1）信号回路良好。 （2）手动按下继电器试验按钮，OWS显示信号正确	
			检查油流继电器回路绝缘情况	用1000V绝缘电阻表测量绝缘电阻不小于1MΩ	测量绝缘时应将控制系统隔离
			检查油流继电器外观及防雨罩情况	安装正常，弹簧无锈蚀，无脱落	
			检查油流继电器至储油柜间油管与水平面倾斜度	油流继电器至储油柜间油管与水平面倾斜度至少2%（1m长对应0.02m高）	
		压力释放阀检查	同本体		
		气体继电器检查	同本体		
		储油柜油位及油位计检查	同本体		
		测温装置检查	同本体		

序号	检修项目		检修工艺	质量标准	注意事项
5	换流变压器冷却器例行维修	风扇检查	检查风扇叶片与导风洞间隙	应无相互摩擦	
			检查风扇电动机绝缘情况	用500V绝缘电阻表检查电动机绝缘电阻应不小于0.5MΩ	
			检查风扇电动机运转情况，无反转现象	运转平稳无杂音	
		风冷却器维修	清扫冷却表面，用高压水喷枪或0.1MPa压缩空气对冷却器管束进行清扫	冷却器管束间洁净无积灰、虫草等杂物	冲洗时与冷却器灌输保持90°
		油泵检查	检查油泵密封情况	密封良好无渗油	
			检查油泵出口油流继电器指示，开始油泵进行试验	油泵开始动油流继电器应指向蓝色区域，指针无抖动	
			检查油泵运转情况	应运转平稳无杂音，5年更换一次轴承	
			检查油泵电动机绝缘情况	用500V绝缘电阻表检查点击绝缘电阻应不小于0.5MΩ	
		冷却器总控箱检查	对冷却器总控制箱进行内部清扫	无积灰、虫草等杂物	
			对总控制箱内各接线端子连接线、接线螺栓进行检查	连接导线无发热、烧焦，接线端子无松动	
			检查安全开关工作情况	安全开关工作正常	
		蝶阀位置检查	检查蝶阀位置、功能是否正常	位置、功能正常	
		连接部件检查	检查连接部件	连接螺栓紧固，无松动	
6	在线监测装置例行维修		阀门位置检查	位置正确	
			连接部件及载气装置检查	无渗漏油，载气装置压力正常	

序号	检修项目		检修工艺	质量标准	注意事项
7	换流变压器附件更换	更换本体压力释放阀	（1）将滤油机等需要的工具运至工作现场。 （2）工作人员爬上变压器，检查泄漏点。确定是密封圈滑漏还是压力释放阀本身故障。 （3）将滤油机的进油管接到本体注油阀上。 （4）接通滤油机电源，检查相序是否正确，不正确需要调整。 （5）打开换流变压器注油阀，同时启动滤油机，排油大约 50L，停止滤油机，并关闭滤油机出油管上出油口处的阀门。 （6）用绳子将滤油机出油管提到换流变压器储油阀相连。 （7）在换流变压器顶部滤油阀门上安装一个压力表。 （8）将储油柜与本体之间的阀门关闭。 （9）启动滤油机，将换流变压器本体中的油抽到储油柜中去，同时密切注意压力表的读数。 （10）当压力表的读数为零时，停止滤油机。 （11）关闭换流变压器顶部滤油阀门并拆除压力表，然后稍微打开该阀门，检查是否有油流出来。当发现有油流出来时启动滤油机，没有油流出来时停止滤油机。同时关闭本体注油阀、储油柜排油阀和换流变压器顶部滤油阀门。 （12）对照图纸，断开压力释放阀信号电源。 （13）打开压力释放阀接线盒，解开接线。 （14）拆下压力释放阀，安装新的压力释放阀和密封圈。 （15）按照标记，恢复接线，然后恢复压力释放阀信号电源。 （16）通过压力释放阀试验把手进行功能检查。 （17）缓慢打开储油柜与本体之间的阀门来对本体进行注油。 （18）关闭储油柜与本体之间的阀门，并松开呼吸器与储油柜相连的管道。 （19）将氮气瓶与管道相连，通过氮气瓶对储油柜气囊加压（压力为 1.2×10^5 Pa 左右）。 （20）打开储油柜上的排气阀对储油柜进行排气。 （21）当排气阀中有油流出来时关闭排气阀，并关闭氮气瓶出气阀门，拆除氮气瓶。 （22）恢复呼吸器与储油柜相连的管道。 （23）打开本体与储油柜之间的阀门。 （24）从气体继电器取气样阀门对气体继电器进行排气。 （25）检查所有阀门在正常运行位置。 （26）清理工作现场	（1）做好二次接线标识及断复引记录。 （2）按力矩要求紧固螺栓。 （3）更换后，压力释放阀无漏油现象。 （4）更换后，压力释放阀功能试验正常	采取措施防止螺栓、螺母等零部件掉入油箱

序号	检修项目	检修工艺	质量标准	注意事项
7	换流变压器附件更换	更换在线滤油机滤芯	（1）关闭滤油机的进出油阀门。 （2）将排油软管连接到排油阀门上，并打开泄压阀和排油阀进行排油。 （3）排干油后，松开顶部螺母，取下滤油机外罩。 （4）松开杆轴上的螺栓，取下弹簧和压板，用抹布将油拭擦干净。 （5）将旧的过滤网取下，将新的过滤网套在杆轴上，再套上压板、弹簧和螺栓。 （6）更换密封圈。 （7）将螺栓紧固直到压紧过滤网为止。 （8）装好滤油机壳体，紧固顶部螺母。 （9）对过滤器进行注油，打开在线滤油机的进出油阀。 （10）当泄压阀中有油流出来时，装上泄压阀。 （11）打开泄压阀排气。 （12）启动在线滤油机，检查压力表读数是否正常。 （13）清理工作现场	（1）关闭滤油机的进出油阀门。 （2）更换滤芯后，在线滤油机无漏油现象。 （3）启动在线滤油机，工作正常。 （4）压力表读数正常	
		更换冷却器风扇及其电动机	（1）在冷却器控制柜中断开电动机电源，把安全开关锁定在"断开"位置上。 （2）松开保护罩上的螺栓，并取下保护罩。 （3）松开风扇叶片毂上的螺栓和垫片，取下风扇叶片和轴承。 （4）从电动机接线盒中拆下接线电缆并做好标识。 （5）松开电动机与支架之间的螺栓，拆除电动机。 （6）对风扇和电动机的安装，按照与上面相反的步骤进行。 （7）先安装电动机，但此时螺栓并不紧固到位。 （8）按照先前做好的标识把接线盒电缆接好并做好密封。 （9）把风扇轴承安装到电动机轴承上时，对轴承和螺栓进行防腐蚀处理（涂上黄油）。 （10）安装风扇叶片，用手摆动叶片，检查能否正常转动。如果叶片与外壳接触，通过安装螺栓的间隙来调整。 （11）用力矩扳手将螺栓紧固到位。 （12）安装保护罩。 （13）清理工作现场	（1）从电动机接线盒中拆下接线电缆时做好标识及断复引记录。 （2）风扇、电动机恢复时，按力矩要求紧固螺栓。 （3）更换后，冷却器风扇及其电动机功能试验正常	注意在风扇、电动机起吊时不要毁坏风扇外壳
		更换气体继电器	（1）拆除气体继电器的防雨罩。 （2）关闭气体继电器进（出）油阀门。 （3）查看图纸，断开气体继电器信号电源。	（1）做好二次接线标识及断复引记录。 （2）按力矩要求紧固螺栓。	

序号	检修项目	检修工艺	质量标准	注意事项
7	换流变压器附件更换	更换气体继电器	（4）拆除信号线。 （5）松开取气样连接管接头。 （6）拆除旧气体继电器，并安装新的气体继电器。 （7）在管接头上缠上生料带，重新安装取气样连接管。 （8）按照标记恢复信号线。 （9）打开气体继电器进油阀门。 （10）打开取气样阀门（上部和下部），排气，关闭取气样阀门（下部）。 （11）将油迹擦干净，静放一段时间，检查是否有渗漏。 （12）恢复防雨罩。 （13）清理工作现场	（3）更换后，气体继电器无漏油现象。 （4）更换后，气体继电器功能试验正常	
		更换冷却器潜油泵	（1）对照图纸，断开潜油泵电源。 （2）打开潜油泵接线盒，解开电源线。 （3）将该组冷却器的进出油阀门关闭。 （4）打开底部排油阀和顶部排气阀，进行排油。 （5）通过在其他排油阀上连接一个透明软管，监视油位。 （6）当油位低于油泵底部时，停止排油。 （7）拆下潜油泵，并安装新的潜油泵。 （8）按照标记，恢复电源接线。 （9）打开进油阀，让储油柜的油流入冷却器。 （10）关闭用于监视冷却器油位的阀门，并拆除透明软管。 （11）打开冷却器出油阀门（冷却器底部），当冷却器顶部排气阀门有油流出来时关闭排气阀门。 （12）打开冷却器进油阀门，并检查所有阀门在正常运行位置。 （13）启动潜油泵，检查其旋转良好，无摩擦、振动、杂音。 （14）清理工作现场	（1）从电动机接线盒中拆下接线电缆时做好标识及断复引记录。 （2）按力矩要求紧固螺栓。 （3）更换后，潜油泵无漏油现象。 （4）更换后，潜油泵功能试验正常	
		更换在线气体分析装置	（1）对照图纸，断开在线气体分析装置交流电源。 （2）关闭在线气体分析装置进（出）油阀门。 （3）取下在线气体分析装置防护罩。 （4）拆除电源线和信号线并做好标记。 （5）拆下在线气体分析装置。 （6）安装新的在线气体分析装置。 （7）对该装置进行排气。 （8）按照标记，恢复接线。 （9）恢复交流电源。 （10）检查控制系统和操作面板信号是否一致，必要时进行调节。 （11）装置运行正常后，恢复防护罩。 （12）清理工作现场	（1）做好二次接线标识及断复引记录。 （2）按力矩要求紧固螺栓。 （3）更换后，在线气体分析装置无漏油现象。 （4）更换后，在线气体分析装置功能试验正常	

序号	检修项目		检修工艺	质量标准	注意事项
8	换流变压器抽真空和真空注油	排油	(1) 打开平衡储油柜胶囊内外压力的旁通阀，拆除呼吸器，连接干燥空气发生器。 (2) 利用真空滤油机排出冷却器、储油柜和油箱内的绝缘油。排油管道从下部排油阀接入。 (3) 在排油过程中使用干燥空气发生器从呼吸器法兰处向油箱内充入露点低于−45℃的干燥空气	现场应每天检测1次干燥空气露点。正式充气前，应开启机器至少30min	(1) 本体和开关应通过不同的滤油机排油，两者的油应分开排出、分开处理，不得混淆。 (2) 干燥空气露点测试应合格，干燥空气发生器检测应合格。 (3) 用 6mm² 黄绿接地线做好油罐、滤油机、干燥空气发生器的接地
		油处理	(1) 根据换流变压器油量准备容量足够的油罐，其中2个留空用于倒罐过滤。 (2) 滤油保证每罐至少3遍，3遍结束后进行油样检测，合格后等待回注换流变压器内	油指标应满足：击穿电压 U≥60kV；含水量不大于 10μg/g，含气量不大于1%，介质损耗 tanδ%（90℃）<0.5%；色谱分析不含乙炔；直径大于 5μm 的颗粒度小于 1000 个/100mL（或根据厂家技术说明书）。其他性能符合有关标准	排油前检查所有储油罐的密封和清洁程度，对油罐进行清洗
		抽真空	(1) 换流变压器各处阀门在各种状态下的开关状态请参见阀铭牌图，储油柜在抽真空和真空注油时按储油柜使用说明书。 (2) 抽真空前关闭开关滤油机阀门、储油柜注放油及排气阀门，打开其他所有组、部件与换流变压器本体的连接阀门。 (3) 对本体抽真空前，对抽真空管道进行单独抽真空，确认管道的密封情况。 (4) 检查真空裂、真空管路及换流变压器各处阀门状态及各密封面，确认无误后，启动真空机组。待真空机组运转正常后，打开真空机组的真空阀门。 (5) 从油箱顶部和呼吸器连管对本体油箱和冷却器同时抽真空。	(1) 在开始抽真空至 25Pa 之间，每 30min 记录 1 次；在 25Pa 以下，每 1h 记录 1 次。	(1) 抽真空及注油应在无雨和无雾，湿度不大于65%的天气进行。 (2) 抽真空前拆下呼吸器、气体继电器。对本体和开关同时抽真空时应拆下本体和开关呼吸器。 (3) 注意平衡储油柜胶囊内外压力的旁通阀在开启状态。

续表

序号	检修项目	检修工艺	质量标准	注意事项
8	换流变压器抽真空和真空注油	抽真空	（6）抽真空的最初 1h，当主体内残压降到 20kPa 时，检查各部位，如无异常情况，可继续提高真空度至残压不大于 100Pa。 （7）当真空度小于 100Pa 后关闭抽真空时可能有泄漏，应检查阀门，测量泄漏率。方法是：停止抽真空 1h 后读取真空表读数 P_1；30min 后再读取麦氏真空计值 P_2。要求 $P_2-P_1 \leqslant 32Pa$（西变技术，沈变要求停止抽真空 1h 后读取麦氏真空计值 P_1），60min 后再读取麦氏真空计值 P_2，$P_2-P_1 \leqslant 13.5Pa$。 （8）泄漏率测试合格后，继续抽真空至 25Pa，保持 48h（西门子技术）	（2）在抽真空过程中，真空度上升缓慢或压力泄漏大于要求值时，说明可能有泄漏，应检查有关管路和换流变压器上各组件安装部位的密封处，若发现泄漏要及时处理。检查泄漏位置的参考方法为详细倾听连接处是否有进气的声音，有声音处即为泄漏部位	（4）麦氏真空计使用不当将会使水银污染器身，读取真空值前应关闭工装上的阀门。 （5）冷却器的 4 个连通阀需正常打开，否则会造成阀门损坏或冷却器的变形
		真空注油	（1）在真空注油前，将使用的油经真空滤油机进行脱水、脱气和过滤处理合格。 （2）在真空注油时按储油柜使用说明书进行。 （图） 1）打开阀门 B、E，其他阀门关闭，按上图装好真空泵、滤油机等设备，按抽真空规定抽真空。打开阀门 H 注油。 2）当注油至储油柜油位表 50% 位置时关闭阀门 H，继续抽真空 2h 以上。 3）关闭阀门 B 及真空泵，并拆除真空泵。 4）打开放气塞通过法兰 A 向胶囊充干燥空气，并缓慢加压（最大不超过 0.01MPa），使胶囊鼓起至放气塞有油溢出，关闭放气塞。 5）回装吸湿器及各管接头盖板。 6）通过阀门 D 或 H 放油或补油，调整至正常油位	（1）油指标应满足：击穿电压 $U \geqslant 60kV$；含水量不大于 $10\mu g/g$；含气量不大于 1%，介质损耗 $\tan\delta\%(90℃) < 0.5\%$；色谱分析不含乙炔；大于 $5\mu m$ 的颗粒度小于 1000 个/100mL（或按厂家技术说明书）；其他性能符合有关标准。 （2）注入产品的油速应控制在 3000～4000L/h，油温控制在 $(65\pm5)℃$。 （3）注入自备油时需与本体油做混油试验	注油前，应排尽注油管道内的空气

序号	检修项目		检修工艺	质量标准	注意事项
8	换流变压器抽真空和真空注油	热油循环	（1）为消除安装过程中器身绝缘表面的受潮，必须进行热油循环。 （2）热油循环采用滤油机对换流变压器进行长轴对角热油循环。油流方向：主体→阀门1→真空滤油油机→阀门2→主体	（1）油箱中油温度维持在 50℃～60℃，达到此温度后，循环时间不少于 72h，总循环油量达到全部油量的 3～4 倍。 （2）热油循环结束的标志是油质。在循环结束时取样化验，应满足真空注油规定的标准。否则仍应继续进行热油循环，直至达到标准为止。 （3）注入产品的油速应控制在 3000～4000L/h，油温控制在（65±5）℃	
		整体密封性试验	（1）热油循环后静置24h，待油温降至环温后，开始进行整体密封性试验。 （2）关闭储油柜顶部用于平衡隔膜袋内外压力的阀门。利用储油柜呼吸器管路向隔膜袋内缓慢充入氮气并打开储油柜顶部放气孔，直至储油柜顶部放气孔溢油为止。 （3）拧紧放气塞，继续充干燥空气至30kPa	（1）试验持续时间为24h。 （2）换流变压器应无泄漏情况	
		静置	静置过程中每隔12h打开套管升高座、冷却器及连管、开关、气体继电器排气管等上部的放气塞进行放气，待油溢出时关闭塞子	换流变压器静放120h以上	

8.4.3 特高压变压器检修与安装

必须严格控制从现场运输至检修基地过程。运输的控制要求与产品出厂运至换流站、变电站现场过程中一致，具体要求如下（以运输换流变为例）。

（1）为确保安全，相迎车辆需要靠边停驻，并严禁后面的车辆超车。通过困难路段（空中路障、桥涵等）行车速度为3～5km/h，应事先采用技术措施，包括调整左右液压悬挂行程、降低挂车高度、改变三角支撑、改用手动控制转向，降低车速等。

（2）车辆起步、停车要慢，严禁急刹车，运输途中需要均速运行。临时停车时后方50m外设置警车闪烁警灯，20m处设停车牌和相关标志。

（3）通行城镇选择车流量少的道路，进行必要的封道，做好排障，尽量避免停车，转弯时速度控制在 3km/h 以下。

（4）起吊主体时，必须吊挂所有主吊挂（具体参见产品外形图），吊绳与垂线夹角不大于 30°，各吊绳长度应相等且受力均等。主体吊起时要保持平稳和不倾斜。支撑起主体时，所有千斤顶支架（具体参见产品外形图）要同时受力，各千斤顶的升降要同步，速度要均匀。

检修大厅外工作主要是指换流变压器设备及附件运达检修基地直至进入检修大厅前的各项工作，主要包括以下方面：换流变压器到检修基地现场检查工作需要对运至检修基地的换流变压器设备情况进行检查。检查换流变压器主体在运输车上的位置与冲击记录仪的冲击情况记录，当主体在运输车上有较大位移或冲击记录纵向、垂直、横向某个方向超过规定时，要拍照并立即报告与运输部门进行交涉，了解运输中出现的情况，核实是否对换流变压器主体造成了影响。

换流变压器运至检修基地后，应立即通知换流变压器业主单位派人到现场进行共同检查、交接和验收，以下为检查验收内容：

（1）按铭牌和铭牌图纸及有关资料，核对产品与合同是否相符。

（2）根据换流变压器业主单位提供的资料表格核对所提供的资料图纸是否齐全。

（3）按换流变压器业主单位提供装箱单检查换流变压器拆卸运输件是否齐全，在运输过程中有无损伤或丢失情况。

（4）检查油箱中的氮气压力，通常在常温下应当为正压力（具体压力值参照各换流变压器生产厂家规定），如果压力为零，应查明原因，产品可能受潮，应进一步检查。

当运到的待检修换流变压器立即开展吊罩检修工作，则不需要进行储存，如短时间内不开展该换流变压器设备检修工作需要进行存放的，检修换流变压器储存工作有：

（1）要检查油箱中的氮气压力，通常在常温下应当为正压力，如果压力为零，应查明原因，产品可能受潮，应进一步检查。

（2）化验箱底残油，含水量＜30ppm，箱内氮气压力为正压时，可充氮储存 3 个月，否则不能充氮储存，当器身可能受潮时，有待进一步检查。

（3）充氮储存时，油箱内氮气压力应保持在 10～20kPa，补充的氮气纯度为 99.99％以上，露点应低于 40℃。

（4）充氮储存时，每天要检查一次箱内氮气压力，当氮气压力低于 10kPa 时，要进行补加氮气。如果氮气压力下降较快时，说明有非正常的渗漏，要及时找出渗透漏点并处理。

（5）充氮运输的换流变压器，如储存期超过 3 个月或箱底残油油质低于 DL/T 1706—2017《超高压直流输电换流变压器运行油质量》标准规定时，均要注油储存。注油储存要安装储油柜，并将箱盖上的盖板打开，从下节油箱上的油门注油使氮气从上部排出，油注至正常油面。所注油质为：含水量小于 10ppm，含气量 ζ＜1％，90℃时介质损耗 $\tan\delta$％＜0.5％。排出储油面上的气体。注油前应将箱底残油放净。残油经处理合格后仍可注入油箱中。

（6）拆卸的零件要放在库房中储存，对于温度计、继电器、油泵、套管等电器元件必须放在干燥、通风良好的库房中存放；带油运输的组件，如果装有电流互感器的升高座等，仍应充油储存，并要经常巡视是否有渗漏情况。

运至检修基地的换流变压器设备及附件需要进行清洁等工作，运行多年或故障换流变压器表面污染较为严重，还由于换流变压器设备及附件运输过程中的尘土等附着在换流变压器本体及附件表面，如直接进入检修大厅内开展工作会破坏检修大厅的洁净度要求；对开展换流变压器内部检修造成不利影响，应在检修大厅外应设立清洗区域对换流变压器及其附件进行清洗作业；对待检的换流变压器及其附件运至指定位置通过压缩空气或高压水枪进行清洗，注意对含油污水的收集和处理要符合检修基地所在地的排放要求。

检修大厅内工作主要是指对换流变压器进行吊罩及吊罩之后的检修工作。检修大厅内开展换流变压器检修的检修工作流程主要包括以下几个部分。

（1）换流变压器的检查及解体工作。

1）如换流变压器为封焊式结构，要先打开油箱顶部法兰或阀门。

2）采用碳弧气刨枪将封焊焊缝进行剔除。

3）采用行车将箱盖吊走，如有焊缝未剔除可用砂轮或扁铲进行剔除。

（2）换流变压器器身解体检查工作。

1）吊罩排油。解除真空并移除油箱箱盖，如图 8-4 所示，同时将箱底残油放净。

2）吊器身及器身检查。如图 8-5 所示为吊出换流变压器器身图。将上端引线与铜排打开，同时拆掉定位装置并将器身起吊工装安装好，如无器身放置台则需在放置器身区域准备铺设好塑料薄膜，以便调出换流变压器器身后置于塑料薄膜上。使用行车将换流变压器器身置于塑料薄膜上）。对整体器身进行检查，查找故障原因，如有异常则进行记录并分析原因，如无异常则继续下一步检查工作。

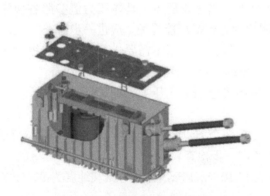

图 8-4　移除油箱箱盖示意图

图 8-5　吊出换流变压器
器身图（未脱油）

图 8-6　换流变压器有载
开关引线

3）器身脱油清洁。换流变压器器身进入气相干燥炉中脱油处理，经过脱油，煤油蒸汽洗去了器身上的换流变压器油，使器身恢复到和没有浸油前一样，恢复绝缘材料的扩散系数，可有效提高产品的干燥速度和干燥的彻底性。脱油处理还可将残存在绝缘中的老化物质、泥污、杂质等清洗掉，便于开展检修工作下一步。

4）拆除绝缘出线装置，断开连接引线。拆除套管出线绝缘筒：在出线焊接位置脱开连接线，取下后用塑料薄膜妥善保管。如图 8-6 所示为换流变压器有载开关引线图，对有载分接开关连接引线、绝缘支架进行拆卸，并检查引线接头质量。

5）拆除上铁轭，如图8-7所示。用绑带将上铁轭收紧，后用多个小型千斤顶将夹件和线圈顶开，将撑紧垫块取出，拆除上支撑件和夹件。在器身安装架上放置硅钢片放置工装以便于摆放拆除的铁芯片。用行车将拆除的铁芯片连同硅钢片放置工装从器身安装架上转移到检修大厅地面放好，并用塑料布封盖，移至专门存放地点按要求存放。拆除上铁轭的主要步骤如下：

a. 拆除柱Ⅱ线圈与上铁轭之间的绝缘垫块。

b. 拆下套管引线的两个绝缘纸筒。

c. 用干净白布覆盖柱Ⅰ、柱Ⅱ线圈上部，再用塑料薄膜包裹四个芯柱，防止拆卸上铁轭时异物和灰尘进入线圈内部。

d. 在柱Ⅰ、柱Ⅱ线圈上部放一层纸板，用长条形垫块将铁轭顶死。

e. 每侧装设两个千斤顶，起临时支撑作用。

f. 用四根拉紧带将上铁轭捆绑，防止铁芯片移位和松散。

g. 用三条绑带将上夹件捆绑。

h. 拆除阀侧绝缘支架和上夹件的连接板，拆除铁芯和夹件的接地出线。

i. 拆除上夹件四周的固定螺栓。

j. 拆除夹件上梁以及上拉带、下拉带。

k. 交错打入"H"型专用卡子嵌入铁轭中，间距200～300mm，拆除上夹件。

l. 铁芯片逐步拆除，并整齐叠装摆放好。

6）吊出要更换绕组，如图8-8所示为吊装线圈图。首先拆掉压圈，从上端检查线圈，查找故障原因，如有异常则进行记录并分析原因，拆除位于线圈外面的纸筒后，使用专用吊具由外至内分别吊出阀侧、网侧线圈。在所有线圈都吊出后，仔细检查线圈与铁芯之间的纸筒和芯柱静电屏的情况。

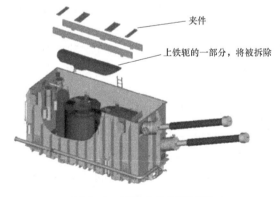

图8-7　拆除上铁轭示意图

图8-8　吊装线圈图

（3）换流变压器器身解体工艺控制工作应注意：

1）解体前，用塑料布将三相下端绝缘围住，防止操作时间过长，潮气进入器身。

2）在松器身压紧装置前，应先测量器身压紧的尺寸，并详细记录，以便在后期总装时进行比对。

3）拆卸夹件前，做好上压板上所有防护和覆盖，防止异物掉入器身。引线支架采用临时固定措施，防止损坏。

4）当引线不允许采用剪断方式分离而采用加热方式脱开时，不允许用水冷却，防止集中受潮。

5）网侧调压绕组器身脱出前，应用尼龙绳将开关固定在吊架上先进行起吊，起吊时做好防护，防止损坏支架。

6）网侧线圈脱出时，注意保护芯柱静电屏和成型筒，避免造成不要损坏。

7）拆卸围屏和油隙条、上下端绝缘时，应做好相应标识，以便安装时回装。并且要仔细检查和认真清理，防止金属异物落入器身，仔细检查后用塑料布包裹两层，放入专用存放间可靠保存，防止受潮。

8）所有金属结构件和硅钢片拆下后用塑料布盖好，并存放在专用存放间保存，防止受潮生锈。

9）绝缘件拆下后，用塑料布包裹两层，防止受潮。

10）线圈拆除后，将高压绕组、调压绕组器身和铁芯全部清理干净，如不能及时进入气相干燥进行干燥工艺，应临时回套在铁芯上，罩箱，抽真空或注入干燥空气保存。

在进行解体检查并更换故障部件后，将进行换流变压器的装配工作。

变压器总装配是将经气相干燥处理合格，再经压缩、紧固和锁紧处理好的器身，装入已经预装配的油箱，盖上预装配好的箱盖，装好开关以及变压器全部组件，最后输出能抽真空、注油的变压器。

若换流变压器采用充氮运输，应按照拆卸运输图拆除箱盖上充氮装置，排出氮气。进入油箱时要注意安全，若氧气含量未达到18%，人员不得进入油箱。从开始排出氮气到换流变压器安装完毕，整体抽真空的这段时间应按下要求控制：

1）相对湿度不大于65%时，不得超过10h。

2）相对湿度不大于75%时，不得超过8h。

安装前，凡是与油接触的金属或瓷绝缘表面均应用白布擦拭，直到白布看不见脏物和杂质颗粒。套管的导管、冷却器、散热器的框架、连管等与油接触的管道内表面，必须用钢丝球包白布来回擦，直到白布上不见脏色。应十分仔细处理每个密封面，法兰连接面应平整，清洁，以保证不渗漏。所有大小法兰密封面或密封槽，在安装密封垫前，均应清除锈迹和其他脏物，并用白布蘸无水乙醇将密封面擦拭干净，直到白布上不见脏色。所有现场安装的密封垫圈，凡存在变形、扭曲、裂纹、毛刺、失效、不耐油等缺陷，一律不能使用，以保证密封面光滑平整。密封垫应擦拭干净，安装位置正确。密封垫的尺寸应与密封面或密封槽尺寸相配合，尺寸过大或过小的密封垫都不能使用。圆密封圈其搭接处直径必须与密封圈直径相同，应保证在整个圆周面或平面上均匀受压，密封圈的压缩量应控制在正常（实际情况）的1/3范围之内。对于无密封槽的法兰，密封垫必须用胶粘在有效的密封面上，如果在螺栓紧固后发现密封垫未处于有效密封面上，应松开螺栓扶正。同时，安装前还应检查以下内容：

1）铁芯。

a. 检查铁芯应无变形，铁轭与夹件间的绝缘垫应良好。

b. 检查铁芯应无多点接地。

c. 检查铁芯外引出接地的变压器，拆开接地后铁芯对地绝缘应良好。

d. 打开夹件与铁轭接地片后，铁芯与夹件间的绝缘应良好。

e. 打开铁芯屏蔽接地引线，检查屏蔽接地良好。

f. 打开夹件与绕组钢压板的连线，检查压力绝缘应良好。

g. 铁芯拉板及铁轭拉带应紧固，绝缘应良好。

2）绕组。

a. 绕组绝缘层应完好，无缺损，移动现象。

b. 各绕组应排列整齐，间隙均匀，油路无堵塞。

c. 绕组的压力应紧固，防松螺母应锁紧。

d. 绝缘围屏绑扎牢固，围屏上所有的绕组引出封闭应良好。

e. 引出线的绝缘包扎牢固，无破损，拧弯现象，引出线绝缘距离应合格，固定牢靠其固定支架应牢固。引出线裸露部分应无毛刺或尖角，焊接应良好。引出线与套管连接应牢靠，接线正确。

组装场地上铺有干净的塑料布后，组装旁柱绝缘，然后用行车吊装于铁芯旁柱。安装磁分路，安装前检查磁分路上、下面方向应正确，用磁分路吊具吊磁分路于下夹件上，注意放置平稳符合图样要求。放置铁轭绝缘及钢拉带绝缘，装前检查铁轭绝缘高度，如果高度超出图样要求，用压板压平进入烘房干燥处理，使下铁轭绝缘高度符合图样要求。围芯柱绝缘和器身绝缘、套装线圈：首先将线圈吊起一定高度，在内部纸筒上打蜡，弯直线圈出头。将线圈吊起套入铁芯，套时在铁芯上端围 1mm 厚纸板将线圈引入，依次套好各线圈。安装器身上部绝缘，依次由内至外吊装各个线圈绕组及柱上铁轭绝缘，安装上压板、绝缘屏蔽板、芯柱绝缘纸板、铁轭绝缘及磁分路。

吊装上夹件及线圈压紧，装好器身上部压紧横梁工装并用螺杆与铁芯下的压紧横梁相连，同时将千斤顶通过液压连管与电动液压泵连接好，加压到尺寸。镶上铁轭片，装好夹件油道、绝缘等。镶片完毕安装上铁轭朝上部拉紧钢带，拆除工装，并将上铁轭夹紧。全面清理器身，在操作过程中要时刻注意保持器身清洁。

屏蔽管预包绝缘，检查各屏蔽管表面光洁、无毛刺，管内、外没有金属异物，按图样要求包扎。在器身上安装各引线支架，并根据图样所示走线路径和尺寸要求，在支架上量取各引线长度。按图样规定的规格和量得的长度，正确选择铜绞线下料，按要求的厚度包足绝缘，绝缘接包部位，包成锥度，锥度长为单边绝缘厚度的 7~10 倍。安装屏蔽管，包扎绝缘并紧固引线支架。检查绝缘距离符合图样要求。

干燥处理在气相干燥中进行，干燥处理后器身暴露大气的时间从干燥罐开盖开始计时，直至器身下箱后箱盖封闭（油箱上各法兰开口用盖板或塑料布封闭）并充入干燥空气截止，其时间小于 4h，且附件必须在 16h 内安装完成，可直接抽真空注油。若超出上述时间必须进行表面干燥处理。器身经气相干燥处理之后，绝缘收缩，紧固件松动，因此器身必须在整理完毕后才能下油箱。器身出炉后应进行一次全面的检查工作，上装配架前清点所带工具，严禁携带金属物品，如手表、戒指、项链、钥匙和服装上的金属纽扣等，在确认器身及各缝道中没有任何遗留物及其他问题之后，方可开始整理工作。

器身整理过程：器身出炉吊至器身整理架内，距地面高度 1m 左右用万用表检测双框是否导通，应确认为通路。松掉高压侧下铁轭（夹件）拉紧部件上的并帽，用液压工装再压紧锁固，并进行器身压紧。箱盖准备好后将箱盖放在支撑架上，使箱盖离地面 700mm，用压缩空气清理螺孔，然后将螺杆安装到对应螺孔上。按要求安装储油柜主管路。油箱准备：清理油箱内部，按油箱装配图安装油箱底部的夹件绝缘及定位座绝缘。

安装油箱上蝶阀，安装后开关蝶阀应无异常。其他阀门、盖板、吊攀、梯子等视工作状况进行装配。按图样进行框架、冷却器等装配。装配时注意阀门方向及开关方向应正确，密封可靠。器身引线完毕进行预下箱：将器身吊入油箱，下落时注意勿碰撞引线和器身。检查器身与油箱定位顶紧装置，并根据情况进行调整。吊装箱盖，检查器身与油箱定位顶紧装置，并根据情况进行调整。箱盖与箱沿配合良好。预下箱完毕，箱底绝缘需随器身一起干燥处理。

图 8-9　换流变压器装配图

器身预装，主要步骤：先将器身用专用吊梁吊起，进行器身水平调节，之后吊入油箱。测量并调整换流变压器对套管升高座处的绝缘件位置进行测量和调整。盖上油箱盖，对网侧套管升高座处的绝缘件的位置进行调整。换流变压器转移到入炉专用气垫车托架，拆卸专用吊梁后，去掉包裹器身的塑料布，并把其他的绝缘成型件一同放到气垫托架上。如图 8-9 所示为换流变压器装配图。

在器身表面干燥及整理结束后进行器身下箱：再次清理油箱，箱盖开孔用塑料布封盖。器身下落时应保证出线绝缘不碰油箱，通过油箱上部、出线法兰孔，器身下落时，油箱与器身不相碰。当器身即将落到位，进入油箱内两侧的人员观察器身下夹件的定位轴是否对准箱底的定位碗，对准后放下器身。再次检查引线、出头及铁芯对箱壁的距离无误后，吊装箱盖，箱沿密封胶条不得错位。安装箱顶顶紧定位装置等，保证定位可靠。然后立即将油箱所有的开口用盖板或塑料布封住，并充入干燥空气，以上工作必须在 2h 内完成。

安装高压出线装置（升高座）：将起吊升高座缓慢吊往油箱出线法兰孔处，并将已连接好的高压出线穿入升高座，将升高座按图样要求角度撬装固定。

打开油枕检修孔盖板将气装装进油枕，直达油枕底部，用干燥空气或氮气充入气囊，直到气囊充满为止。

冷却器的安装步骤如下：

1）分离式冷却器的安装。

a. 安装前需将支架联管上盖板和冷却器联管上相应的盖板拆下，将端口的污物用洁净的抹布擦拭干净。

b. 将冷却器放在垫有木板的地面上，在冷却器端部（有放油塞的一端）应垫橡胶垫或其他隔离层，防止冷却器在起立时与地面磕碰而损伤。

c. 检查冷却器在运输过程中应无损坏，密封完好。

d. 按照厂家规定的编号顺序起吊，对于直立式冷却器从专用吊孔处采用两点起吊的方法起吊。

e. 打开冷却器下部放油塞，放掉内部残油后再拧紧。

f. 拆除冷却器临时盖板，将冷却器安装到支架上，紧固螺栓后再拆除吊绳（有序地紧固冷却器上、下法兰连接，确保密封良好）。

g. 将油泵安装在冷却器油路管上。

h. 当冷却器为水平方向安装时，从专用吊孔处采用四点起吊，吊装时，应保持平稳、水平。

2）组合式冷却器安装。

a. 安装前需将支架汇流联管上盖板和本体汇流联管对应的盖板拆下，将端口的油用洁净的抹布擦拭干净。

b. 采用平衡调节方法吊装组合冷却器，汇流管法兰结合面应平行接触。

总装完成后还应开展以下检查工作：

1）确认操纵杆正确进入安装位置，检查三或两相指示位置是否一致，检查合格后方可操作，装上旬位螺钉及防雨罩。

2）操作机构中的传动机构、电动机、传动齿轮和传动杆应固定牢固，连接位置正确，且操作灵活，无卡现象；传动机构的摩擦部分应涂抹以适合当地气候条件的润滑剂。

3）开关的触头及连接线性能完好无损，接触良好，限流电阻应完好无断裂现象。

4）切换装置在极限位置时，机械连锁与极限开关的电器连锁动作应正确。

5）应检查开关动作程序，正反转偏差不大于 3/4 圈，单向开关联动时同步不大于 3/4 圈。

6）有载开关油室应清洁，油室应做密封试验，确定油室密封良好后同本体同时真空注油。

7）对有载开关的安装应注意水平轴和垂直轴的配装，应注意开关头部法兰密封。

试验大厅内的换流变压器总装过程如下：

1）套管安装。全面清洁套管，准备好套管吊具和安装工具。将套管缓慢放入升高座内，将套管连接到升高座上并撬紧。

2）真空装置安装和连接。安装注油管、抽空管、接麦氏计（真空表）等。这些工作在不影响安装附件的条件下，可与其同时进行。

3）真空注油。在换流变压器及变压器整个安装过程中，必须保证有连续不断的干燥空气注入变压器油箱，以防止器身受潮使杂质进入油箱。严防杂物、污物、灰尘带入变压器油箱，所有与油箱连接部件的连接面，所有组件、零件装入油箱的部分，在装箱前必须清理干净。所有零件安装完毕后，按照相同电压等级的换流变压器注油方法及要求进行真空注油。

首先对油箱抽真空之前，应单抽管道的真空，以检查真空系统本身实际能达到的真空度。在对油箱抽真空时，应随时检查有无渗漏，为便于听到泄漏声响，必要时可暂停真空泵，进行查找。抽真空试漏合格后进行真空注油，油应符合要求。注油结束对换流变压器静放、放气。注入变压器的绝缘油必须符合 GB 2536—2011《电工流体　变压器和开关用的未使用过的矿物绝缘油》条件。

（1）击穿电压不小于 60kV。

（2）含水量不大于 10ppm。

（3）90℃介质损耗不大于 0.5%。

（4）不含 PCB 成分。

（5）油中颗粒度含量：大于 $2\mu m$ 且小于 $100\mu m$ 的颗粒度含量不超过 10000 个/L，其中大于等于 $100\mu m$ 的颗粒度不超过 10 个/L。

（6）达到规定的油面高度后，静放时间不得少于 72h，然后才能进行试验。

8.5 特高压变压器的更换

8.5.1 特高压变压器更换前准备

特高压变压器由很多部分组成，更换器件过程中需要用到其他设备辅助，所以在更换前要准备相应设备。

（1）起吊设备的准备。现场进行绕组更换需要准备吊车，根据需要选择合适的设备，如只进行一次更换可选用吊车等临时起吊设备，如需多次更换绕组工作，可安装行吊或龙门吊（如图 8-10 所示），因为绕组较重，需要额定载重量较重的设备，可根据现场实际情况进行。由于 EFPH8554 型换流变压器有多台需要进行绕组更换，而现场所采用的检修间是可活动的屋顶，现场安装了龙门吊以供后续使用，龙门吊最大载重 50t。

（2）绕组吊具如图 8-11 的准备。绕组的拆除和安装需要专用的吊装工具，绕组吊具由交叉横梁、竖直伸臂、爪子组成。四个伸臂内圆可以调节从而适应不同大小的绕组，爪子也是可以伸缩的，根据绕组厚度的不同调节。在绕组吊装前先将吊具清洗干净，并对其生锈的部位除锈，防止杂物、锈迹掉进变压器，对变压器造成重大危害。

图8-10 龙门吊

图8-11 绕组吊具

（3）放置铁芯硅钢片的拍子。根据具体的变压器硅钢片尺寸制作存放铁芯硅钢片的拍子，此次换流变压器检修所用的拍子为长方形用，放置在钢梁上，将铁芯硅钢片拆除后放置其上，然后将拍子和硅钢片吊出存放。

（4）干燥空气发生器的准备。在换流变压器箱体开盖后，要用干燥空气发生器从换流变压器箱底吹入合格的干燥空气，要求干燥空气的露点在 $-55℃$ 以下。

由于绕组更换工作时变压器内部结构暴露在空气中，必须在严格的湿度环境下进行工作，环境湿度必须保持在 60% 以下（室内可用空调和除湿机控制室内环境湿度），如果需要换流变压器箱体暴露在室外，应选择晴好、无风、湿度低于 60％ 的天气进行绕组更换工作。

换流变压器在开箱期间要严格控制换流变压器检修间的洁净度，换流变压器检修间应只有一个出入口，其他出入口应封闭，出入口应配置换衣间，用于进入换流变压器检修间前的衣物更换整理，进入换流变压器检修间要穿鞋套、穿工作服，不得携带其他任何与工作无关的物品。进入箱体工作应穿干净的防油服装，穿干净的防滑雨鞋，进入换流变压器箱内的工器具都应进行记录，同时有防跌落措施，工作完成后对工器具进行清点。

8.5.2　特高压变压器箱内附件的拆除

绕组更换前要拆除箱内的各个附件，包括绝缘支架、引出线、夹件及铁芯的部件。由于换流变压器箱内附件较多，所有的附件拆除过程中都要进行编号，并妥善存放。

（1）安全措施，进入箱体内的人员应做好安全防护措施，与工作无关的物品禁止带入换流变压器箱体内，带入箱内的工器具等物品应严格做好登记和清点，换流变压器暴露在外部环境（检修间顶棚打开）的过程应严格做好记录（包括时间、湿度、温度等数据），尽量缩短打开顶棚的时间，以便日后对换流变压器修复工作的评估。

（2）箱内绝缘件及引出线的拆除，箱内有各种各样的绝缘件和引出线，在拆除过程中一定要对照设计图纸一步一步拆除，不得野蛮操作造成绝缘部件的损坏，绝缘部件及引出线应放置在垫高的木板或其他垫高的材料上，绝缘件应用塑料纸包裹好，有条件应进行塑封，保证其不受潮。

8.5.3　绕组更换

换流变压器的更换主要是更换绕组，本节主要介绍绕组的更换。旧绕组拆除前要将绕组上部的压板和外绝缘拆除，拆除的压板按顺序编号后妥善保存，拆除的压板应存放在干净的白布上；拆除绕组外层绝缘纸板，拆除导油道撑条，如此反复直到绕组外层绝缘全部拆除完成，按顺序将绝缘纸板和导油道撑条妥善放置。

旧绕组拆除工艺：

（1）使用木槌从绕组底部沿圆周将楔子逐个打入绕组底部，将绕组撑起，直到绕组专用吊具爪能够插入绕组。

（2）调整绕组专用吊具与绕组直径接近，将绕组专用吊具插入绕组底部。

（3）使用收紧器分别从绕组上部和绕组下部将绕组专用吊具和绕组固定，绕组与专用吊具之间竖直伸臂放置清洁的纸板。

（4）匀速起吊绕组，吊出箱体后放置在事先预备好的清洁塑料布上面。

（5）对更换下来的绕组进行直流电阻测试，数据存档。

新绕组安装工艺：

（1）确保新绕组如图 8-12 得到妥善保存，直流电阻

导油道撑条　　绝缘纸板

绕组线圈

图 8-12　绕组结构示意图

数据与设计相符。

（2）使用专用吊具将新绕组吊起，使用收紧器分别从绕组上部和绕组下部将绕组专用吊具和绕组固定，绕组与专用吊具之间放置清洁的纸板。

（3）新绕组吊进箱体，套入铁芯（或内层绕组），确保绕组接线头方向与原绕组一致。

（4）绕组底部使用楔子撑起绕组，方便绕组专用吊具取出。

（5）绕组安装到位，取出专用吊具，逐个取出楔子。

箱内附件的回装是其拆除的逆向过程，回装过程中检查所有附件是否合格，如有破损、老化等问题应更换新的。

8.6 特高压变压器的现场干燥处理

1. 前期的抽真空干燥

前期抽真空到高真空并且保持比较长的时间，可以将变压器绝缘表面还有浅层的水分抽出来，由此以达到干燥绝缘的目的。在连续抽真空 4.5h 后，真空度就可以达到 0.31Mbar，这时罗茨泵启动并与真空泵一起工作。开启真空系统还有换流变压器连接阀门，再经过 19h，真空度就会由 0.5Mbar 抽至 0.19Mbar。

2. 热油循环的干燥

注油的阶段将储油罐中的变压器油注入滤油机（温度为 60℃）和加油器（温度设为 80℃），经过过滤后，再将其注入换流变压器油箱，此时换流变压器油箱的流速率应调到 6000～6200L/h。然后滤油机启动真空泡沫、脱水、脱气功能，管道内的变压器油通过滤油机滤网、精滤网以及换流变压器入口滤网构成的三级滤网进行过滤。在经过 18.5h 后，换流变压器油箱内的油就已经淹没换流变压器绕组端上部绝缘压板，油量大约是 105kL。在注油的过程中会逐步缓慢解除换流变压器油箱真空。

3. 升温的阶段

升温的方式与注油阶段的方式完全相同，它一共耗 12.5h，滤油循环的总量为 77.5kL。

4. 保温的阶段

它的第 1 阶段耗时 11.5h，滤油循环的总量为 71.3kL，这时退出滤油机由加热器单独进行保温和加热 6.5h；第 2 个阶段耗时 18h，循环油量为 630kL。在热油循环结束后，把换流变压器内的热油经过滤油机排回储油罐，再将滤油机投入真空，脱气、脱水以及粗精滤网，同时让加热器对换流变油箱内的热油进行保温。在排油结束以后，油箱里面温度保持在 74℃。

5. 热油喷淋的干燥

热油喷淋一共耗时 138h，在这一段时间中，喷淋的温度在 90℃的时间是 16h，喷淋温度在 110℃的时间为 122h。加热器的出、入口温度分别设置为 115℃和 105℃，加热的功率（1 组或 2 组加热单元投入）还有流量（35～15kL）可以自动调节。

换流变压器油箱中的 4 个温度传感器的平均的温度是 105～109℃，换流变压器内部的温度可以看作基本恒定并且是均匀的。

此次热油喷淋只是投入真空泵（1 级真空）对换流变压器真空度进行调节和控制。通过控制真空泵中的 Pos31、Pos65 这 2 个阀门的开启角度或状态来改变或保持换流变压器油箱内真空的压力。伴随着油箱内部真空压力不断的下降，油箱的温度也会相应减少，这时，可以通过调整加热器的加热单元组数和流量，保持温度的恒定。根据油箱中真空压力的保持情况，热油喷淋过程大致可以分为四个阶段：第一阶段，89000～41300Pa，真空压力较高，抽水量不多，仅 14.8mL/h。第二阶段，4200～9600Pa，随着压力的降低，抽水量上升得非常快，为 194mL/h。第三阶段，4630～2490Pa，抽水量仍然比较高，为 136mL/h。第四阶段，2435～2145Pa，抽水量非常的低，为 8.7mL/h。由此可知，经过这四个阶段的热油喷淋，换流变压器的水分被蒸发和抽出，与此同时第四阶段的 Pos52 处露点稳定在 $-8.7℃$ 到 $-3.4℃$，这个数据说明，此时的换流变压器绝缘的水分蒸发已经基本上停止，热油喷淋干燥这一阶段已可以结束。

6. 热油喷淋后的抽真空干燥

热油喷淋后的抽真空干燥时，真空泵以及罗茨泵都投入工作构成二级真空，伴随着油箱内的真空压力的逐步减小，油箱中绝缘纸的出水量和露点也逐步降低，65～71h 的真空压力降低到极限，并且维持在 0.17Mbar，露点也是维持在 $-50℃$ 左右，并且不再有水分被抽出，这就标志着抽真空干燥阶段结束同时也标志着此次的换流变压器检修的干燥处理结束。

8.7 基于设备全生命周期管理的特高压变压器运维技术

8.7.1 特高压变压器运维技术特点与研究方法

1. 变电运维技术特点

变电运维是根据上级调度控制机构对变电设备进行停、送电操作或倒换运行方式等进行的倒闸操作；根据上级管理规范的要求，对变电站（开关站）进行变电设备及变电站（开关站）内的各种设施进行维护管理。电力系统属于一个非常复杂的系统，组成部分非常多，涉及的电压等级多，变电站性质各异，输变电设备设施所处环境复杂，由此变电运维技术具有以下特点：一是需要进行检查维修的设备多，种类也多；二是变电运维工作的难度较大，并且比较枯燥乏味；三是变电设备出现故障的概率较大，维护的工作量较大，并且不易实现集中管理；四是变电运维管理对相关管理人员的素质要求较高。

2. 运维技术的研究方法

特高压直流输电工程由于其复杂性以及重要性，电网公司必须构建高效和强大的管理部门，统一管理和规划电网公司各个部门的工作和任务。结合电网公司当前业务特点，使用 "5W1H" 分析法，针对性地分析和梳理各个部门职责、合同类别、合同管理程序体系、日常性工作流程等，明确了工作改进方向，有效提升了管理效率和业务能力。

"5W1H" 方法也称六何分析法。该法主要从 Why（为什么）、What（是什么）、Where（在哪里）、When（在何时）、Who（谁负责）和 How（如何实施）六个方面提出问题并进行思考，广泛用于电网公司经营、问题解决和改进工作等方面。

（1）Why（W）：明确为什么要进行特高压直流运维技术的研究，了解研究的目的、意义与重要性，只有明确为什么研究，才能抓准重点要点，更有针对性的高效进行特高压直流运维技术的研究。

（2）What（W）：明确特高压直流运维技术主要进行哪些方面的研究，确定特高压直流运维技术研究的方向和主题。

（3）Who（W）：明确是谁从事特高压直流运维的工作，确定特高压直流运维技术研究的对象是哪些设备，以及涉及的人为因素。

（4）When（W）：明确何时从事何种工作，何时完成。

（5）Where（W）：明确在何处开展工作。

（6）How（H）：制定计划，确定应该如何完成研究工作，采用什么方法完成。

以上几个分析点环环相扣，因果联系非常密切，可以阐述为：在何种原因下（Why）何人（Who）在何时（When）何地（Where）从事何种事情（What），为实现目标应该采取何种（How）方法措施做到。

8.7.2 特高压变压器缺陷分类与故障处理方法

1. 变电运维产生故障的主要原因

电力系统中的变电运维容易出现故障，故障发生的主要原因包括两个方面，即人为因素和客观因素。

（1）人为因素。电力系统中的变电运维出现故障的主要原因是人为因素，主要体现在：变电运维管理人员的安全管理意识比较薄弱，对变电运维管理的重视程度不足，导致相关的管理活动不规范、监督不到位，影响变电运维的质量；也有部分电力企业未将完善有效的管理制度落到实处，并且相关的工作考核机制执行不力，各项管理制度的可行性较差，导致各项管理混乱；电力企业对相关的防范体系的建设不到位。

（2）客观因素。首先，电气设备长期连续运转，使得设备和线路更易老化，导致设备的使用性能下降，从而引发故障；其次，随着用电量的不断增加，电气设备和线路承担的负荷越来越高，如果在日常运行管理中不注意对其进行管理，更容易导致输变电设备受损，产生故障，影响变电运行的质量和效率；在次雷电、狂风暴雨、泥石流、地震等极端天气或地质灾害容易对电力系统造成破坏，导致供电中断。

2. 变电运维故障处理方法

（1）对于线路开关跳闸故障的处理方法。当线路开关出现跳闸故障时，首先，运维人员应到现场核实出现故障跳闸开关的实际位置；其次，查看、打印该故障的动作报告和故障录波，并将初步检查结果上报当值调度。再到现场检查包括开关、电流互感器、避雷器等在内的所有变电设备，并将检查结果上报当值调度；最后，根据当值调控命令，或试送、强送，或转冷备用待检查检修。

（2）对于主变压器三侧开关跳闸故障的处理方法。在各保护都正确动作的前提下，如果发生主变压器三侧断路器同时跳闸故障，可能有三种原因：一是主变压器本体（有载）重瓦斯保护动作；二是主变压器差动保护动作；三是主变压器零序过电压（间隙过电流）保护动作。当主变压器本体（有载）重瓦斯保护动作时，变电运维人员应重点检查主变压器本体油箱有无严重漏油现象；检查压力释放阀、呼吸器，查看是否有喷油现象；最后再对二次回路进行检查，以判断开关跳闸时由主变压器本体故障引起，还是二次回路引起。当主变压器本体（有载）重瓦斯保护动作，并确定系（主变压器本体有载调压）油箱内故障所致时，应报当值调度后，将该故障主变压器转为冷备用状态，待检修人员进行处理。

在未查明原因和排除故障前，禁止将该主变压器投入运行。当主变压器差动保护动作时，变电运维人员应重点检查主变压器各侧开关 TA 以后的各种电气设备：包括各侧开关 TA、刀闸、母线桥、主变压器各侧套管及其引出线、主变压器各侧避雷器和主变压器 TV 等。当主变压器差动保护动作，并已确定为主变压器某侧某一设备故障（或主变压器本身绕组故障）时，应报当值调度后，将该故障主变压器转为冷备用状态，待检修人员进行处理。在未查明原因和排除故障前，禁止将该主变压器投入运行。当主变压器零序过电压（间隙过电流）保护动作时，变电运维人员应根据产生动作的零序过电压（间隙过电流）属于哪一侧（如 220kV 侧或 110kV 侧），来对主变压器 220kV 侧或 110kV 侧的套管及其引出线等进行检查。当主变压器零序过电压（间隙过电流）保护动作，经检查主变压器及其某一侧（如 220kV 侧或 110kV 侧）引出线有接地等现象时，或主变压器虽正常，但系统不正常时，该主变压器是否恢复运行或什么时候恢复运行应根据调度命令执行。

3. 主变压器低压开关跳闸故障的处理方法

如果主变压器的低压侧出现复合电压闭锁过电流保护动作的情况，需要检查该主变压器低压侧（一般为 10kV 侧）所带各线路开关及其保护，然后做出初步的判断。若无线路开关及其保护拒动时，故障站应在该 10kV 母线上，再检查 10kV 母线及各出线开关等设备，做出判断后，报当值调度。然后根据调控指令进行处理。若有 10kV 线路开关或其保护拒动时，应检查拒动开关的二次回路是否是因其二次回路接触不良、断线或其跳闸线圈烧毁而引起的控制回路断线，致使开关拒动。若无开关拒动，应对 10kV 母线设备进行认真检查测试，在排除故障前，不得将该母线恢复供电（除非将故障隔离后，不影响 10kV 母线带电运行，可先隔离故障点，再恢复 10kV 母线运行，最后逐条恢复 10kV 各出线）。当主变压器低压侧开关跳闸系因某出线开关拒动引起时，应设法将拒动的开关隔离。然后对母线设备进行初步检查而无异常时，可报调度申请恢复 10kV 母线及除拒动开关外的所有出线开关。

4. 对变电运维管理工作的建议

（1）加强台账管理。加强台账管理是提高变电运维可控性和高效性的重要措施。现在，国家电网公司已推出并使用电网设备（资产）精益化管理系统（PMS2.0）。从变电设备的新建、改造和扩建，以及检修更换，都应按照相关管理规范的要求，进行及时录入系统，并维护好相关图形。这为相关的人员对台账进行全面检查和管理提供方便和依据。

（2）加强变电设备的运维管理。变电设备的运维管理是变电运维工作的重要组成部分，其工作是否到位直接关系到整个变电运维的质量，甚至直接影响对用户供电的可靠性和连续性。因此，加强对变电设备的运维管理至关重要。变电运维工作应将日常值班工作中的设备各种巡视检查、设备测试维护、设备定期试验轮换内容录入系统；应将根据消缺计划、停电检修工作而做的倒闸操作、检修工作的许可终结等录入系统；应将整个值班期间包括调度命令、各变电站（开关站）的运行方式、接地线的装拆（接地开关的分合）情况等录入系统。最后，完成好交接班工作。

8.7.3 设备全生命周期管理

特高压直流运维技术最重要是对设备资产的运维，设备资产的全寿命周期管理着眼设备的整个寿命周期，旨在提高设备效率，使其寿命周期费用最低，创造价值最高，从而使整个企业获得最佳经济效益。它包括了设备全寿命周期成本（LCC）管理的全过程，包括采购、安装、使用、维修、更换、报废等一系列过程，既包括设备运维管理，也渗透着其全过程的价值变动过程。

1. LCC 管理模型

LCC 管理是从设备、系统或项目的长期经济效益出发，全面考虑设备、系统或者项目的规划、设计、制造、购置、安装、运行、维修、改造、更新直至报废的全过程，在满足性能、可靠性的前提下使全寿命周期成本最小的一种管理理念和方法。LCC 的应用领域广泛，在能源领域，充分考虑能源消耗和水资源有效利用的情况下，采用 LCC 最低的建筑建设方案作为优选方案。其他领域如设备采购、设备改造或更换、设备检修策略调整等方面也充分运用 LCC 的理念与方法，以降低设备在其整个寿命周期中的各类费用。

LCC 可以表达为：LCC＝购置成本＋维持成本

电力行业中使用较多的是将维持成本（也称拥有成本）再细化成运行成本、检修维护成本、故障成本和退役处置成本，故 LCC 表达为

$$LCC = CI + CO + CM + CF + CD \tag{8-1}$$

式中：LCC 为全寿命周期成本；CI 为投资成本（Cost of Investment）；CO 为运行成本（Cost of Operation）；CM 为检修维护成本（Cost of Maintenance）；CF 为故障成本（Cost of Failure）；CD 为退役处置成本（Cost of Discard）。

LCC 管理的基本理论又可以归纳为四个要点：

（1）追求设备全寿命周期成本最低。设备的全寿命周期是指设备从规划、设计、制造、安装调试、运行、维护、检修、改造更新或报废的全过程，LCC 管理的目标是全寿命周期成本最低，不仅要在选择和采购设备时考虑价格，而且也要考虑设备购置后的一系列其他费用。事实上，购置价格便宜不一定全寿命周期成本最低，而寿命周期中还要考虑设备的性能、生产效率和对产品质量的保证程度等。因而，选择设备是以经济效益作为直接动力，以量化数据作为判断标准。

（2）从技术、经济和组织方面对设备进行综合管理。设备的全寿命周期管理涉及规划、设计、采购、运行、检修和物资处理各个部门，涉及设备数据的累积和分析，因而设备管理不仅是物质的形态管理，还涉及组织协调、技术经济辩证的统一。各部门要以 LCC 最优为目标，而不是单纯追求某一阶段最优，横向联系的综合管理体制的建立是 LCC 管理的保障。

（3）重点研究设备的可靠性、可维修性。设备的全寿命周期成本在设备选型及设计阶段已大部分确定（70%以上），而设备故障引起的损失占成本中较大的部分，因而设计选型阶段就要考虑可靠性因素，把可靠性管理前移到设备管理的起始阶段，把可靠性管理的重点提前到设备或系统的规划设计和基建采购阶段，科学地从设备的整个寿命周期来考虑可靠性对整个寿命周期成本的影响。

（4）信息反馈对 LCC 管理起支撑作用。这包含两个层面，一是企业内部的信息反馈，招投标中心在设备招标时，要充分了解由生产维护部门提供的设备技术、经济信息，用以衡量制造厂设备的优劣；二是用户和制造厂之间的信息反馈，及时解决和处理用户在设备使用中发现的问题，将故障损失减小到最少，并在以后相应的产品设计制造中避免类似问题的出现，提高社会资源的利用率。

LCC 管理的要点可归纳为：通过技术和经济的统一管理，以量化数据来进行决策，做到全面规划、合理配置、择优选购、正确使用、精心维护、科学检修、适时改造更新，使设备处于良好的技术状态，从投入、产出两个方面来保证 LCC 最小、综合效能最高。

2. PDCA 循环的管理模型

PDCA 循环又称质量环，是管理学中的一个通用模型，它将提高产品质量划分为四个阶段，即"计划（Plan）、执行（Do）、检查（Check）、处理（Action）"。PDCA 循环是按照这样的顺序进行质量管理，并且循环不止地进行下去的科学程序。四个阶段不断循环则质量不断提高，而且在各个阶段内部还能进行小循环，解决该阶段的问题。

（1）P（Plan）计划包括方针和目标的确定，以及活动规划的制定。通过市场调查、用户访问等，摸清用户对产品质量的要求，确定质量政策、质量目标和质量计划等。它包括现状调查、分析、确定要因、制定计划。

（2）D（Do）执行。根据已知的信息，设计具体的方法、方案和计划布局；再根据设计和布局，进行具体运作，实现计划中的内容。实施上一阶段所规定的内容。根据质量标准进行产品设计、试制、试验及计划执行前的人员培训。

（3）C（Check）检查。总结执行计划的结果，分清哪些对了，哪些错了，明确效果，找出问题。主要是在计划执行过程之中或执行之后，检查执行情况，看是否符合计划的预期结果效果。

（4）A（Action）处理。对总结检查的结果进行处理，对成功的经验加以肯定，并予以标准化；对于失败的教训也要总结，引起重视。对于没有解决的问题，应提交给下一个PDCA 循环去解决。主要是根据检查结果，采取相应的措施。巩固成绩，把成功的经验尽可能纳入标准，进行标准化，遗留问题转入下一个 PDCA 循环去解决。

以上四个过程不是运行一次就结束，而是周而复始地进行，一个循环终了，解决一些问题，未解决的问题进入下一个循环，这样阶梯式上升。PDCA 循环是开展全面质量管理所应遵循的科学程序。全面质量管理活动的全部过程，是质量计划的制订和组织实现的过程，按照 PDCA 循环，不停顿地周而复始地运转。

将 PDCA 循环运用于特高压直流运维技术，可以使运维技术在不断的循环中改进提高。

8.7.4　设备多源信息融合评价方法

1. 缺陷分析的分类

设备缺陷是指生产设备在制造运输、施工安装、运行维护等阶段发生的设备质量异常现象，包括不符合国家法律法规、国家（行业）强制性条文、违反企业标准或反措要求、不符合设计或技术协议要求、未达到预期的观感或使用功能、威胁人身安全、设备安全及电网安全的情况。设备缺陷按照严重程度分为紧急缺陷、重大缺陷、一般缺陷和其他缺陷。

（1）紧急缺陷是指生产设备施工安装阶段中发生的，不符合设计标准，未达到施工工艺质量要求，不满足验收标准，对设备施工安全、质量、进度造成严重影响，需立即进行处理的设备缺陷。或者是在生产设备运行维护阶段中发生的，不满足运行维护标准，随时可能导致设备故障，对人身安全、电网安全、设备安全、经济运行造成严重影响，需立即进行处理的设备缺陷。

（2）重大缺陷是指在生产设备制造运输过程中发生的，因产品设计、材质不满足技术规范要求，出厂试验不合格，运输过程造成设备受损，对设备质量、供货进度造成重大影响的设备缺陷，包括人身安全或会引起严重后果的项目（A类）、严重安全隐患或长期运行会造成严重经济损失的项目（B类）；或者在生产设备施工安装阶段中发生的，不符合设计标准，未达到施工工艺质量要求，不满足验收标准，对设备施工安全、质量、进度造成重大影响的设备缺陷；还包括在生产设备运行维护阶段中发生的，不满足运行维护标准，对人身安全、电网安全、设备安全、经济运行造成重大影响，设备在短时内还能坚持运行，但需尽快进行处理的设备缺陷。

（3）一般缺陷是指在生产设备制造运输过程中发生的，因产品设计、材质不满足技术规范要求，运输过程造成设备轻微受损，基本不对设备正常使用、主要功能及供货造成影响，可现场进行处理的设备缺陷。一般缺陷包括外观或轻微故障或符合国家设备监理（监造）和检测标准，但不符合南方电网公司招标技术规范的项目（C类）；或者在生产设备施工安装阶段中发生的，未达到施工工艺质量要求，基本不对设备使用安全、主要功能及工期造成影响，可现场进行处理的设备缺陷；还包括在生产设备运行维护阶段中发生的，基本不对设备安全、经济运行造成影响的设备缺陷。

（4）其他缺陷是指生产设备在运行维护阶段中发生的，暂不影响人身安全、电网安全、设备安全，可暂不采取处理措施，但需要跟踪关注的设备缺陷。

2. 多维度分析技术

多维度分析技术是人们观察事物时，同样的数据从不同的维度进行观察可能得到更多的结果，使得人们更加全面和清楚地认识事物的本质。维度是人们观察事物的角度，当数据有了维度的概念之后，便可对数据进行多维度分析操作。

变电设备数据多维度分析工作，通过规范设备数据的采集、统计分析、上报流程，及时发现设备异常或缺陷，提高输变电设备健康水平。通过自动方式或人工方式采集到反映电网运行、设备实时状态的数字量或模拟量。通过出厂试验、交接试验、预防性试验、特殊试验等停电试验及在线监测方式而得到反映电网设备性能状态的数字量。在运行数据、试验数据类统计的基础上，借助图表、数据模型等工具，变电运行数据按照日、周、月和季度周期、巡视及检测周期等机制对数据进行趋势、变量等不同维度的分析。进行数据分析可以及时全面掌握设备的健康水平，为设备运行检修提供决策依据。下面介绍数据分析方法。

（1）历史分析法是与分析期间相对应的历史同期或上期数据进行收集并对比，目的是通过数据的共性查找设备目前存在的问题，并确定将来变化的趋势。主要分为同期比较法（月度比较、季度比较、年度比较）和上期比较法（时段比较、日间对比、周间比较）。

（2）增长率分析法是通过一段时期的数据增长率与时间增长率的比值，计算设备运行状态的增减快慢的速度，来判定预测该设备处于风险或缺陷的那个等级的方法。

（3）比较分析法是通过实际数与基数的对比，找出实际数与基数之间的差异，借以了解设备的风险和缺陷的方法。

（4）趋势分析法是通过对比两期或连续数期报告中的相同运行数据，确定其增减变动的方向、数额和幅度，以说明设备运行状态变动趋势的一种方法。趋势分析一般可以采用绘制设计图表和编制比较数据报表两种形式。其实质上是对比分析法和比率分析法的综合，是一种动态的序列分析法。

（5）因素分析法是用来确定电网和设备某项运行状态各构成运行数据的变动对该运行状态影响程度的一种分析方法。

（6）同类比较分析法是在确定设备某项性能状态时，通过同类项（同属性）设备试验数据多维度分析结果，从产品型号、投运年限、地域环境、试验方法等多个维度进行辅助分析判断的一种分析方法。

以多维度信息融合的变压器可用状态在线评估系统为例，首先，通过多个监测量得到变压器单项状态的评估；其次，确定变压器的各单项评估的指标权重，信息融合后得到变压器综合可用状态评估；最后建立一套安全裕度曲线修正模型，根据变压器的运行维护状态对安全裕度曲线进行修正。

多维度信息融合的变压器可用状态在线评估方法与系统，能够在线监测变压器的电学、热学、化学和机械这四个维度的状态信息，如图 8-13 所示，并将这四个维度的多个状态信息量进行信息融合，实现在线评估变压器的可用运行状态。

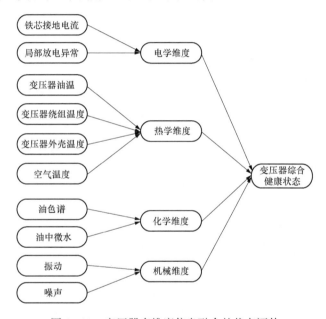

图 8-13　变压器多维度信息融合的状态评估

3. 故障树分析

（1）定义。故障树分析又称事故树分析（Fault Tree Analysis，FTA），是安全系统工程中最重要的分析方法。在电力系统方面，由于其能简洁、形象表示出事故和各种原因之间因果关系及逻辑关系，已在可靠性分析和事故分析等领域得到广泛的应用。

（2）符号。故障树分析从一个可能的事故开始，自上而下、一层层地寻找顶上事件的直接原因和间接原因事件，直到基本原因事件，并用逻辑图把这些事件之间的逻辑关系表达出来。故障树是由各种符号和其连接的逻辑门组成的。最基本的符号有：

1）矩形符号。用它表示顶上事件或中间事件。将事件扼要记入矩形框内。必须注意，顶上事件一定要清楚明了，不要太笼统。

2）圆形符号。它表示基本（原因）事件，可以是人的差错，也可以是设备故障、机械故障、环境因素等。它表示最基本的事件，不能再继续往下分析。

3）屋形符号表示正常事件，是系统在正常状态下发生的正常事件。

4）菱形符号表示省略事件，即表示事前不能分析，或者没有再分析下去的必要的事件。其形状如图 8-14 所示。

图 8-14 菱形符号示意图

常用逻辑门符号表示各事件之间的逻辑因果关系，有"与"门和"或"门，如图 8-15 所示。

1）"与"门：表示下面连接的事件（输入）全部发生时，才能引起上面的事件发生（输出）。

2）"或"门：表示下面连接的事件（输入）任意一个发生，就会引起上面的事件（输出）发生。

转移符号表示在同一故障树中，中间事件下面所连接的子树（分支）的转移，如图 8-16 所示。它的作用有两个：①可避免相同的子树在作图上的重复；②大的故障树在一张图纸上画不开时，转移符号可作为在不同图纸上子树相互衔接的标志。

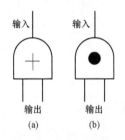

图 8-15 逻辑门符号
(a)"与"门符号；(b)"或"门符号

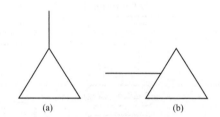

图 8-16 转移符号
(a) 转入符号；(b) 转出符号

1）转入符号：表示此处的子树与有相同字母或数字标志的转出符号处相接。

2）转出符号：表示此处的子树在有相同字母或数字标志的转入符号处展开或相接。

（3）特点。故障树分析法开展事故根本原因进行分析，制定短中长的管控和整改措施。它能对各种系统的危险性进行识别评估，既适用于定性分析，又能进行定量分析，具有简明、形象的特点。其分析方法是从要分析的特定事故或故障顶上事件开始，层层分析其发生原因，一直分析到不能再分解或没有必要分析时为止，即分析至基本原因事件为止，用逻辑门符号将各层中间事件和基本原因事件连接起来。

总的说来，故障树分析法具有以下一些特点：

1）它是一种从系统到部件，再到零件，按"下降形"分析的方法。它从系统开始，通过由逻辑符号绘制出的一个逐渐展开成树状的分支图，分析故障事件（又称顶上事件）发生的概率。同时也可以用来分析零件、部件或子系统故障对系统故障的影响，其中包括人为因素和环境条件等。

2）它不但可以对系统故障做定性的分析，而且还可以做定量的分析；不仅可以分析由单一构件所引起的系统故障，而且也可以分析多个构件不同模式故障而产生的系统故障情况。故障树分析法使用的是一个逻辑图，因此，不论是设计人员或是使用、维修人员都容易掌握和运用，并且由它可派生出其他专门用途的"树"。例如，可以绘制出专用于研究维修问题的维修树，用于研究经济效益及方案比较的决策树等。

故障树是一种逻辑门所构成的逻辑图，适合于用电子计算机来计算；而且对于复杂系统的故障树的构成和分析，也只有在应用计算机的条件下才能实现。

（4）分析方法。故障树分析的方法有定性分析和定量分析两种：定性分析是找出导致顶上事件发生的所有可能的故障模式，即求出故障的所有最小割集（MCS）。定量分析主要有两方面的内容：①由输入系统各单元（底事件）的失效概率求出系统的失效概率；②求出各单元（底事件）的结构重要度，概率重要度和关键重要度，最后可根据关键重要度的大小排序出最佳故障诊断和修理顺序，同时也可作为首先改善相对不大可靠单元的数据。

将故障树分析法运用于特高压直流运维体系的事故反措与事故分析中，可以有效地减少和避免事故发生的概率，切实提高设备安全运行概率，减少人员误操作率。可以将其与工程管理中的 PDCA 理论相结合，在事故中吸取教训，改正缺点，不断进步，通过不断的循环实践，来逐步提高特高压直流运维人员的技术素养，减少设备的故障率，最终实现安全可靠、成熟完整的特高压直流运维技术体系。

第9章

特高压变压器运维技术体系

9.1 技 术 标 准

特高压直流运维技术标准根据"全业务、全品类"的原则，按照"统一套路、统一模板"的思路，研究提炼技术标准类型、优化生产设备品类、构建技术标准体系框架、梳理特高压运维生产设备业务所需的技术标准内容。

以中国南方电网有限责任公司超高压输电公司（简称超高压公司）的实践为基础，对照特高压直流技术标准体系整体结构，给出当前的存量标准，针对尚待制定或修订的增量标准，根据轻重缓急程度编制特高压运维的技术标准。

9.1.1 技术标准的结构

根据国家、行业规范性文件定义及划分原则，优化特高压直流设备标准体系框架，构建分层分级、相辅相成的特高压直流设备技术标准框架结构，如图 9-1 所示。技术标准按照设备全生命周期分为设备装备技术导则、设备技术标准和设备技术规范书，设备装备技术导则主要明确设备选型原则、设备技术标准主要明确设备性能特性、参数指标，设备技术规范书作为采购标准指导该类设备采购工作。

图 9-1 技术标准框架结构图

技术标准以电力系统的生产设备作为分类依据，以指导电力系统的建设与运行维护，也可作为设备选型与采购工作的参考。

9.1.2 技术标准的分类

以电力系统生产设备在全生命周期中相应的业务阶段，梳理生产设备在各个生命环节所对应的业务事项，进而明确各个业务事项相应的技术标准，优化提炼形成 6 个阶段共 32 种生产设备技术标准类型，见表 9-1，表中 7~29 项，业务事项占表中总事项的 71.9%。

表 9-1　　　　　　　　　　　　生产设备技术标准类型分类表

阶段	技术标准类型	阶段	技术标准类型
规划设计	1 装备技术导则	运行维护	17 缺陷分类
物资采购	2 技术规范		18 预试规程
	3 品控规程		19 试验（检测）方法
工程建设	4 施工工艺及验收规范		20 在线监测
	5 交接试验标准		21 风险评估
	6 启动投运		22 状态评价
运行维护	7 设备运维策略		23 状态检修
	8 设备台账规范		24 反事故技术措施
	9 设备配置要求		25 防风
	10 运行规程		26 防冰
	11 工作票		27 防污
	12 电气操作		28 防雷及接地
	13 安健环		29 防火
	14 检修规程	退役报废	30 退役报废技术指导原则
	15 检修工艺	技术支持	31 技术监督
	16 带电作业		32 可靠性

9.2 工 作 标 准

为了保证电力生产顺利安全地进行，需要科学合理地制定一系列的工作标准，以达到对各项工作进行统一和规范管理的目的。

9.2.1 设备基础管理

1. 设备制度管理

设备制度管理定义了设备运行和检修时各种规章制度的管理方式，其中包括法律法规及规章制度的管理、现场运行检修规程管理这两个方面的内容。

（1）法律法规及规章制度的管理。对相关法规制度的管理，体现了我国"有法可依，有法必依"的依法治国的基本国策，只有合理地管理好各项法律法规和规章制度，才能够更好地为安全生产服务。为此各级电网企业应按对口关系，从上级有关部门、政府机构和其他各种渠道系统识别影响本单位的设备管理法律法规及规章制度，应依据影响本单位设备管理因素识别的需求，收集相应的设备管理的法律、法规，并确认其适用性，可以从有关机构获取，包括政府机构、行业协会、咨询机构、各省电网公司及超高压公司等，或者从图书、汇编、报纸杂志及其他授权媒体获取。

所依据标准和制度法规的范围包括国家法律，法规、标准及行政规章制度；省、市法律、法规、标准及行政规章制度；电力行业制度、规定及标准；国际惯例；各电网公司及分、子公司的标准、规定和制度。

（2）现场运行检修规程管理。现场运行规程对换流站内所有交流输变电设备、特高压直流设备、站内辅助系统及其控制、保护等设备的运行、维护、操作及事故处理进行了规定。检修规程规定了发输变电设备的检修维护项目、周期及要求，用于指导运维检修人员开展设备的维护检修工作。

2. 设备文档与台账管理

设备文档与台账是管理设备的重要参考资料，管理好设备的文档与台账可以更好地掌握企业设备资产状况，更加清晰地了解各种类型设备的拥有量、设备分布及其变动情况。

（1）设备文档的管理，设备文档的管理包括设备全生命周期文档管理和图纸资料的管理。

1）设备全生命周期文档管理。设备全生命周期文档是指设备全生命周期内的全维度文档信息，设备全生命周期内所有相关业务活动中形成的各种文件、资料、记录、图纸、凭证的总称。它包括规划设计、物资采购、工程建设、生产运维、退役报废各阶段形成的文档。

2）图纸资料管理。图纸资料包括竣工图纸、设备说明书、生产记录、生产报表及各种文件、标准等。当新设备启动试运行结束后，项目实施部门应与设备运行管理部门办理交接手续，主要包括启动试运行期间的试验记录、结论；启动过程中发现问题的处理情况。

（2）设备台账管理。设备台账是指设备全生命周期内形成的与设备风险、绩效、成本密切相关的全过程信息总称。根据设备全生命周期管理的要求，从设备全过程文档提取并形成设备台账信息。遵循"谁产生、谁负责"的原则，由相应的责任部门负责台账的建立和录入。

1）设备台账的内容。电网生产运行的发电、输电、变电、配电、计量、通信、自动化、信息等设备均应建立设备台账，进行全过程管理。设备台账信息分为基本信息、技术参数、价值信息、运维资料、大修技改、缺陷记录、绩效评价共七个维度。

2）台账的建立。

首先，应建立所管辖设备的台账，完善设备生命周期内的技术资料、图纸和运行记录的全过程管理，包括设备的出厂、交接、投运、运行、消缺、大修、改造、报废的台账管理，确保设备生命周期内的技术资料、图纸和运行记录等完整和准确。

其次，应及时按档案管理有关要求，收集归档各基建工程、大修技改、科技项目及运行维护项目的有关技术资料、图纸及相关运行记录，并保证其齐全完整。

3）换流站设备台账规范以及管理。换流站设备台账规范规定了换流站需要使用三种颜色来划分功能位置、物理设备和部件。用蓝色标识功能位置，绿色标识物理设备，黄色标识部件。换流站设备的台账应采用树状结构来管理，第一层为区域，如500kV电压等级区域、35kV电压等级区域、高压直流场、变压器区域、公用设施等；第二层为系统或间隔，如主变压器高压侧间隔、线路开关间隔、站用直流电源系统、控制保护系统等；第三层往下主要是该间隔或系统所属的设备，根据该设备分类情况决定层数的多少。

4）台账建立修订、更新管理要求。

第一，确定典型输变电设备与设施资料台账的结构、设备及部件分类、记录的信息格式规范。生产设备部每周对台账数据参数填写完整性进行检查、通报。公司实时对生产系统的数据进行冗余异地备份,确保数据的安全性,变电管理所负责信息系统本地化数据备份工作,对生产系统的台账数据按季度备份,提升数据的安全性。

第二,台账的初始录入(包括出厂日期、生产厂家、主要附件等设备铭牌参数及投运日期、大事记等)需要由运行人员进行。

第三,应在设备新增、修改后三天内对新增、变更数据完整性、正确性进行审核。设备台账中关于技术监督的有关数据由检修班组在试验结束后录入。当设备台账报废时,按照固定资产报废管理办法,走报废流程,并对报废后的设备台账在生产管理系统内做状态更改,标注"已报废""已退运"。

第四,做好变更设备核查和录入工作。班站长应对变更的设备台账内容进行核查,部门技术专责每月对变更的设备台账内容进行核查,生产设备管理部相关专责不定期抽查,确保台账记录及时、准确。在投运或停运后规定时间内在系统中完成设备模块中所有涉及的设备基本信息、技术参数的录入工作。命名变更的设备名称需在命名正式生效后及时修改设备模块中功能位置、设备名称的内容,保证系统中的设备名称和编号与实际相符。

第五,资产新增或报废时设备运维部门应对设备台账、图纸等及时进行更新。在生产管理信息系统中进行设备资料台账变更时,首先在该设备间隔建立新的设备资料台账,在设备投产后将该设备间隔的状态由"在建"转为"运行",并完善相关运行数据,然后停运原设备资料台账,不得直接在原设备资料台账内进行参数修改变更。

5)回顾和记录保存。对于设备文档资料和台账的保存和记录也是设备制度管理非常重要的一个方面,应保存所管理设备的生命周期内的技术图纸台账资料和运行记录,以方便日后查阅与分析。生产设备管理部应每年会同档案管理部门对设备技术资料、图纸和台账进行检查和回顾,对发现的问题提出整改意见。综合部负责组织收集年度内生产设备台账记录和设备改造、修理图纸资料备案工作。

(3)设备主人管控机制。设备主人是设备运行、检修管理的直接责任人,负责设备巡视、维护、检修、试验等工作的监督执行。设备主人管控对于设备的安全运行有着关键的作用,设备管理落实到人,明确责任,将有效提高设备健康水平和使用效率。

1)设备主人管理目标及指标。设备主人管理应以设备为中心,以工作计划为主线,建立设备主人的管理模式,通过监督设备管理各专业工作计划的制定、执行、回顾全过程,提高问题发现和整改的效率,重点解决设备管理责任缺位问题,强化设备管理责任传递链条,确保各项运维检修工作落实到位。

2)设备主人管控机制内容与配置。设备主人管控机制应建立设备主人责任制。设备主人管控机制应综合考虑设备重要程度、电压等级、人员技能水平等因素确定每台设备的责任人,配置主人时应充分考虑其专业背景、职业经历、技能特长等因素。

设备主人管控机制应明确设备主人配置原则,建立涵盖一次、二次、辅助、直流、输电等各专业的设备主人,并实现设备的全覆盖。其中一次设备类型包括主变压器、站用变压器、换流变压器、融冰变压器、断路器、隔离开关等;辅助系统包括在线监测装置、消防、空调、水处理系统、建筑物、视频监控和脉冲围栏等;直流系统包括换流阀、阀冷系统、极控、直流控制保护等。

3)设备责任主人工作要求。

第一,设备责任主人制按照"四分"(分层、分级、分类、分专业)管控的要求予以落实。原则上设备责任主人制按照双责任主人制配置和落实，一类（台）设备保证两名设备责任主人，一主一辅。基层一线运维班组根据承担的运行和检修维护职责，明确所辖设备的责任主人，做到每台设备都有责任主人。设备运维部门应将审批后的设备责任主人予以公示，并报设备职能管理部门备案。

第二，设备责任主人应从设备台账、缺陷、试验、维护检修四个维度进行监督，发现问题及时反馈相关人员并督促整改。主要监督内容为：设备台账是否及时录入，台账信息是否齐备；已发现缺陷是否及时消除；试验是否按周期开展；试验项目是否齐全；维护检修是否按期开展，是否达到效果。

第三，设备责任主人除履行岗位职责，完成全站设备的日常运维和检修消缺工作外，还需要对设备的资产台账、图档资料、设备状态评价、设备隐患排查、设备风险评估、备品备件的定额和完备性负责。

第四，设备职能管理部门和设备运维部门应分别安排专人负责设备责任主人制管理工作，负责总的归口协调、指导并收集意见，与设备责任主人一起负责监督设备运行、维护检修，承担相应的领导责任。定期检查各自管理专业内设备责任主人职责履行情况，重点检查设备台账建立、图档资料的更新、设备隐患排查和风险评估情况、"一站一册、一线一册"运维策略执行情况、检修及缺陷处理情况。

第五，设备责任主人发生变化后，基层一线运维班组应及时将变化情况报设备运维部门审批，设备运维部门审批后报设备职能管理部门备案。

4）设备责任主人工作职责与任务。设备责任主人作为设备的主要负责人，需要明确自己工作的职责与任务，才能起到"主人"管理的效果。工作职责主要明确工作的目标和方向以及工作时需要注意的地方。其具体工作职责包括核查设备台账和文档资料（运行规程、安装及修试报告、使用说明书、图纸、跳闸报告、故障报告等）完整性和一致性；设备变更时监督落实台账、图档、规程的变化管理。监督缺陷、隐患处理的及时性；核查技术监督和反措落实情况；核查设备维护检修计划完整性及执行情况、检修成效；监督特巡特维计划的完整性和执行情况；核查备品备件储备情况，提出补仓或采购建议；掌握设备的总体运行状况（包含跳闸和非计划停运情况、异常工况、负荷情况、老化锈蚀情况等），提出改造或修理建议。设备责任主人的工作任务有收集整理和归档相关资料的工作，监督评估和检修管理工作的实行，设备责任主人需要对所负责设备的备品备件履行相关管理职责，运维过程中应及时反馈并排查缺陷和隐患，积极参与技术监督和反事故工作。

5）考核要求。考核制度可以较为准确地衡量和评价设备责任主人对工作的贡献程度，直接体现员工对企业的价值，通过制定有效、客观的考核标准，对设备责任主人进行评定，可以进一步激发员工的积极性和创造性，提高员工工作效率和基本素质。

3. 生产设备信息报送

生产设备信息是指设备运维、生产工作中各层级需掌握的重要的生产事故、事件、缺陷、隐患等信息的总称。

生产设备信息报送管理目标为各级管理部门及时、全面、准确传递生产设备信息。生产设备信息报送工作网由不同层级单位多级组成，成员由各级生产设备管理部相关负责人、专责担任。各级工作网成员负责本单位生产设备信息的汇总上报，并对信息报送的准确性、及时性负责。生产设备信息采取即时汇报和总结汇报（分析报告报送）。调度、二次运行信息上报范围、上报流程及执行要求还应按照系统运行管理相关制度执行。

生产信息报送相关要求包括即时报送、分析报告报送、上报信息的分类和各层级信息报送范围。

4. 设备管理的组织架构与要求

设备管理包括设备管理组织架构、人员能力要求与培训、班组管理、班组内部培训、工器具管理、资料管理、安全管理等方面的管理。

（1）设备管理组织架构。设备管理组织构架包括组织机构设置与人员配置。

1）组织机构设置。组织机构一般设置为设备管理部门、生产部门和生产班组三个部门。设备管理部门是生产运行的归口管理部门，负责生产运行工作的组织、协调、统计、分析、评价和技术指导。生产部门为生产运行实施部门，负责本单位生产运行工作的具体组织与实施。各单位生产工作的实施主体主要包括各级电力调度控制中心、输电管理所、变电管理所（输变电管理所）、运行中心、检修中心、试验所、供电所等。生产班组指生产部门所辖的各专业班组，包括变电运行、检修、继保、自动化、调度、通信、试验、输电、配电等专业班组。

2）人员配置。人员配置是指按照电网公司的标准、规范化的组织机构等有关规定，对定员、定编实施科学化、规范化管理。定员是指单位总的人员编制，即一定时期内，在一定的生产技术、劳动组织条件下，为企业配备预先规定的各类人员数量限额。定编是指内设机构各岗位的人员编制，即根据生产经营活动的业务范围和工作任务要求，在定员和岗位设置的基础上，结合人力资源的实际情况，通过对业务流程中每个环节的作用以及岗位责任的系统分析，对企业内设机构各个岗位应配备的人员数量及能力素质要求所作出的规定。

（2）人员能力要求与培训。作为设备操作的执行者，人员在安全生产中起着重要的作用。为了生产操作的安全可靠性，上岗操作人员应该具备该岗位任职操作的基本要求，对于不满足基本要求的员工应该进行相关的业务培训，对操作人员技术管理的要求包括对人员能力的要求、对员工的培训要求以及对培训效果跟踪。

建立培训体系后还应建立培训效果追踪评估体系，它既是对培训过程的一种总结，更是对未来培训工作进行总结提高的需要，培训效果跟踪的要求为：应对培训进行评估，评估内容包括培训组织过程效力，培训实施过程效力、知识、技能、意识提高和应用效果；培训的效果评估应重点关注员工实际动手能力的提升。

（3）班组管理。班组管理主要包括班组计划管理、班组作业管理、作业风险评估和作业文件管理四个方面的内容。生产班组应按规定制定年、月、周计划，并按计划执行，每月应对生产工作计划进行跟踪及回顾。

作业人员应具备必要的安全生产知识和技能，具备相关法律法规、标准制度规定的工作资格。

开展生产现场作业前应进行作业风险评估。作业风险评估包括基准风险评估、基于问题的风险评估、持续的风险评估。基层单位生产设备管理部要每年组织一次基准作业风险评估，发布作业风险评估报告，并更新作业风险库，同时，将报告提交本单位安全监管部备案。

(4) 作业文件管理。开展所有生产现场作业均应持有作业文件，应包含作业风险分析及控制措施的内容，并与本单位作业风险库中的相关风险与举措相对应。根据作业内容在作业过程中使用和执行与实际作业相符的作业文件，其中包括巡视类作业应采用巡视作业指导书或表单；维护类作业、验收类作业（包括设备启动期间的测试工作）应采用作业指导书或表单；电气操作采用操作票；设备启动应采用启动方案及操作票；检修、试验、检验、安装、调试、抢修及消缺类作业应根据具体工作内容选定合适的作业文件；修理技改等生产项目类作业应采用施工方案进行过程控制，具体作业内容按照作业类型采用相应作业文件。

(5) 工器具管理。工器具是生产班组在生产作业中的重要的操作工具与设备，对其科学合理的管理与安全生产息息相关。工器具管理的要求有：

1) 专人负责。生产班组应设专人负责工器具的管理，建立完善的工器具清册，记录工器具相关信息，工器具的使用、借用记录，并在工器具发生变化时及时更新。

2) 分类管理工器具应实行分类定置管理，采用统一编号标识，摆放科学、美观。工器具存放应有明显标识，不合格的工器具应该及时处理。工器具的存放条件应符合工器具说明书的要求并配备相应的存放设施，安全工器具应按"三分开"规定存放，即绝缘安全工器具、一般安全用具、材料与机具分不同房间或区域存放。

应按照管理规定定期对工器具检测，工器具检测、试验后应张贴标识，标明试验日期、有效期、加盖试验专用章，并保存相应记录。

损坏不能修复或到达使用年限的工器具，应作报废处置。生产班组应定期开展工器具的外观、功能检查，并填写工器具检查维护记录。安全工器具与公用个人防护用品应每月进行一次检查。电动工器具还应进行绝缘、接地和漏电保护等检查。

3) 组织定期培训。应定期对生产班组成员开展工器具的使用、检查、维护等方面的培训。添置新型工器具时，生产部门应组织培训。

(6) 资料管理。资料管理主要包括以下五个方面：

1) 专人负责。班组应每月安排人员对图档资料进行整理。各班组按要求对包括管理制度、技术标准、运行规程、图纸资料、工作记录等在内的图纸技术资料做好设备全生命周期文档与台账管理工作。

2) 分类归档。各班组应设置专用的资料室或资料柜，分类整理、归档、定置保存在专门的资料柜内。图档存放处应设立总索引，总索引包含编号、资料盒名称、资料盒内的资料名称、存放方式和地点，同时各资料盒内应设立分目录，以便查询和检查。

3) 登记管理。班组图纸资料实行借阅登记管理。非本班组人员查阅图纸资料必须经兼职资料管理员许可并进行登记；如需借阅图纸资料，应经班值长批准，办理借阅手续，并督促其按期归还。

4) 及时更新。当设备变动时，班组应按专业要求及时完成图档资料的更新及作废图档资料的清理。作废的图档资料应加盖"作废"章，并予以清除，不得与有效图档资料混存。班组应每月对图档资料进行整理，及时清理超过保存期限要求的运行资料。

5) 周期定检。每年对图档资料进行一次检查。核查纸质资料与现场一致、无缺失，存放次序与目录一致；电子资料的内容必须与现场实际一致，设备台账与实际相符。

(7) 安全管理。安全管理分为规定目标、记录活动、总结分析和经验分享四个阶段。

1）规定目标。班组应结合各岗位安全生产职责，分解各岗位安全生产目标，经部门批准执行。

2）记录活动。每周应有安全活动记录。生产班组每周应开展一次安全活动，由班（值）长或安全员组织开展，并安排专人做好记录。

3）总结分析。总结分析本班组安全情况，重点是"两票三制"的执行情况，对存在的问题提出整改措施，对安全生产中存在的安全隐患（包括人员、设备、设施及制度等）和风险（电网、人身、设备、作业等）进行分析，并提出控制措施。

4）经验分享。班组发现有人员严重违章行为或存在安全隐患时应及时召开专题安全活动，共同分析和讨论存在的问题，总结原因和责任分析意见，提出防范措施，同时班组进行安全经验分享。

9.2.2　设备运维管理

设备运维管理的过程中，运用 PDCA 循环理论的精髓，PDCA 即计划（Plan）、实施（Do）、检查（Check）、行动（Action）质量管理四个阶段。通过收集设备运维各方面的报告与数据资料，制定科学合理全面的风险评估策略。实施设备运维策略与运维管理的过程应不断进行学习和分析，不断对设备运维中的不足进行修正和完善，形成新的标准化模式，以一种循环的方式，不停顿地周而复始地运转。每通过一次 PDCA 循环，要进行总结，提出新目标，再进行第二次 PDCA 循环，使品质治理的车轮滚滚向前。PDCA 每循环一次，都会使得设备运行更加可靠，运行风险更小。

设备运维管理包括设备运维策略及管控机制、设备运行分析管理、隐患管理、缺陷管理和"两票"管理。

1. 设备运维策略及管控机制

制定科学合理的设备运维策略及管控机制可以更好地提高设备的最佳使用效率，减少故障损失，提高设备运行的稳定性，设备运维策略及管控机制包括确定健康度、确定重要度、设备风险评估及定级、策略制定、策略执行和运维绩效评价等。

（1）确定健康度。设备运维部门应按照相关设备状态评价导则要求，开展设备状态评价工作，收集、汇总、编制全面的设备状态评价报告，报告中应包括设备运维策略，指导设备运维工作开展。

（2）确定重要度。应考虑设备故障可能造成的事件后果、设备价值、对重要用户供电的影响三个评价维度。取三个维度评价结果的最高级别作为该设备的重要度级别。设备重要度分为"关键、重要、关注、一般"四个级别。

事件后果：在正常运行方式下，设备发生故障可能引发一般及以上电力安全事故的被定为关键设备；在正常运行方式下，设备发生故障可能引发一级电力安全事件的被定为重要设备；在正常运行方式下，设备发生故障可能引发二、三级电力安全事件的被定为关注设备。例如，500kV 变压器以及容量为 240MVA 的 220kV 变压器被定为关键设备；容量低于 240MVA 的 220kV 变压器被定为关注设备；上述情况以外的设备均被定为一般设备。

重要用户：依据各省（区）、市政府相关部门批复的年度重要用户目录确定。直接引发用户供电中断的情况包括：单一主变压器，单一输电线路（包括同塔架设多回线路、同沟敷设多回电缆），单一母线故障或跳闸等；直接引发用户供电中断的其他情况。

（3）设备风险评估及定级。设备管理部门应依据设备风险评估导则，根据设备健康度和重要度，进行设备风险评估，确定设备管控级别。设备管控级别从高到低分为Ⅰ级、n级、Ⅱ级和N级。

设备风险评估结果应及时反馈到计划、物资、基建、系统运行、市场、安监等相关部门，作为设备选型、采购、安装、调试、验收、运行维护、方式安排等工作的管理依据。

（4）策略制定。设备管理部门应根据设备管控级别制定年度设备运维策略。设备运维分为日常运维、特别运维两大类，特别运维包含专业运维、停电维护、动态运维。制定运维策略时应明确设备维护类别、运维项目、周期、触发条件、责任部门、工作要求等相关内容。

运维策略应符合设备及现场实际。针对Ⅰ、Ⅱ级管控设备应编制"设备运维策略落实卡"，明确工作内容及责任主体。计划、物资、基建、系统运行、安监等相关部门应根据设备风险等级和原因，从规划、选型、采购、安装调试、方式安排等方面提出控制措施，并反馈至设备管理部门。

（5）策略执行。设备运维部门应根据确定的设备运维策略，制度年度、月度工作计划。生产班组根据设备运维部门月度计划和新增的工作，编制班组周（日）设备运维计划。按班组周（日）设备运维计划选择合适的作业文件，开展设备运维工作。

工作计划的执行应严格执行设备维护计划。当电网风险、设备状况、气象条件、保供电等发生变化时，应及时调整维护计划，并按要求落实。应按维护作业指导书要求开展维护工作，维护到位。设备维护记录应正确、齐全。

（6）运维绩效评价。设备管理部门应收集设备运行信息，分析、评估重点设备管控开展效果，进行关键绩效指标（KPI）指标分析。定期对设备运维情况进行回顾总结，针对设备管控中存在的不足提出改进措施。

2. 设备运行分析管理

运行分析是指根据设备设计、出厂监造、安装调试、运行、检修、技术监督情况，对不同生产厂家、不同类型的设备的运行状况开展的统计、归纳、诊断、总结、建档等工作，主要分为定期分析和专项分析。

定期分析是指设备运维部门、各级设备专业管理部门应按月度、季度、年度对所辖设备的运行信息（如缺陷、事故、障碍发生情况等）进行统计分析。

专项分析是根据有关专题报告、事故通报或其他情况，针对发生重大质量问题的设备进行分析。

下面将对设备运行分析管理的内容、数据多维度分析以及设备运行分析的应用进行介绍。

（1）设备运行分析管理的内容。设备运维部门负责设备运行信息收集，确保信息的完整性、准确性、及时性。设备运维部门、各级设备专业管理部门应按月、季度及年度对所辖设备的运行信息（如缺陷、事故、障碍发生情况等）开展定期分析；并根据有关专题报告、事故通报或其他情况，针对发生重大质量问题的设备开展专项分析。

设备运行分析报告由各级专业管理部门编制、审定并发布，设备运行分析的信息来源包括设备的运行数据、可靠性数据、事故事件、缺陷统计及原因分析等，设备风险评估分析（包括风险等级及相应管控措施等）；设备的出厂监造，安装调试，交接验收，运行维护，试验检定、检测，技术监督过程中发现的设备质量问题等；设备的各级事故事件通报、国内外电力行业事故情况及相关产品质量信息、通报信息等。设备运行分析报告应依据但不限于上述内容，通过开展数据的多维度分析，对设备管理流程、技术标准、运维策略等提出要求或建议。设备运行分析可以对设备运行状态实施跟踪监控与控制，并进行综合分析处理，预测故障将要发生的部位、性质和原因，以便结合生产计划有效地采取预防性维修和日常维护保养措施，保障电力设备的安全生产。

（2）设备运行数据多维度分析。设备运行数据多维度分析是指在运行数据、试验数据类统计的基础上，借助图表、数据模型等工具，变电运行数据按照日、周、月和季度周期，变电试验数据根据需要，输电运行数据按照巡视及检测周期等机制对数据进行趋势、变量等不同维度的分析。对设备按照周期进行多维度分析，相关的维度有横向、纵向、历史数据比对等，根据比对结果，每月编制多维度分析月报，提出下月需要关注的重点设备。数据分析可以及时全面掌握设备的健康水平，也可以为设备运行检修提供决策依据。

变电运行数据分类，按照"分专业、全覆盖"的原则，运行数据主要分为变压器（换流变压器）、断路器、一次测量设备、避雷器、直流关键运行数据、阀冷却系统、交直流滤波器、油色谱和套管在线监测、红外测温九大类运行数据。变电站和换流站根据各自管辖设备进行分类分析。

1）变压器（换流变压器）运行数据是主要用于监测换流变压器及其附件运行是否正常的实时数据，主要包括管压力、分接头动作次数、油温、纯线温度、油位、铁芯夹件电流等运行数据。

2）断路器运行数据是主要用于监测断路器绝缘、操动机构运行是否正常的实时数据，主要包括开关压力、动作次数、打压次数、油压或气压等运行数据。

3）一次测量设备运行数据。一次测量设备分为电磁式、电容式和光结构的三种类型电流互感器和电压互感器，其运行数据是主要用于监测一次测量设备运行是否正常的实时数据，主要包括安全范围、压力、驱动电流、温度等运行数据。

4）避雷器运行数据是主要用于监测避雷器运行是否正常的实时数据，主要包括动作次数和泄漏电流等运行数据。

5）直流关键运行数据是主要用于监测高压直流系统控制是否正确的实时数据，主要包括直流电压、电流、功率、触发角和分接头挡位等运行数据。

6）阀冷却系统运行数据是主要用于监测采用水冷换流阀的冷却效果是否有效的实时数据，分为内冷水系统和外冷水系统运行数据。内冷水系统运行数据主要包括压力、流量、温度、电导率、水位等运行数据；外冷水系统运行数据主要包括压力、流量、温度、电导率、水位、风机频率或转速等运行数据。

7）交直流滤波器运行数据是主要用于监测滤波电容器运行是否正常的实时数据，主要为滤波电容器不平衡电流运行数据。

8）油色谱和套管在线监测运行数据是主要用于监测加装了在线油色谱装置的变压器（或换流变压器）和在线监测装置的套管本体运行是否正常的实时数据，主要包括氢气、乙炔、介质损耗因数 $\tan\delta$、电容值和末屏电流等运行数据。

9）红外测温运行数据主要为通过红外成像仪监测到的设备实时温度运行数据，包括电压致热性的套管、电压互感器和电流致热性的断路器、隔离开关、变压器、阀厅等设备温度。

输电运行数据主要分为陶瓷绝缘子绝缘电阻检测、绝缘子盐密测量、绝缘子灰密测量、绝缘子异常情况检查、玻璃绝缘子自爆检查、合成绝缘子红外测温、合成绝缘子憎水性检查、不同金属接续金具红外测温、杆塔接地电阻检测、金具锈蚀检查、线路避雷器检查、雷击故障、山火故障、外力破坏故障、线路可用系数等十五类运行数据。各级变电站根据所管辖设备进行分类分析：

1）陶瓷绝缘子绝缘电阻检测运行数据主要用于判定绝缘子是否零值或低值，包括绝缘电阻值等运行数据。

2）绝缘子盐密测量运行数据主要用于表征绝缘子污秽程度的等价参数，包括绝缘子上、下表面等值盐密等运行数据。

3）绝缘子灰密测量运行数据主要用于定量标示绝缘子表面非可溶残渣的含量，包括绝缘子上、下表面灰密值等运行数据。

4）绝缘子异常情况检查运行数据主要用于判定绝缘子铁帽及钢脚锈蚀程度，包括铁帽及钢脚锈蚀情况等运行数据。

5）玻璃绝缘子自爆检查运行数据主要用于判定玻璃绝缘子低值或零值劣化，包括自爆玻璃绝缘子型号及片数等运行数据。

6）合成绝缘子红外测温运行数据主要通过红外热像仪监测设备的运行温度数据，包括发热点温度、正常相温度、参照体温度及环境温度等运行数据。

7）合成绝缘子憎水性检查运行数据主要用于判定合成绝缘子憎水性状态，包括合成绝缘子的污秽度、积水度等。

8）不同金属接续金具红外测温。主要通过红外热像仪监测设备的实时运行温度数据，包括大气温度、送电负荷及不同金属接续金具运行温度等运行数据。

9）杆塔接地电阻检测运行数据主要用于判定杆塔接地电阻值是否正常运行，包括接地电阻实测值、计算值及接地网锈蚀情况等运行数据。

10）金具锈蚀检查运行数据主要用于判定金具锈蚀程度，主要包括金具锈蚀情况等运行数据。

11）线路避雷器检查运行数据是主要用于监测避雷器运行是否正常的实时数据，包括动作次数和泄漏电流等运行数据。

12）雷击故障运行数据主要用于判断雷击故障点，包括雷电流幅值及回击次数等运行数据。

13）山火故障运行数据主要用于判断山火点、发展趋势及影响范围，包括山火点、坡度、风向及气温等运行数据。

14）外力破坏故障运行数据主要用于判断破坏形式及影响范围，包括外力破坏点、破坏形式等运行数据。

15）线路可用系数主要用于评估线路可用系数的指标，包括计划停运时间、非计划停运时间及缺陷时间等运行数据。

变电试验数据主要分为变压器（换流变压器）、电抗器、套管、断路器（GIS、HGIS）、一次测量设备、避雷器、设备绝缘外套试验数据。

1）变压器（换流变压器）试验数据是主要用于检测变压器及其附件性能状态是否正常

的测量数据，主要包括油中溶解气体色谱分析、油中水分、绕组直流电阻、电容型套管的tanδ和电容值等。

2）电抗器试验数据是主要用于检测电抗器及其附件性能状态是否正常的测量数据，主要包括油中溶解气体色谱分析、油中水分、电容值等。

3）套管试验数据是主要用于检测套管性能状态是否正常的测量数据，主要包括套管介质损耗及电容量、气体微水含量、气体分解产物等试验数据。

4）断路器（GIS、HGIS）试验数据是主要用于检测开关类设备绝缘、操作回路性能是否正常的测量数据，主要包括气体水分含量、分解物、回路电阻、分合闸时间、并联电容介质损耗及电容量、合闸电阻等试验数据。

5）一次测量设备试验数据是主要用于检测一次测量设备性能是否正常的测量数据，主要包括介质损耗及电容量、气体微水含量、气体分解产物、油中溶解气体色谱分析等试验数据。

6）避雷器试验数据是主要用于检测避雷器性能是否正常的测量数据，主要包括运行电压下的交流泄漏电流、直流1mA参考电压下的泄漏电流等试验数据。

7）设备绝缘外套试验数据是主要用于检测绝缘外套性能是否正常的测量数据，主要包括绝缘子盐密、灰密测试及绝缘子憎水性等试验数据。

（3）设备运行分析的应用。各部门根据设备运行分析管理的要求与设备运行数据多维度分析的结果开展设备运行分析的应用，分工如下：各级设备运维部门负责应用设备运行分析结果，开展设备运维管理工作。各级基建部在安装和调试过程中应用设备运行分析结果，并及时反馈发现的工程质量问题。各级物资部（物流中心）负责在采购和监造工作过程中应用设备运行分析结果，并及时反馈发现的产品质量问题。生产设备管理部门根据运行分析结果，对设备风险评估结果进行组织修订，制定相应的风险控制措施计划，以保证设备风险评估与现场实际相符合，措施到位。

最后，在设备运行分析中发现的问题应作为设备维护、试验、大修、技改及备品备件采购的依据，将设备运行分析中发现的管理环节问题作为优化管理流程的依据。

3. 隐患管理

安全生产隐患（简称隐患），是指各级生产经营单位违反国家、行业及公司安全生产法律、法规、规章、标准、规程、制度规定，或者在生产经营活动中存在可能导致事故事件的其他因素，如物体的不安全状态、人的不安全行为和管理上的缺陷等。

根据隐患的产生原因和可能导致事故事件的类型，隐患分为系统运行安全隐患、设备安全隐患、人身安全隐患和其他安全隐患。对于隐患的管理主要有：设计和验收管理、隐患排查、隐患防控、分析总结等。

（1）设计和验收管理：各级生产单位在设备新建、改建、扩建等设计、施工阶段应提前介入，提出隐患预控措施，应保证施工不遗留重大隐患。

（2）隐患排查：应遵循"谁主管、谁负责"的原则。各级生产经营单位是本单位隐患排查的责任主体，各级专业管理部门应履行业务范围内隐患排查的组织、协调、指导等工作职责，各级生产单位（工区、班、站、所）负责隐患排查的具体实施。各级生产经营单位结合安全生产日常、专项工作，对照事故事件调查分析，吸取教训、举一反三，按照风险管理体系持续改进等要求开展隐患排查工作。设备管理部门结合设备预试定检、生产运维和事故事件暴露问题，按照缺陷管理办法开展设备缺陷排查治理，按照输电线路防外力破坏、防山火、防树障等工作导则开展设备隐患排查治理。

（3）隐患防控：针对已发现的外部隐患点，应及时书面签发《电力安全隐患告知书》、函件、安全指引并传达到位。

发现可能危及电力设施安全的行为，应立即制止。应设置必要的警示标志、围栏、限位设施、防撞墩等，发放安全宣传单，督促各项安全措施落实到位。如遇复杂施工项目，应派人 24h 值守。

（4）分析总结：以 PDCA 闭环管理流程为评价思路，参照安全生产风险管理体系审查方式，对隐患排查治理和安全检查问题整改效果进行分析和诊断，采用隐患发生率、重大隐患发生率、安全检查问题重复率等统计指标，结合事故事件统计结果，考评生产经营单位隐患排查治理和安全检查整改的有效性。

4. 缺陷管理

缺陷管理是设备全面质量管理过程中的重要环节，通过降低设备制造运输、施工安装过程的缺陷，提高运行维护阶段的缺陷检出率和消缺质量，以达到提高设备运行可靠性、确保电网安全运行的目的；同时，利用对缺陷的统计分析，指导改进设备的设计选型、采购、施工安装、运行维护等工作。

（1）缺陷的发现与处理时限。设备运维部门按照缺陷处理要求及时组织开展设备缺陷消缺工作，对紧急、重大、一般缺陷均应明确消缺处理方案。缺陷处理时限要求，见表 9 - 2。对不能立即消除的缺陷应加强运行监视，并制定"短、中、长"控制措施。

表 9 - 2　　　　　　　　　　缺 陷 处 理 时 限 表

缺陷等级	物资阶段	施工安装阶段	运维阶段（除二次设备）
紧急阶段	—	立即消除	24h
重大缺陷	30 天	30 天	7 天
一般缺陷	90 天	90 天	180 天
其他缺陷	—	—	—

注　"—"表示无时限要求

设备运维人员应保证能够及时发现缺陷，必须做到"熟悉设备规程、了解设备特性、掌握缺陷信息、明确填报方法"。设备运维部门负责发现、填报设备缺陷，并负责缺陷定级。二次设备缺陷处理时限要求，见表 9 - 3。

表 9 - 3　　　　　　　　　　二次设备缺陷处理时限

缺陷等级	保护设备	安全自动化（安自）设备	通信设备	自动化设备
紧急缺陷	24h	24h	24h	2h
重大缺陷	7 天，其中 220kV 及以上主保护缺陷 36h	220kV 及以上温控装置缺陷：36h，其余缺陷：48h	7 天	72h
一般缺陷	90 天	7 天	90 天	60 天

缺陷处理流程包括设备缺陷的发现和报送、确认和定级、消缺和验收、反馈等环节。变电设备缺陷处理单由运行人员负责填写，检修人员或其他工作人员发现缺陷后，应立即

通知运行人员，由运行人员填报缺陷信息。输电设备缺陷处理单由班组长或发现人负责填写。运维和检修过程发现并在现场立即消除的缺陷，应及时进行补登。

缺陷报送信息应包括缺陷发现时间，设备名称，资产编号，设计编号，缺陷部件、部位，缺陷表象，缺陷类别，缺陷原因，严重等级，缺陷发现来源等内容，且填写正确、完整。

发现缺陷后应按风险要求开展设备状态评价。发现缺陷后于缺陷填报时限内在生产管理系统中完成缺陷填报；缺陷填报应详细、准确，包括设备名称、缺陷类别、编号、型号、生产厂家、缺陷时间及投运时间等；缺陷单中明确设备缺陷部位、缺陷内容、造成的影响及可能的后果；填报缺陷发现时间、缺陷级别；缺陷隐患应进行基于问题的风险评估；缺陷处理措施满足"短、中、长"要求。

运维阶段发现的紧急缺陷及可能随时导致设备停运的缺陷应及时报调度部门。发现重大、紧急缺陷，应立即组织技术分析，需要前往现场确认的应及时赶赴现场。当发现同批次或同类型设备存在同样设计、材质、工艺等质量问题时，应按照批次缺陷处理流程及时报送。设备运维部门应保留设备制造运输阶段、施工安装阶段、运行维护阶段的缺陷记录。

（2）缺陷处理要求。缺陷处理人员应严格按照缺陷处理质量要求，在规定时限内及时组织消缺，确保"一次做对、消必消好"。缺陷消除后，应按照设备运行维护阶段相应的验收标准进行验收。对于缺陷处理要求包括：

1）发现紧急、重大缺陷后，运行部门在汇报紧急、重大缺陷的同时，应加强监视和设法限制缺陷的发展，并将缺陷发展情况及时汇报调度。

2）检修部门在接到紧急缺陷通知后，根据缺陷处理意见，制定消缺方案并立即组织人员进行处理。

3）对于一般缺陷，检修班组在接到缺陷通知后，应尽快安排处理。需停电处理的，可将此项缺陷的消缺计划列入停电计划安排处理。

4）对暂不能立即消除的缺陷，现场应做好缺陷"短期控制"并加强运行巡视，制定设备缺陷"中期整治"和"长期消除"控制措施和缺陷处理应急方案。

5）设备缺陷经处理后，降低了缺陷等级，但未能彻底消除的，按降级后的缺陷类别重新填报。

6）缺陷现象出现后，未进行消缺处理而设备缺陷自行消失的，若观察一个月且缺陷不再出现的，可填视为缺陷消除，如之后缺陷再度出现则重新填报新的缺陷。

缺陷消除后，要及时组织验收；设备异常、一般缺陷由设备运维部门组织验收，重大、紧急缺陷由生产设备管理部组织或委托设备运维部门组织验收；当值运行人员要参加变电设备缺陷处理后的验收；验收不合格的需重新进行消缺。

重大、紧急缺陷通过临时处理降低了严重程度，但未完全消除的，应进行降级处理，原缺陷应视为已处理完毕，降级后的缺陷应作为新缺陷进行登记。新旧缺陷应有一一对应关系。

（3）缺陷消除后的分析与改进。缺陷消除后，缺陷原因应填报完整、正确。工作负责人要做好详细的处理记录，并在缺陷处理单、检修试验记录、设备台账上记录消除缺陷。应根据缺陷原因分类，将缺陷反馈至相关责任方。设备缺陷分析结果应作为备品备件、设备采购的依据。针对重复出现的缺陷，要对设备采购、施工、验收、运行维护等阶段的相关制度、流程、技术标准、作业标准、人员培训等方面提出改进措施。

设备专业管理部门及设备运维单位应按月度、季度、年度定期组织进行设备缺陷统计分析。针对重复出现的缺陷，要从对设备采购、施工、验收、运行维护等阶段相关制度、流程、技术标准、作业标准、人员培训等方面提出改进措施。

缺陷统计分析应采用故障树（FTA）、故障模式及后果分析（FMEA）等方法，按照电压等级、设备类型、缺陷部位、制造厂家、运行年限、缺陷等级、缺陷原因、缺陷发现来源等多条件进行组合分析。

分析结果作为设备风险评估、备品备件和设备采购的依据。

运维阶段，设备重大及以上缺陷消缺率和消缺及时率应为100%，一般缺陷消缺率与消缺及时率不低于85%。统计范围为设备运维单位所辖设备，统计周期为月度、季度、年度。统计期间内应消缺的缺陷项数包括统计期间内已存在和新发现的且按规定在统计期内应消缺的缺陷总数。

5."两票"管理

操作票和工作票（以下简称"两票"）是保证安全生产的重要措施，是防止"违章、麻痹、不负责任"的有效措施。为确保安全，杜绝违章作业，防止事故发生，提高经济效益，必须加强对工作票和操作票的管理。

（1）工作票的管理。工作票是在电力生产现场、设备、系统上进行检修作业的书面依据和安全许可证，是检修、运行人员双方共同持有、共同强制遵守的书面安全约定。工作票管理包括人员资格管理、典型工作票管理、执行管理、工作票检查、统计分析、工作票存放和回顾与评价。

生产部门应根据电网和设备的实际情况，组织编写变电、输电等专业的典型工作票，典型工作票应具有代表性，并结合实际应用中发现的问题及时组织修编。典型工作票应注明适用范围，并只作为填票的参考，填写工作票时应结合实际情况进行完善。

执行过程应严格按照 GB 26860—2011《电力安全工作规程 发电厂和变电站电气部分》的要求正确填写和执行工作票。需经调度许可的线路工作票，由工作负责人向具备转令（受令）许可资格的变电站（换流站、串补站）值班员申请，由值班员向调度申请许可后方可执行。

（2）操作票的管理。操作票管理包括人员资格管理、典型操作票管理、执行管理、操作票检查、统计分析、操作票存放和回顾与评价。

电气操作人具备必要的电气知识和业务技能，必须熟悉事故、异常处理程序和应急要求，不断加强操作票知识培训，至少具备该岗位 1 年以上工作经验且熟悉现场设备；操作监护人至少具有该岗位 2 年以上工作经验且熟悉现场设备。

运行部门应根据电网接线方式和一、二次设备投退原则，编写典型操作票，并根据实际情况及时修编，并负责建立典型操作票库，典型操作票改变时，应按照审批流程重新审批。

监护人必须对操作人进行现场全过程监护；值长向监护人下达操作执行指令、监护人向值长汇报执行结果，均必须进行复诵；监护人向操作人下达操作执行指令，操作人必须复诵无误，得到监护人确认可执行后方能执行操作项。操作人操作中产生疑问时，应立即停止操作并向值长报告，必要时由值长向当值值班调度员报告，弄清问题后再进行操作，严禁擅自更改操作票。操作人员在操作过程中发生事故、异常应立即停止操作，事故处理告一段落后再根据调度命令或实际情况决定是否继续操作。

9.2.3　设备检修管理

对设备定期或不定期进行预防性的或恢复性的检查与修理工作，称为设备检修。检修工作是电力生产管理的重要组成部分，对保证电力设备的安全性、经济性运行有重大意义。

1. 检修管理的工作要求

设备检修管理的内容包括检修前风险评估、制定检修需求规划、确定检修策略、制定年度检修计划、开展检修工作和检修绩效评价六个方面。

（1）检修前风险评估。设备运维部门及时跟踪设备预试、定检、检查性操作和周期维修计划是否如期开展，对不能如期开展的，设备运维部门要履行设备负责人职责，报生产设备管理部，同时持续按流程提出预试、定检和周期维修申请，确保计划按期执行。

对于预试、定检、检查性操作和周期维修超期设备，设备运维部门及时对设备的运行状况进行风险评估，并根据评估结果调整维护策略。生产设备管理部及时将超期情况报分管生产领导，分管生产领导负责督促消除超期隐患。

（2）制定检修需求规划。设备运维部门应依据检修规程、预试规程、维护检修手册、反措要求等内容，制定设备检修需求规划。需求规划须包括修理、技改、预试、维护检修、检查性操作等内容。检修需求规划中设备的检修项目和周期应严格按照检修规程、厂家说明书规定的周期和项目编制。

（3）检修方式。应根据检修需求规划，确定设备的 A、B、C 类检修、检查性操作及技改等检修方式。A 类检修是指设备需要退出运行并进行本体解体的检修工作，工作时需要使用仪器仪表或其他的工具进行，如断路器大修等；B 类检修是指设备需要退出运行进行局部检修、维护的工作，工作时需要使用仪器仪表或其他的工具进行，如操作机构维护、传感元件测试、预试定检等；C 类检修是指不需要停电进行的检查、维修、更换、试验工作，工作通过眼看、耳听、鼻闻等直接方式或借助仪器仪表进行测量和分析，如状态监测、带电作业等，其中 C 类检修包含 C_1 和 C_2 两类检修。

C_1 类检修是指一般运维，即日常巡视过程中需对设备开展的检查、试验、维护工作。

C_2 类检修是指专业运维，即特定条件下，针对设备开展的诊断性检查、特巡、维修、更换、试验工作。

应根据设备状态，安排检修时间，对于严重状态的设备，应尽快安排检修；对于异常状态的设备，应在一年内安排检修；对于注意状态的设备，检修周期不超过检修规程和厂家说明书规定的周期；对于正常状态的设备，可延长 A 类检修周期，每次延长时间最长不超过 3 年，延期不超过 2 次；Ⅰ级、Ⅱ级管控设备的延期申请需经局长审批，Ⅲ级、Ⅳ级管控设备的延期申请需经分管副局长审批。

（4）制定年度检修计划。根据单位自身实际情况与设备运行检修的日常经验，制定合理的年度检修计划，主要有五点：梳理年度检修计划、年度检修计划分类、年度检修计划编制、年度检修计划调整、年度检修计划审批。

设备运维部门应根据检修规程、维护检修手册、设备安装使用说明书、反措要求、状态评价和风险评估结果及特巡特维要求等内容，制定设备检修维护需求计划。

生产设备管理部根据不同的检修策略和检修规划，结合停电计划安排，将设备检修需求计划细化为年度设备预试、定检、修理、消缺、特维和大修技改实施计划等。

设备运维部门负责每年及时组织完成本部门下一年度的需求计划。生产设备管理部负责按照规定时间完成年度检修计划编制，并上报公司生产设备管理部，公司生产设备管理部负责组织各单位对 220kV 及以上设备检修计划进行核查、优化。对需停电的工作由本局生产设备管理部负责人审核，分管生产领导审批后及时根据各级调度部门的要求进行申报。

每年收到调度部门正式下发的年度运行方式及停电计划后，生产设备管理部及时完成设备检修计划的调整。

检修计划审批应尽量避免同一设备重复停电。输电设备与变电设备、二次设备与一次设备、直流系统整流站与逆变站、线路两端站点检修安排相配合。线路两侧变电设备的停电检修，应与相关预试、定检等工作尽量在同一次停电中安排。

（5）开展检修工作。为了更好地开展检修工作，需要开展全面的检修准备工作，在检修过程中严格管控，同时做好验收和资料实时更新的工作。检修准备工作包括检修方案准备、作业风险评估、物资准备、工作票及作业表单准备、班前会、工作准备、安全培训和资质审查。

设备运维部门根据月度检修计划，由熟悉现场设备的专责提前组织编制检修方案，并通过方案管理系统完成方案编制、初审、复审、批准流程。涉及跨专业、多个工作地点需协调方可开展的综合性停电检修工作应设置现场工作总协调人并在检修方案中明确。

过程管控包括检修执行、检修过程安全监督检查、检修过程数据分析、检修协调、直流检修日报编制、直流检修日报审核与发布、班后会、临时检修过程管理。

设备不应超期进行检查性操作和超周期维修。设备运维部门应在到期前开始跟踪设备预试、定检、检查性操作和确定周期维修计划是否如期开展。对于预试、定检、检查性操作和周期维修超期设备，及时对设备的运行状况进行风险评估，并根据评估结果调整维护策略。

（6）检修绩效评价。检修工作结束后，工作负责人应组织工作班成员召开班后会，对检修过程亮点、不足开展分析讨论。对运行人员的检修工作进行验收，也是避免隐患非常重要的一个方面，包括启动验收、启动投运设备、直流检修总结编制、直流检修总结审核与上报四个方面。检修工作完成后，工作负责人需会同运行人员对作业完成情况进行验收，严格把关，保证检修质量。如需启动投运设备，应编写启动方案，经审批下发后，由运行和调度人员执行。

2. 反事故措施管理

反事故措施简称反措（Anti-accident Measure），是根据电网结构、运行方式、继电保护状况并考虑由于人员过失及恶劣气候造成的系统事故而事先制定的防范对策和紧急处理办法。对反措的管理可以有效地避免事故的发生，主要包括反事故措施制度管理、反事故措施分类、反事故措施职责。

（1）反事故措施制度管理。反事故措施制度管理实行统一领导、分级管理的原则，下级单位必须根据实际情况，制定相应计划严格落实上级管理部门制定的反事故措施，同时可以根据需要增加其他反事故措施内容。反事故措施实行动态管理，各相关单位部门应及时根据出现的电网、设备的共性安全隐患，及时制定反事故措施，并组织落实。

（2）反事故措施分类。反事故措施是在事故调查分析、设备评估、技术监督、安全性评价以及电网稳定分析等工作的基础上，针对电网或设备存在的安全隐患和问题，以预防人身、电网和设备事故发生，保证电网和设备安全可靠运行为目的所采取的防范措施，包括技术措施和管理措施。技术措施一般应结合工程建设、设备检修和改造实施。管理措施一般应纳入生产运行规程的修订予以实施。

（3）反事故措施职责。生产设备管理部是反事故措施工作的归口管理部门，其主要职责如下：制定反事故措施管理办法，对反事故措施进行规范化管理；负责组织实施企业内部制定的反事故措施；负责制定并发布本单位的反事故措施，编制年度反事故措施计划并组织实施；最后检查、指导基层单位反事故措施计划的落实，按要求上报反事故措施计划完成情况。

3. 抢修管理

在电力生产中要努力确保系统安全可靠地运行，防止事故的发生，但是事故一旦发生，要积极进行抢修，对于抢修的管理有以下几个方面：事故处理原则、事故处理程序、线路事故抢修、安全生产信息汇报、设备事故应急预案和电力安全工作规程。

（1）事故处理要求。事故处理原则有：迅速限制事故发展，消除事故根源，并解除对人身和设备安全的威胁；用一切可能的办法保持系统（包括交流系统）的稳定运行；调整系统运行方式，使其尽快恢复正常。

当直流输电系统事故发生时，需要注意以下三点：

1）直流输电系统发生事故时，由总调值班调度员指挥处理。值班调度员在指挥进行直流事故处理时，可以不填写操作票，但事故后必须做好记录。

2）直流输电系统发生事故时，换流站值班员应立即将事故概况汇报总调值班调度员，在查明或收到有关故障的进一步信息后，应立即汇报。汇报内容应包括事故发生的时间、天气、故障现象、跳闸开关、电压、潮流的变化、继电保护和安全自动装置动作情况、故障录波和微机保护录波信息、一（二）次设备检查分析意见等。

3）直流输电系统发生故障跳闸，两侧换流站应对本站一、二次设备进行检查，分析故障原因，并向值班调度员汇报本站设备情况及是否具备复电条件。故障原因不明进行试送时，必须得到运行主管领导的批准。

（2）事故处理程序。当事故发生以后，应该按照相关的事故处理程序进行处理，其具体的处理程序为：

1）通知到人。当事故发生以后，运行值班员应迅速通知值长、检修值班人员和值班站领导。安排运行人员检查事故涉及的一次设备、保护、安全稳定控制（安稳）、故障测距、故障录波装置等。运行值班人员在3min内向值班调度员汇报事故发生的时间、天气、跳闸设备等事故概况，然后将该信息汇报给值班站领导。

2）分析故障。在规定的时间内调出并打印故障录波图、保护动作报告，抄录故障测距、稳控动作信息等，并将信息及时报送给中控室。对于交流故障、直流线路故障，事故后15min内，运行值班员应将一次设备检查情况、保护及安全保护自动装置（简称安自）动作情况等内容汇报值班调度员。对于直流设备故障（直流线路故障除外），事故后30min内，运行值班员应将一次设备检查情况、保护及安自动作情况等内容汇报值班调度员。

3）汇报情况。将设备检查的详细情况及初步原因分析情况等电话汇报给值班站领导，并按照信息汇报规范发送短信。

4）事故处理。根据调度令，将故障设备进行隔离，必要时报送事故抢修单进行抢修。

5）存档复归。对事故所涉及的一、二次设备状态进行拍照存档，拍照后复归有关故障信号，不能复归的信号应查明是否会影响设备的送电运行。

6）撰写报告。根据一次设备变位情况、故障录波图、保护动作报告、故障测距、稳控动作信息、故障照片等撰写事故跳闸报告。

（3）线路事故抢修。线路跳闸的事故具体抢修原则为：线路跳闸重合闸未动作或重合闸动作不成功时，负责设备监视的运行值班人员应在事故后 3min 内向总调值班调度员汇报事故发生的时间、天气、跳闸设备等事故概况。事故后 12min 内，运行值班人员可不再就地检查变电设备，但应充分利用已有监控系统获取的信息并加以分析，向总调值班调度员汇报是否发现影响线路强送的设备异常，并汇报已获得的一次设备检查情况、保护及安自动作情况等内容。

在线路跳闸后，总调值班调度员应尽快控制有关断面潮流及母线电压在限值内，做好强送准备，并根据获得的信息综合判断，未发现影响线路强送的设备异常，原则上应在线路跳闸 20min 内进行第一次强送，并注意以下两点：

1）正确选取强送端，远离重要线路、发电厂和枢纽变电站及换流站，并尽量远离故障点。

2）强送开关应满足中性点直接接地系统要求。

若第一次强送不成功，值班调度员可根据故障情况及系统需要进行第二次强送；若两次强送均不成功，值班调度员应请示本单位分管生产领导同意后方可再次或多次强送，强送开关操作间隔时间应大于 6min。

但是需要注意下列情况，未经就地检查变电设备或采取必要措施的，不允许直接强送：

1）全电缆线路。

2）跳闸线路无可快速切除故障的主保护。

3）已接到跳闸线路不具备运行条件的报告。

4）跳闸线路高压电抗器保护动作。

5）线路跳闸时系统伴有振荡现象。

6）线路检修结束复电时或试运行线路跳闸。

7）已确认线路发生三相短路故障。

8）线路有带电作业或带电跨越施工。

9）强送开关为单相故障单相开关拒动时可能导致系统失稳的开关。

10）经调控中心分管生产领导同意预先确定的设备可不强送。

线路跳闸，无论恢复送电与否，调度员均应及时通知相关单位巡线，发布巡线指令时应说明故障信息、测距结果及线路是否带电。巡线单位应及时将巡线结果报告值班调度员。若因为双侧电源线路单侧跳闸或保护误动等原因。确认跳闸线路无故障点时可不通知巡线。

当联络线过负荷，值班调度员应下令：

1）受端系统的发电厂迅速增加有功出力，快速启动受端水电厂的备用机组，包括调相的水轮发电机改发电运行及切除抽水蓄能电厂的水泵。

2）送端系统的发电厂快速降低有功出力。

3）有功出力调整后仍不能满足要求时，应立即要求受端系统采取限负荷措施。消除联络线过负荷。

4）必要时，值班调度员可改变系统接线方式，使潮流强迫再分配。

5）若发生联络线超稳定极限运行，值班调度员应在 15min 内将联络线潮流降至稳定极限内，必要时可采取解列机组或限制负荷等特殊措施。

恶劣天气引起线路大面积跳闸后，值班调度员应密切监控联络线潮流，保证留有较大裕度，并加强电压监控。恶劣天气引起两条及以上 500kV 线路跳闸，若厂站值班人员无法到户外检查且一次设备无明显声、光异常时，可对线路进行一次强送。如在跳闸线路中包含同一断面的两条及以上线路时，应尽快强送该送电断面跳闸线路，防止该断面相继发生其他线路故障引起电网稳定破坏。强送后应及时分析保护动作情况。

线路大面积污闪事故处理：

1）线路发生污闪故障后，值班调度员应及时收集线路保护动作情况和故障测距情况，并尽快通知相关单位巡线。

2）线路发生大面积污闪时。值班调度员应降低线路潮流，保证相关通道留有较高裕度。

3）线路发生大面积污闪后，如同时停运发生污闪线路会对电网稳定运行构成严重威胁时，值班调度员应尽量避免同时停运发生污闪线路；如线路维护单位在被明确告知需尽量保持发生污闪线路运行后仍坚持申请紧急停运，值班调度员可先将相关线路转热备用，再选择合适时机转检修处理。

4）大面积污闪时如发生污闪线路跳闸，在对厂站内一次设备和保护动作情况进行检查分析后，可对该污闪线路进行强送。强送不成功线路保持热备用状态，根据系统运行要求及天气变化情况选择合适时机再次强送或转检修处理。

5）发生污闪线路转检修后，原则上安排白天抢修。晚峰前终止工作，恢复线路至热备用状态。

（4）设备事故应急预案。为了规范输变电设备事故应急管理工作，明确设备事故应急程序和应急处置措施，提高处置设备事故的能力，最大限度地预防设备事故发生、降低设备事故造成的损失和影响，尽快恢复设备正常运行，制定设备事故应急预案。

设备事故应急预案可分三层，即公司层面、基层单位层面、基层单位管辖换流站层面，例如超高压输电公司设备事故应急预案属于公司层面、超高压输电公司昆明局设备事故（事件）应急预案属于基层单位层面、普洱换流站现场处置应急预案属于基层单位管辖换流站层面。

设备事故应急预案可包括总则、风险与资源分析、设备事故分级、组织机构及职责、应急响应、后期处理、应急保障、培训和演练、附则、附件等。

应以上级层面的设备事故应急预案作指导，编写本层面的设备事故应急预案。每一型号设备、每一事故事件对应一份设备事故应急预案。

（5）电力抢修工作规程。当事故发生时，积极做好抢修工作可以最大限度地减少事故造成的损失，因此需要严格按照抢修工作的规程来进行抢修作业。

抢修工作可分为紧急缺陷和需要紧急处置的故障停运设备设施的抢修工作与灾后抢修工作两种，均要使用紧急抢修工作票：

1）紧急缺陷和需要紧急处置的故障停运设备设施的抢修工作。紧急抢修应使用紧急抢修工作票，紧急抢修作业从许可时间起超过12h后应根据情况改用非紧急抢修工作票。抢修前预计12h内无法完成的，应直接使用相关工作票。紧急抢修工作票及书面形式布置和记录不必签发。紧急抢修工作票可在工作开始前送达许可部门值班负责人。

2）灾后抢修工作。在6级及以上的大风以及暴雨、雷电、冰雹、大雾、沙尘暴等恶劣天气下，应停止露天高处作业。特殊情况下，确需在恶劣天气进行抢修时，应制定必要的安全措施，并经本单位批准后方可进行。

4. 项目实施管理

项目管理要求项目应按照统一标准、统一流程、分级管理的原则，根据项目性质、规模及金额的不同进行分级、分类管理，并明确划分标准及权责。项目管理应贯彻落实资产全生命周期管理理念，体现风险、效能、成本综合最优的管理目标，强化全过程管控，重视总结评价改进，提升项目管理效能。项目管理过程包括决策阶段、设计阶段、实施阶段、验收阶段和收尾阶段。

（1）决策阶段。决策阶段是指由项目纳入规划或项目建议书开始，经决策下达计划的阶段，包括规划管理、前期计划及费用管理、可研管理、计划管理、计划调整管理、应急项目管理等环节。

1）规划管理。专业规划审查后，纳入投资总体规划，统筹协调投资需求和能力，协调投资规模、投资结构和各类别规划项目，避免重复投资，并综合分析投资效益。总体规划审批后，各专业规划项目才能纳入前期项目储备库。

技改项目应执行"两库、两门、两计划"，即前期项目储备库和投资项目储备库、前期决策门和投资决策门、前期费投资计划和年度投资计划，并分级管理。生产经营性项目及纯采购类项目采取"一库、一门、一计划"，即投资项目储备库、投资决策门和年度投资计划。

2）前期计划及费用管理。项目前期费用包括可行性研究报告或其他与项目前期工作有关的咨询服务费用，及其项目前期管理工作中发生的协调费用，主要包括可研编制费、可研评审费等，相关费用应当年完成结算。原则上纳入前期储备库的项目，经前期决策并列入前期费投资计划后，才能开展可行性研究工作（应急项目、紧急项目除外）。

3）可研管理。单项投资总额在100万元及以上且包含建筑安装费用的技改、修理项目应编制项目可行性研究报告，其余项目应编制项目申请书，可研报告原则上应达到初步设计深度要求。

项目可研报告采取分级审批管理，A类项目可研报告由公司设备部批复；B类项目可研报告由分、子公司设备部批复，并报公司设备部备案；公司设备部每年对基层单位B类项目可研报告批复情况进行随机抽查；可研报告通过审批的项目方可进入投资项目储备库；大型技改项目的可研由计划部门组织审查，按基建程序管理；符合"三重一大"的项目，根据管理权限，需提交公司或分、子公司董事会进行可行性决策。

4）计划管理。各单位按照轻重缓急原则，对投资项目储备库中的项目进行上报并经投资决策后列入下一年度项目计划。符合"三重一大"的项目，根据管理权限，需提交公司或分、子公司董事会进行投资决策。

A类生产经营性项目计划由公司设备部下达；B类生产经营性计划由分、子公司设备部下达。年度生产经营性项目计划在每年1月底前由分、子公司根据年度预算初步安排情况，结合急需、定期维护的需要下达本年第一批计划，其资金总额原则上不超过本年度费用规模（申报）的50%；分、子公司在公司年度预算确定后，对年度生产经营性计划进行相应调整，下达年度第二批、第三批计划。

5）应急项目管理。应急项目（备用金）在编制和下达计划时单独列项，备用金额度一般为年度项目投资总额的5%～10%。对于其他未列入年度项目计划的紧急项目，应履行可研程序，经公司或分、子公司设备部批复后可先行实施。应急、紧急项目相关费用从年度应急项目备用金中列支。

（2）设计阶段。设计阶段是指对已列入年度项目计划的项目，开展设计管理工作，并最终通过设计审批具备条件开展项目实施的阶段。

原则上非购置类项目应开展设计工作，满足设计深度要求，方案先进、造价合理，项目设计在通过审查后方可开展后续工作。

应建立和完善项目设计管理机制，规范设计内容，保证设计质量，提高设计水平，并积极应用标准设计、典型造价。

对于包含建筑安装工程的项目都应进行施工图设计，项目施工图设计审查一般由项目建设单位设备部组织审查或委托有关实施部门（单位）组织审查。

（3）实施阶段。实施阶段是指运用所具备的人、财、物对项目进行相关建设活动的过程，并最终完成项目建设工作的阶段，主要包括现场实施、项目监理、设计变更等环节。

1）现场实施：凡是对外发包的项目，项目开工前，项目建设单位应与项目施工单位签订施工安全协议，明确各方安全责任及违约责任；项目施工单位应根据风险等级编制相应的施工方案，明确安全组织措施与安全技术措施，申报项目建设单位审批后的方可开工。

2）项目监理：项目监理管理参照基建项目管理模式，含建筑安装工程的项目原则上实行项目监理。

3）设计变更：项目的设计变更应填写正式的设计变更通知单，提交项目实施部门审查后，依次经设计、监理、项目实施单位签字后方可生效。

（4）验收阶段。验收阶段是项目实施完成后对项目实施内容开展验收工作直至项目成果交付完成的阶段，主要包括竣工验收、启动投运、投产移交等环节。

1）竣工验收：项目实行三级验收。施工结束后，项目施工单位应首先进行自验收，再由监理单位组织验收；项目施工单位自验收并经监理单位验收合格后，向项目建设单位提出竣工验收申请，并组织整理相关资料提交项目单位。项目竣工验收工作实行统一管理、分级负责。公司、分省公司本部负责实施的项目原则上由本公司设备部组织验收，也可根据实际情况委托有关部门（单位）组织验收；基层单位负责实施的项目验收权限由各分省公司根据实际情况自行明确，原则上以基层单位自行验收为主。

2）启动投运：项目工程应通过竣工验收合格，具备投产条件后方可投入试运行。

3）投产移交：影响启动投产的问题，应在投产前由施工单位处理完毕；不影响启动投产的问题，应列出问题清单，明确整改责任，并限期整改。设备启动方案由项目建设单位负责组织编写，经相应调度机构审核，由工程启动验收委员会批准。启动过程应严格执行启动方案，遇有异常情况应立即报告并由工程启动验收委员会组织处理。设备投产试运行确认状态正常后，应及时办理工程投产移交手续。

（5）收尾阶段。收尾阶段是指在工程投产移交后进行结（决）算管理、档案管理、总结回顾、后评价管理的阶段。项目竣工验收合格后，方可开展项目结（决）算工作。原则上项目结算在项目投产移交后两个月内报审项目结算，项目决算按照公司工程财务管理有关规定执行。项目竣工投产后三个月内，应做好档案移交工作，按有关电子化移交规定完成档案移交。项目实施单位定期做好项目的分析回顾工作，每月对在建项目的实施情况进行统计，每年对项目的完成情况进行总结。项目应开展项目后评价工作，遵循"谁决策，谁评价"的原则，由项目决策单位选择有代表性的项目按公司有关后评价管理规定对项目目标、实施过程、效益、作用及影响进行全面、系统、客观地分析和量化评价，总结经验，吸取教训，提出对策建议，建立项目后评价反馈机制，持续改进公司项目决策管理水平。

5. 作业风险评估管理

各级管理人员根据检修作业综合风险实施现场分层分级到位管控。作业人员针对作业任务开展作业过程的危害辨识与风险评估、关键任务识别与控制工作，确定作业带来的人身风险、电网风险、设备风险、环境风险、职业健康风险、社会影响风险（指因人身、电网、设备、环境与职业健康等方面风险衍生的风险），建立并发布作业风险数据库和关键任务识别表，形成风险概述和作业指导书并动态更新，作为作业时风险控制的依据。危害辨识过程应全面考虑作业环境、设备与工器具、人员行为、管理手段、作业方法、作业时间及紧急情况等各方面因素。

（1）现场检修作业综合风险评定。安全生产管理人员每月初根据当月停电检修计划进行现场检修作业风险综合评定，编制检修作业风险综合评估与到位计划表，指导管理人员分层分级到位管控。

检修作业风险根据停电电网风险等级、以往同类检修过程发生事故事件情况、检修作业复杂程度、检修工作成员作业熟练程度、检修工作成员连续工作时间及检修作业人员数量相结合的"六维度"量化值，评估对应的检修作业风险等级（Ⅰ级、Ⅱ级、Ⅲ级、Ⅳ级、Ⅴ级）。

（2）区域风险评估。区域风险评估针对作业活动区域外的危害因素进行的风险评估。主要是针对可能造成电网、设备和作业人员安全的自然灾害、地理环境、外界人员或物质评估其风险。为应急管理提供输入。

（3）评估结果回顾与更新。作业基准风险评估完成后，各单位应及时识别人员、设备、环境、管理等变化因素，开展持续的风险评估与控制，发生变化时，对风险数据库进行回顾、更新。

针对山火、雷击、过负荷等周期性风险及发生不安全事件或事故时，应开展基于问题的统计、分析与评估，辨识全年的风险暴露规律，制定落实合理、有效地应对措施和工作周期，并基于风险评估结果动态更新风险数据库、作业指导书与作业表单。各专业班组在作业前应采用安全技术交底和"两分钟"思考法对检修施工方案及表单的风险评估与控制措施内容进行再评估，结合工作实际补充调整有关内容。当作业过程发生不安全事件或事故时，应对该项作业开展风险再评估，根据再评估结果调整风险等级，同步更新风险数据库、作业指导书与作业表单。

（4）关键任务识别。每年各单位安全监管部组织各生产部门根据作业基准风险评估的结果进行关键任务识别工作，各单位生产部门对所有作业任务按照关键任务识别，并填写关键任务识别表。

各单位安全监管部每年组织完成对关键任务的识别与分析情况进行回顾，并更新关键任务识别表，确保关键任务识别的充分性与合理性。注意以下几点：

1）根据任务观察统计分析结果，对不符合现场实际的作业指导书、作业表单由使用单位提出修编意见，经各单位生产设备部审核，报公司生产设备部组织修编发布。

2）当作业方法、流程发生变化时，各单位生产部门应进行关键任务分析并将结果上报本单位安全监管部。

3）对新的作业，实施前按照关键任务识别流程识别并上报。根据任务观察统计分析、关键任务识别回顾、作业方法或流程发生变化及新的作业进行任务分析的结果，经各单位安全监管部审核为新的关键任务的，由各单位生产设备部组织编制作业指导书、作业表单，经单位主管生产领导审批后暂行实施。同时上报公司安全监管部，经公司安全监管部确定为关键任务的，由公司生产设备部组织修编发布作业指导书及作业表单并实施。

6. 备品备件管理

备品备件是指在电网生产技改、大修、运行维护、检修和事故抢修过程中，为缩短设备停歇时间，保障电网安全稳定运行，事先按一定数量采购和储备好的零部件、成套设备。为了做好备品备件的管理，应该了解备品备件管理总体原则，备品备件定额，备品备件采购、储备、调拨、配送、使用及轮换管理，备品备件资金管理，备品备件试验、检测和修复以及备品备件检查与考核。

（1）备品备件分类。按备品用途分为：事故备品备件、轮换消耗性备品备件；按备品的管理层级分为：A 类备品备件、B 类备品备件、C 类备品备件。

事故备品备件是指用于突发事故抢修而且具有加工或采购周期长、修复困难、价格贵重、消耗频次低等特点的物资，包括设备性备品、配件性备品和材料性备品。设备或部件在正常运行情况下不易损坏，额定参数运行时不易劣化，正常检修不需要更换；一旦损坏后将造成输变电设备不能正常运行，直接影响主要设备的安全运行、系统运行方式和可靠性，必须更换。

轮换消耗性备品备件是指用于计划性检修的物资，包括设备正常运行情况下容易磨损，正常检修需要更换的零部件；为缩短检修时间用的检修轮换部件；在检修中使用的一般材料、设备、工具和仪器；技改或大修项目需要的材料、设备和零部件。

A 类备品备件指 220kV 及以上电压等级一次主设备的备品备件，包括主变压器、断路器、电抗器、主变压器套管、隔离开关、电流互感器、电压互感器。

B 类备品备件指除 A 类备品外的 35kV 及以上电压等级一次设备的备品备件，包括主变压器、主变压器套管、断路器、隔离开关、电流互感器、电压互感器、避雷器、电缆头、电抗器、耦合电容器、阻波器及直流输电设备、主干通信 A/B 网设备、调度数据网设备、电视电话会议设备、ADSS 通信光缆、OPGW 光缆。

C 类备品备件是指除 A、B 类备品外的备品备件。

（2）备品备件管理总体原则。备品备件管理遵循"统一管理、分级配置、资源共享、保障有力"的原则。在同一原则的指导下，规范各单位生产设备备品备件的时效性管理，确保备品备件既满足安全生产需要，又经济合理地储备，减少积压和浪费，提高备品备件利用率。

（3）备品备件定额。根据公司范围内在网设备的运行情况，科学地制定备品备件定额，做到既满足事故抢修需要，又减少储备积压，节约资金。

按分级管理的原则，A、B 类备品及公司总部备品备件定额由公司生产设备管理部组织编制并发布；C 类备品及备件定额由分公司、子公司生产设备管理部组织编制并发布。定额编制时，在满足需求量及配送时效的前提下，可对备品备件定额的储备方式进行调整，减少备品备件的自购储备定额，增加协议储备定额。

物资需求部门在公司储备清单范围内提出储备定额需求，内容包括物资品类编码、规格型号、需求数量、供应时效、轮换年限、适用范围、单一来源物资的供应商名称、相关订货技术规范等。

生产设备管理部根据储备定额需求、综合仓库层级及急救包设置、配送能力、历时用量统计等因素编制本级统筹储备的储备定额，确定重购线（急救包为补货周期）、重购量、安全库存及最高储备量，报上级物资管理部门审核网，公司批准后执行。

（4）备品备件采购、储备、调拨、配送及使用。备品备件管理部门根据备品备件配置定额及消耗情况，及时向本级生产设备部门提出采购、补充申请，由生产设备部会同财务、计划部门核准，经单位领导批准后，形成采购目录。备品备件管理部门负责根据采购目录进行采购，生产设备部配合选型验收等技术工作。

备品备件采购遵循设备采购管理规定：

1）规范供应商资质管理。

2）开展入网供应商生产能力和质量保证能力的评估。

3）制定设备采购技术规范书，作为设备采购的依据。技术规范书应根据公司技术标准和反事故措施的要求，及时滚动修编。

4）设备专业管理部门每年结合设备运行分析对设备进行评价，并将评价结果反馈给物资部门，经审批后应用于招评标活动。

5）制定设备品控管理办法，明确监造、运输、仓储、到货抽检等环节的管理要求。

6）制定品控的技术标准，明确监造、运输、仓储、到货抽检等环节的控制要求和评判标准。

7）设备的监造、运输、仓储、到货抽检等环节发现的缺陷，应纳入缺陷管理并作为公司对供应商评价的依据。

8）设备发现质量问题，相关部门应负责汇总并反馈给物资部门，由物资部门对供应商进行处置。

9）设备出现质量问题后，物资部应督促供应商制订完整的整改方案，由设备专业管理部门组织审核通过并将审核结果反馈物资部门。

10）备品备件、应急物资等属于日常生产经营、检修维护、抢险抢修等所需物资需求实行储备管理。储备物资实行清单管理，按仓库级别和急救包类别，分别建立储备物资清单，储备物资清单内容包括物资编码、物资名称、单位、规格型号，区分战略储备和常规储备。清单每年动态修编统一发布，各单位在储备物资清单范围内开展储备管理。

11）储备物资清单调整优化原则：首先，各专业应结合物资品类优化结果，遵循互换性和通用性的原则，提出并优化清单，减少储备物资种类。其次，各类急救包储备物资清单应紧密结合不同专业生产班组日常维修、抢修所需的常用物资编制，低周转率物资归集在一、二级仓库储备，满足效率效益原则。再次，各单位加强对储备物资的实际使用情况的统计分析，避免出现"储非所需"，提高储备物资周转率。

12）储备相关要求：首先，备品备件由入库人填写入库单，经保管员核查合格证明，并做适当的外观等质量抽检后入库。备品备件上架时要做好涂油、防锈等保养工作，按用途分类存放，并有明显标牌。

其次，入库备品备件要由库管人员按照设备维护保养规定，定期检查与维护，做到不丢失、不损坏、不变形变质、账目清楚、码放整齐。

再次，领用备品备件需办理相应的手续，及时进行登记、销账和减卡等。

最后，备品备件台账中应详细记载进出库设备名称、属性代号、规格、数量、位置编号、进出库时间、经办人等，定期盘点，备品备件动态应随时反应。

当发生重大突发事件时，为确保电网的安全稳定，尽快恢复供电，减少停电造成的社会影响，降低损失，可对备品备件进行调拨与配送。备品备件的调入和调出按照本单位业务指导书开展工作。

（5）备品备件资金管理。备品备件采购、储备、轮换、调拨等所需的费用和资金纳入预算管理。

（6）备品备件试验、检测和修复。为防止备品备件因在储存期间性能发生变化而不能有效备用，应参照电气设备预防性试验规程和继电保护定检规定对一、二次备品备件进行试验和检测，试验周期可以根据设备实际情况适当延长，试验项目可以适当缩减。对于试验、检测后确定不能满足备用要求的备品备件，应及时予以修复。

（7）备品备件检查与考核。备品备件管理工作的检查和评价每年进行一次。各生产单位及分（省）公司级备品备件管理部门对备品备件管理工作的完成情况和存在的问题进行自查和自评，自查、自评结果报分（省）公司生产设备管理部，分（省）公司结合各单位的自查自评结果形成总结报告。通过自评自查，对备品备件管理工作进行总结和评价，不断提高备品备件管理水平。

9.2.4　设备技术监督管理

电力规划、设计、建设及发电、供电、用电全过程中，以安全和质量为中心，依据国家、行业有关标准、规程，采用有效的测试和管理手段，对电气设备的健康水平及与安全、质量、经济运行有关的重要参数、性能、指标进行监测与控制，以确保其安全、稳定、经济、高效运行。

1. 技术监督的要求

公司的生产设备管理部、计划发展部、信息通信运维中心是技术监督的专业管理部门，生产设备管理部是技术监督的归口管理部门。生产设备管理部负责监督公司设备全生命周期的技术标准执行情况，负责公司技术监督执行全过程的预警发布与督促整改，负责公司技术监督工作的评估与审查，负责绝缘、生产过程环保、化学、金属、热工等专业监督工作及电能质量专业（除频率、电压允许波动和闪变项目），电测专业（除电能计量类项目），继电保护、自动化装置和安全自动装置，电能质量专业频率、电压允许波动和闪变项目的技术监督工作，负责公司重大设备事故的技术分析，对有关技术问题提出反事故措施建议，计划发展部负责节能、规划环保专业及电测专业电能计量项目的技术监督工作，负责在电网规划过程中的环保评价及公司的节能管理，信息通信运维中心负责电力通信专业技术监督工作，人力资源部负责技术监督人员的技术及管理培训工作。

2. 技术监督体系

技术监督工作应分专业提出技术监督指标，定期检查分析指标完成情况；强化动态管理，根据电网各个时期的工作重点及专项工作，调整技术监督的工作重点，并实行以下工作机制，持续改进技术监督工作。

（1）技术标准及时更新机制：各单位生产设备管理部应及时根据公司下发的技术标准体系表发布情况进行更新，确保所使用的技术标准是国家、行业或企业最新发布的版本。

（2）技术监督的工作报告机制：各单位在每一项具体技术监督工作中都应形成技术监督报告。技术监督报告应包括技术监督项目、工作时间、地点、应用指标标准、实际检测结果、存在问题及原因分析、措施与建议、监督结论等内容，并按"谁签字、谁负责"的原则履行逐级签字。对严重影响电网和设备安全运行的问题，应发布预警通知单。

（3）技术监督的档案管理机制：各单位负责建立健全所辖设备的清册、台账、图纸、说明书、试验、检修记录、运行规程、事故分析报告等技术档案资料，保证原始资料的完整、连续、准确，并与实际相符，根据设备变更情况动态更新，确保技术档案的完整性、准确性，逐步实现微机化、网络化全过程的动态管理。

（4）技术监督的预警机制：公司技术监督专业管理部门对技术监督过程中发现的重大问题发布技术监督预警通知单，各单位生产设备管理部针对在技术监督过程中发现设备存在的严重缺陷、隐患应及时向设备运行维护单位发布技术监督预警通知单。

（5）技术监督的整改跟踪机制：预警通知单发布后，预警单位及时将预警响应情况及风险落实情况反馈发布单位。预警发布单位全程监督设备消缺、检修、改造等整改过程。

（6）技术监督工作的定期检查机制：各单位生产设备管理部应每年对运维部门开展分专业、分设备、有重点地对技术监督的工作内容、标准和实施情况进行检查、分析、评估，但须确保检查的全覆盖。对检查出的问题进行分析，并结合日常技术监督状况，对技术监督工作开展情况进行综合分析评估。

（7）新技术、新方法的推广应用机制：各单位应根据科技进步、电网发展以及新技术、新设备应用情况，积极探索和推广先进测试手段、方法和新技术，按年度对技术监督工作的内容、范围、方式、标准、手段进行补充、完善、细化，提高各专业技术监督工作的水平和能力，做到对各类设备的有效、及时监督。

9.2.5 设备指标绩效管理

指标是公司所有指标按照一定的类别和层次组成的有序集合。以公司综合管理委员会、业务领域、专业部门为单位制定的专业指标体系，是公司指标体系的子集。子集是公司所有指标全集的组成部分但不应超出全集的范围，各子集可以共用公司指标体系内的指标，但是不得重复定义。指标是表征和评价一项或多项经营活动业务绩效的指示。指标由指标名称和指标数值两部分组成，指标名称及其含义体现指标在质和量方面的规定性，指标数值反映指标在具体对象在特定时间、空间、条件下的数量表现。

1. 设备指标内容

设备指标应包含报废资产净值率、变压器强迫停运率、输电线路强迫停运率、断路器强迫停运率、直流强迫能量不可用率、直流单极闭锁次数、直流双极闭锁次数、直流其他非计划停运次数、安自装置正确动作率、故障快速切除率、继电保护正确动作率等方面。

（1）报废资产净值率。报废资产净值率既能在一定程度上反映各部门（单位）对资产保管、维护的好与坏，也能在一定程度上反映资产使用的可靠性、电网资产规划的合理性，对考评结果可以区别情况进行分析。

在特高压直流运维工作中，加强设备的维护，提高检修质量可以降低报废资产净值率。延长资产使用生命和控制资产后续支出是资产管理的一个重要环节，也是成本效益控制的重要方法之一，通过积极应用新技术、新工具，提高设备的质量和性能，加强资产状态监控明确为到达设备的实用年限所应该开展的维护、检修内容，并将工作细化落实到日常工作中。

（2）变压器强迫停运率。强迫停运是由于不期望的设备问题引起，如系统故障跳闸、设备紧急缺陷必须立即停止运行进行处理等情况造成的停运。变压器强迫停运率是指变压器发生强迫停运的次数概率，其值为

$$变压器强迫停运率 = \frac{强迫停运次数}{统计台（段）年数} \times 100\%$$

为有效降低变压器强迫停运率，保证变压器的稳定运行，变压器日常巡视检查每两天开展一次。

（3）输电线路强迫停运率。输电线路是指在电力系统内用于输配电的杆塔、导线、绝缘材料和附件组成的设施，包括高压线路和低压线路。输电线路强迫停运率为输电线路发生强迫停运的时间概率，其值为

$$输电线路强迫停运率 = \frac{强迫停运小时}{强迫停运小时 + 运行小时} \times 100\%$$

除了日常巡视外，还要考虑线路存在的风险和必要的动态、专业和停电运维，当线路发生异常或者故障时，要及时消缺和处理，保证管辖范围内的线路能正常运行。

日常巡视包括对杆塔本身、路基、导地线、绝缘子串、金具、防雷设施及接地装置、线路辅助设施等进行巡视。目前线路存在的风险主要有以下几方面：①山火导致线路跳闸的风险；②雷击导致线路跳闸的风险；③地质灾害导致倒塔、断线的风险；④树障导致线路跳闸的风险；⑤外力破坏引起线路跳闸的风险。线路动态运维是根据线路的风险有针对性进行的风险管控工作，专业及停电运维是在停电或者高温高负荷情况下进行运维工作，内容主要包括停电登塔检查、对线路设备进行消缺或者试验、对输电线路进行红外测温等动作。

（4）断路器强迫停运率。断路器强迫停运率为断路器发生强迫停运的时间概率，其值为

$$断路器强迫停运率 = \frac{强迫停运小时}{强迫停运小时 + 运行小时} \times 100\%$$

为减少断路器的停运，应从试验验收和巡视维护两方面进行维护。试验要求在每年停电检修期间开展绝缘电阻测试，导电回路电阻测量，跳闸、合闸线圈直流电阻测量，跳闸、合闸时间的测量，检同期试验，交流耐压试验，巡视维护应检查断路器的实际位置与机械指示、电气指示，检查 SF、气体压力表计指示；检查空气压缩机、液压油泵、弹簧储能电动机的日运行小时数，SF、压力、弹簧储能是否正常，引线有无松股、断线、金具有无变

形、瓷套污秽情况，控制箱内各端子连接情况。需要从验收到巡视再到后期的维护保养整个过程对断路器进行实时监测，保证断路器各部件外观正常，内部装置和二次回路都能良好地运行。

（5）直流强迫能量不可用率，统计直流系统强迫停运小时数。

（6）直流单极闭锁次数，直流单极闭锁是指特高直流系统同一极的双阀组同时闭锁。

（7）直流双极闭锁次数，直流双极闭锁是指直流输电系统在同一时间由同一原因引起的两个极全部闭锁。

（8）直流其他非计划停运次数，直流其他非计划停运指除强迫停运以外的非年度、月度计划停运。

（9）安自装置正确动作率。特高压系统电压等级高、输送容量大，一旦发生异常对电力系统都将产生不小的影响。安自装置是电力系统三道防线的第二道防线，对于保证其正确动作具有十分重要的意义。

（10）故障快速切除率。故障快速切除是指电力系统出现故障后，有关的继电保护和相关装置尽可能快地切除故障，以缩小故障影响并恢复电力系统稳定运行的措施。

（11）继电保护正确动作率。继电保护是电力系统的重要组成部分，是电力系统的第一道防线，是保证电网安全稳定运行的重要技术手段。特高压直流系统包含的交直流继电保护装置种类多，直流相关保护比交流保护更复杂，保证继电保护正确动作是保证直流系统稳定运行的基础。

2. 设备指标的应用

指标体系是衡量业务绩效的重要依据之一。指标体系由维度、分级、分层构成；维度包括公司平衡计分卡的价值创造、客户服务、内部运营、企业成长；分级包含战略指标、管理指标和操作指标；分层覆盖网、省、市、县、所（班组），包括直属机构、其他分、子公司及其所属各级单位。

指标体系管理应采用"统一管理、分工负责、分级展开、分类应用"模式。公司统一建立指标库，对指标进行统一管理，确保指标的唯一性和权威性；各部门按照职责分工，依托信息化支撑，负责指标的日常管理，包括数据生成和维护，确保数据可信可用；相关部门和单位根据需要合理共享指标，分级展开和分类应用指标体系，开展业务管理和评价。

9.3 作 业 标 准

9.3.1 作业标准定义

作业标准是指为规范员工操作和保证重要工作过程的质量及安全而制定的具体业务或作业活动程序文件，包括针对管理角色的业务指导书及针对操作角色的作业指导书，是指导相关工作人员行进安全高效生产的重要参考文件。

9.3.2 作业标准分类

根据作业标准的使用层级，作业标准分为典型作业标准和本地化作业标准两个层次，即典型业务指导书、典型作业指导书和本地化业务指导书、本地化作业指导书。

业务指导书是指对涉及管理业务的人员进行规范管理和开展业务提供正确指导的业务活动程序文件。一般应包括业务内容、流程及方法、管理工具、风险及质量控制要求等。

作业指导书是指对涉及操作业务的作业人员进行标准作业提供正确指导的作业活动程序文件，一般应包括作业内容、流程及方法、操作要点、风险及质量控制要求等。

1. 业务指导书

业务指导书通过细化对业务事项的管理要求，明确各节点的人员职责、有关要求、关键输出以及相关工具和方法，旨在规范管理业务的开展，强化质量和风险控制，达到提高工作效率、减轻工作负担的目的。业务指导书与管理制度共同对管理业务进行规范，具有同等效力。业务指导书还可以分为典型业务指导书和本地化业务指导书。

（1）典型业务指导书是指公司各层级依据编制权限所编制的，在本层级内普遍适用的业务指导书，用以规范本层级内同质管理业务。

（2）本地化业务指导书是依据典型业务指导书，结合各基层单位自身组织架构、岗位设置、风险和设备等实际情况，进行本地化适应性调整的业务指导书，用以指导实际业务的具体操作。

2. 作业指导书

作业指导书是指为保证过程的质量而制定的程序，体现对现场作业的全过程控制，体现对设备及人员作为的全过程管理，包括设备验收、运行检修、缺陷管理、技术监督、反措和人员行为要求等内容；应依据工作的需要，如处理缺陷异常、反措要求、技术监督等进行编写；应在作业前编制，注重策划和设计，量化、细化、标准化每项作业内容。运维工作应做到作业有程序、安全有措施、质量有标准、考核有依据；结合现场实际和工作情况，进行危险点分析，制定相应的防范措施。

9.3.3　作业标准内容

1. 业务指导书编制内容

（1）业务指导书编制原则。

首先，业务指导书应依从管理制度、技术标准、风险体系等文件要求，具体流程节点对上述文件的引用应细化到具体条款，形成相互间对应关联关系。在此基础上，本地化业务指导书还应依从典型业务指导书的刚性要求部分。

其次，原则上业务指导书应实现对业务事项的全覆盖，当业务事项含有业务流程时，须针对此业务事项编制业务指导书。以下两种情况可以不单独编制业务指导书：一是不含业务流程的业务事项，二是业务流程非常简单的业务事项。

最后，应对业务指导书进行定期评价，对于被评价为不适用的业务指导书，应及时调整。

在编制过程中需注意：

首先，作业人员应对工作任务做全面风险评估，清楚掌握作业风险，作业指导书只需体现风险名称和风险控制措施，可接受的基准风险可不在指导书中体现。作业指导书重点记录结果数据和缺陷及发现的问题，只需对关键步骤打钩确认。

其次，应按要求对作业文件进行归档、保存。对录入信息系统的作业文件按系统保存要求执行，对有试验记录的作业文件按试验报告保存要求执行，其他有数据、缺陷记录的作业文件至少保存一年，其余作业文件至少保存 3 个月。

最后，依据检修规程和厂家说明书，每一型号设备应保存维护检修手册；应保存分、子公司编制的维护检修手册，每一型号设备对应一份维护检修手册。维护检修手册要明确设备的技术参数、检修周期、项目及工艺、易耗件、后续修理的成本要求等内容，是开展检修工作的依据和实操手册。

（2）编制要求。业务指导书应包括业务说明、适用范围、引用文件、术语和定义（可选）、管理要点、流程步骤及说明、附录七个要素。

1）业务说明：应对业务指导书所规范的业务事项进行简单描述，说明该业务事项的管理内容、管控策略与统一规范策略，并列示本业务事项下所包含的流程名称。

2）适用范围：在典型业务指导书中须说明业务指导书的适用的层级和角色，在本地化业务指导书中须明确适用的层级和具体岗位。

3）引用文件：明确业务指导书所引用的管理制度、技术标准等文件。

4）术语和定义：根据需要选择，明确业务指导书所用到的术语和定义，统一语境，尽量使用国家、行业较为通用的术语名词。

5）管理要点：需对业务事项的管理目标和管理要求进行说明，可包括管理目标、业务执行频率、关键要求、衡量指标、业务检查点等内容。

6）流程步骤及说明：描述各流程节点每一步骤的具体内容，其中角色、岗位的名称须与"适用范围"要素描述保持一致。

7）附录：有关编制的详细参考图表等。

（3）格式要求。当业务事项不包含具体流程，且能通过文字进行清晰描述管理要求时，可采用文字描述的形式编制本要素。

当业务事项中包含若干个业务流程时，可采用"流程图＋说明"的形式编制本要素。业务流程图的绘制应细化到岗位或角色。每份业务流程图均须包含输入、输出、节点、关系、接口、责任主体六个要素，且流程图应与信息化企业架构和业务建模成果协调一致。业务指导书编制时应采用统一的模板。

（4）内容要求。描述流程节点、工作步骤时，采用"5W2H"方式，明确各流程节点上的执行主体、工作指引、风险、引用条款、时间要求、关键控制点、输入输出信息、信息记录及指标等内容。确保业务流程对上级业务框架的依从，且应做到规范流程接口，落实协同措施，减少冗余节点。明确业务流程的关键控制点，以实现对整个业务流程、业务事项执行过程的安全和质量控制。关键控制点应在本地化过程中被刚性执行，可按以下原则设置：一是业务指导书编制部门认为必须刚性执行的流程节点、工作步骤或具体管理要求，可设置为关键控制点，二是在公司业务链中，若某一业务流程协同节点的交付方未按标准完成交付，影响下一环节工作质量或导致下一环节业务无法开展，则可在该协同点设置关键控制点，通过开展质量或风险审查的方式，如检查交付物的数量、质量、交付时限、风险控制情况等，进行安全、质量控制。

2. 作业指导书内容

作业指导书按作业性质可以分成变电检修作业指导书、变电运行巡视作业指导书、试验作业指导书三类。

（1）变电检修作业指导书。变电检修作业指导书由封面、适用范围、引用文件、技术术语、工作周期、设备的主要参数、检修前准备、安全措施、流程图、作业项目和工艺标准、作业后的验收组成。

封面应由作业名称、编号、编写人、审核人、批准人、作业负责人、作业工期、编写单位 8 项内容组成。作业名称应包含设备的型号、作业地点、设备运行编号及作业的性质。作业的性质一般有大修、小修、日常维护等。编写人负责作业指导书的编写，在指导书编写人一栏内签名。审核人负责作业指导书的审核，对编写的正确性负责，在指导书审核人一栏内签名。批准人是作业指导书执行的批准人，在指导书批准人一栏内签名。作业负责人对作业的安全、质量、进度负全部责任，在指导书作业负责人一栏内签名。

对作业指导书的应用范围做出具体的规定，明确编写作业指导书所引用的法规、规程、标准、设备说明书及企业管理规定和文件，并对作业指导书出现的专业名词进行解释。

工作周期一栏应写明本工作是按规程、厂家的维护手册等确定的检修周期开展。设备的主要参数应体现设备的运行的主要技术指标。检修前准备工作主要从以下几方面规范作业过程。

1）准备工作安排：明确作业项目、确定作业人员并组织学习作业指导书，确定准备检修所需物品的时间和要求，核定工作票的时间和要求，资料准备。

2）作业人员要求：规定工作人员的精神状态，规定工作人员的资格，包括作业技能、安全资质和特殊资质。

3）备品备件根据检修项目，确定所需的备品备件。

4）工器具所使用的专用工具、常用工器具、仪器仪表、电源设施、消防器材等。

5）材料：消耗性材料、装置性材料等。

6）定置图及围栏图：检修及设备更换中有如吊车、高空车、滤油机等大型检修、试验设备时可适当按照实际情况画出定置图及围栏图。

7）危险点分析：根据本次作业的特点和人员的状况，分析作业过程中出现的危险点。

8）安全措施：作业中使用工器具的安全措施，作业设备的安全措施，对危险点、相邻带电部位所采取的措施，工作票中所规定的安全措施。

9）人员分工：明确作业人员所承担的具体作业任务。

10）检修流程：检修流程图是指根据检修设备的结构，将现场作业的全过程以最佳的检修顺序，对检修项目完成时间进行量化，明确完成时间和责任人，而形成的检修流程。

11）检修内容和工艺标准：根据行业标准、企业标准和设备厂家的标准进行编制，按照检修流程图，对每一个检修项目，明确工艺标准、安全措施及注意事项，记录检修结果和责任人。

12）开工：规定办理开工许可手续前应检查落实的内容，规定开工会的内容，规定现场到位人员。

13）完工：竣工环节记录改进和更换的零部件，如清理工作现场、清点工具、回收材料、办理工作票终结等。

14）验收：作业后验收应组织检修部门、设备运行管理部门以及专门技术管理部门对检修设备进行验收。

（2）变电运行巡视作业指导书编制。变电运行巡视作业指导书由封面、适用范围、引用文件、技术术语、巡视周期、危险点分析、巡视路线图、巡视内容、缺陷的分类和巡视记录组成。

封面内容由作业名称、编号、编写人及时间、审核人及时间、批准人及时间、作业负责人、作业工期、编写单位组成。作业名称包含设备的型号、作业地点、设备运行编号及作业的性质。作业性质一般有日常巡视、特殊巡视。

作业指导书的适用范围应做出具体的规定，引用文件明确编写作业指导书所引用的法规、规程、标准、设备说明书及企业管理规定和文件。技术术语对作业指导书出现的专业名词进行解释。巡视周期规定作业指导书巡视设备的时间要求。巡视人员要求应规定工作人员的精神状态和规定工作人员的资格，包括作业技能、安全资质等。

危险点分析包含：①巡视地点的特点，如带电等可能给人员带来的危险因素；②巡视环境的情况，如雷雨天气、夜间、有害气体、缺氧、设备接地等可能给巡视人员安全健康造成的危害；③巡视人员的身体状况不适、思想波动、不安全行为、技术水平能力不足等可能带来的危害或设备异常；④其他可能给巡视人员带来危害或造成设备异常的不安全因素。

巡视工器具是指现场巡视时所使用的工具及设备，如通信工具、照明工具、测温设备、钥匙等。根据现场巡视设备的最佳路线绘制巡视路线。

巡视记录按规程规范、设备说明书对应每台设备的具体巡视项目，如断路器的标示牌、位置指示器、油位、表计、绝缘套管、机构箱、端子箱、基础等，每一项巡视内容对应一栏，如巡视项目用数字表示其状态，应把正常值写在巡视项目内容。

缺陷及异常分类列出所巡视设备常见的缺陷及异常。

（3）试验作业指导书。试验作业指导书由封面、适用范围、引用文件、技术术语、作业周期、设备的主要参数、检修前准备、安全措施、流程图、试验项目和标准、缺陷的分类、作业后的验收组成。

封面内容包含作业名称、编号、编写人及时间、审核人及时间、批准人及时间、作业负责人、作业工期、编写单位 8 项内容。作业名称包含设备的型号、作业地点、设备运行编号及作业的性质。作业性质一般有日常巡视、特殊巡视。

作业指导书的适用范围应做出具体的规定，引用文件应明确编写作业指导书所引用的法规、规程、标准、设备说明书及企业管理规定和文件并对作业指导书出现的专业名词进行解释。

作业周期一栏应写明本工作是按规程、厂家的维护手册等确定的检修周期开展。设备的主要参数应体现设备的运行的主要技术指标。

试验前准备可以包含以下环节。

1）准备工作安排：明确作业项目、确定作业人员并组织学习作业指导书，明确准备检修所需仪器仪表的时间和要求，核定工作票的时间和要求。

2）作业人员要求：规定工作人员的精神状态，规定工作人员的资格，包括作业技能、安全资质和特殊工种资质。

3）仪器仪表和工具：试验用仪器仪表和常用工具。

4）危险点分析：作业场地的特点，如带电、交叉作业、高空等可能给作业人员带来的危险因素，工作中使用的仪器仪表、设备、工具等可能给工作人员带来的危害或设备异常，操作程序颠倒、接线错误、操作方法的失误等可能给工作人员带来的危害或设备异常，作业人员的身体不适、思想波动、不安全行为、技术水平能力不足等可能带来的危害或设备异常，其他可能给作业人员带来危害或造成设备异常的不安全因素。

应写明使用试验仪器和工器具安全措施、高空作业的安全措施、专业交叉作业措施，如检修、保护传动等、工作票中规定的安全措施。明确每个作业人员所承担的试验项目，明确每一项试验项目的接线人和仪器操作人。

试验程序按照以下顺序开展。

1）开工：规定办理开工许可手续前应检查落实的内容，规定开工会的内容，规定现场到位人员。

2）试验项目和操作标准：规定试验项目、方法、接线、安全措施、注意事项、试验结果判据和责任人。

3）竣工：规定工作结束后的注意事项，如清理工作现场、关闭试验电源、清点工具、回收材料、办理工作票等。

4）作业后验收：组织相关维护、运行、技术管理部门对设备进行验收。

实验结束后记录试验结果，对试品做出整体评价，并记录存在问题及处理意见。

9.4　评　价　标　准

为加强输变电设备管理，全面提高输变电设备的健康水平，及时发现、掌握输变电设备在运行维护、检修、技术监督等阶段中反映出的突出性问题和倾向性问题，查找输变电设备生产和管理工作中的薄弱环节，制定有效的预防设备事故措施，确保电网安全稳定运行，依据国家、行业有关标准和规范，编制完成设备评价标准。

设备评价标准包括设备基础管理评价、设备运维管理评价、设备检修管理评价、设备技术监督管理评价、设备指标管理评价五个方面，全面规定了设备管理各方面内容和要求，建立自身设备管理的长效机制，并持续改进。

9.4.1　设备基础管理评价

设备基础管理评价是对设备基础性能和健康水平的评价，是设备投产前各方面性能、状况的综合评价，包括对设备技术规范书、检修维护手册、文档和台账、生产班组管理等内容的评价。设备基础管理应结合新建工程输变电设备投产验收工作进行，其他各阶段设备评价工作，均应考虑设备基础管理评价的结果。

1. 设备制度管理的评价

（1）制度管理评价要点。

1）应及时传达或宣贯电网公司新下发的设备管理制度，包括技术标准。

2）应按电网公司设备管理制度清单建立设备管理制度库，并保存目录清单。

3）新的电网公司设备管理制度发布后，应及时更新设备管理制度库及其目录清单。

4）应明确设备管理制度的获取渠道、方式。

（2）指导书管理评价要点。

1）应按上级要求对业务指导书进行本地化修编，业务指导书应内容齐全，并履行审批手续。

2）应建立业务指导书库，内容包括网、省公司下发的业务指导书和本地化修编的业务指导书，并建立目录清单。

3）网、省公司颁布新的业务指导书后，各单位应组织开展业务指导书本体化修编，并及时更新业务指导书库和目录清单。

4）应及时下达业务指导书并分层级组织宣贯。

5）作业指导书应明确使用要求。作业内容简单且风险低的工作、一次性的工作、非经常重复、没有明确的作业步骤的工作不适宜使用作业指导书。

6）生产班组应结合实际对作业指导书模板进行本地化修编，形成班组作业指导书库。

7）当作业环境、作业方法、数据记录要求等发生变化时，应及时更新作业指导书。

8）作业人员应对工作任务做全面风险评估，清楚掌握作业风险，作业指导书只需体现风险名称和风险控制措施，可接受的基准风险可不在指导书中体现。

9）作业指导书重点记录结果数据和缺陷及发现的问题，只需对关键步骤打钩确认。

10）应按要求对作业文件进行归档、保存。对录入信息系统的作业文件按系统保存要求执行，对有试验记录的作业文件按试验报告保存要求执行，其他有数据、缺陷记录的作业文件至少保存一年，其余作业文件至少保存 3 个月。

11）作业指导书的新增、更新、作废均应履行相应审批手续，防止随意性增加作业指导书数量和内容。

12）应定期对现有指导书进行梳理回顾，及时清理重复的、作废的作业指导书。

（3）设备维护检修手册管理评价要点。

1）依据检修规程和厂家说明书，针对每一型号设备应保存维护检修手册。

2）应保存分公司、子公司编制的维护检修手册，每一型号设备对应一份维护检修手册。

3）维护检修手册要明确设备的技术参数、检修周期、项目及工艺、易耗件、后续修理的成本要求等内容，是开展检修工作的依据和实操手册。

（4）现场运行检修规程管理评价要点。

1）现场运行检修规程应按照电网公司的要求（包括检修规程、维护检修手册等）进行编制，内容应齐备、正确。

2）现场运行检修规程要明确每一台设备的维护检修的周期和项目、运行过程中的特殊要求、异常运行及事故处理等内容。

3）现场运行检修规程由运行人员和专业人员共同完成，专业人员负责提出对每台设备的专业要求。现场运行检修规程应按要求进行审批，应每年定期修编。

4）新设备投运前应完成现场运行检修规程的编制或修订，当电网公司有新要求或现场设备有变化时，应动态核对修订。

5）输变电班组、换流站应存放最新版本现场运行检修规程。

2. 设备文档与台账管理评价

（1）设备全生命周期文档管理评价要点。

1）设备运行生命周期内的技术资料、图纸应保存完整，交由档案部门统一管理。

2）发生变化时，应及时对设备技术资料、图纸进行更新，应用中的技术资料、图纸应与实际相对应。

（2）设备台账管理评价要点。

1）应建立输变配电设备台账。设备台账信息应完整录入且正确，应与现场在运设备保持一致。

2）新设备、新工程的相关设备台账应在启动验收五个工作日前建立，并投入使用。

3）在设备发生变化时应对设备台账进行更新，以确保台账与实际相对应。

4）应制定台账更新变更流程，台账更新时应按照变更流程执行。

3. 年度重点工作管理评价

年度重点工作管理评价要点有：

（1）应承接上级电网公司的年度重点工作，制定本单位的设备管理年度重点工作，并发文公布。

（2）年度重点工作应明确责任部门、责任人、计划开始时间、计划完成时间、工作成果等内容。

（3）应每月跟踪、公布年度重点工作开展情况。

（4）应按要求完成本单位年度重点工作中的相关工作。

4. 生产设备信息报送管理评价

（1）及时报送评价要点。安全生产事故、事件，缺陷、隐患发生后，基层单位生产部门应在 1h 内通过手机短信或电话向本单位生产设备信息报送工作网成员汇报，并通过生产设备信息报送工作网逐级上报。

（2）分析报告报送评价要点。基层单位主管生产部门需结合调查进程编制分析报告，并由本单位生产设备管理部对应专业专责（主管）负责跟踪、收集，并及时上报至对应层级生产设备管理部。

5. 设备管理资源管理评价

（1）设备管理组织架构评价要点。

1）应按规范化的组织机构设置设备管理部门、生产部门和生产班组。

2）人员配置应按照上级电网公司人力资源配置标准、规范化的组织机构等有关规定。

（2）人员能力要求与培训评价要点。

1）上岗人员应符合岗位说明书的任职条件，包括技术水平和资格等。

2）特种设备操作人员应取得国家统一核发的特种设备操作证。

3）在专业技术、技能岗位上工作的员工应取得岗位胜任能力资格证。

4）培训的效果评估应重点关注员工实际动手能力的提升。

9.4.2　设备运维管理评价

设备运维管理评价是对运行设备的健康状况的实时、动态评价，主要针对设备的日常运行情况，依据设备运行巡视、日常维护、预防性试验和设备缺陷、隐患的跟踪处理等情况，综合考虑设备性能与运行环境，电网发展的适应性，技术资料、档案的完整性、准确性对设备的当前状态进行评价。设备运行情况评价应结合日常运行维护工作动态进行，必要时可对某些项目或指标单独进行评价，每年或结合预防性试验进行评价总结。

1. 设备运维策略及管控机制

（1）确定健康度评价要点。

1）设备运维部门应按照电网公司相关设备状态评价导则要求，开展设备状态评价工作。

2）专业管理部门完成报告审核，报本单位设备部及上级专业管理部门。

3）本单位设备部收集、汇总、编制全面的设备状态评价报告，报分公司、子公司设备部。报告中应包括设备运维策略，指导设备运维工作开展。

4）满足设备动态评价启动条件（批次缺陷发布后、发生特殊工况、反措发布及执行后等），应进行设备动态状态评价。

5）应按照各类设备状态评价导则的要求进行设备信息收集，应包括设备基础信息、运行信息、试验及检修数据、家族性缺陷信息、事故及维修情况，同类型、同厂家设备的参考信息等。

6）设备健康度根据设备状态评价结果分为正常状态、注意状态、异常状态、严重状态四个级别。

（2）确定重要度评价要点。

1）应考虑设备故障可能造成的事件后果、设备价值、对重要用户供电的影响三个评价维度，取三个维度评价结果的最高级别作为该设备的重要度级别。

2）设备重要度分为关键、重要、关注、一般四个级别。

（3）设备风险评估及定级评价要点。

1）设备管理部门应依据设备风险评估导则，根据设备健康度和重要度，进行设备风险评估，确定设备管控级别。设备管控级别从高到低分为Ⅰ级、Ⅱ级、Ⅲ级和Ⅳ级。

2）设备运维部门完成年度设备风险评估报告的编制。

3）各专业管理部门完成设备风险报告的审核，报本单位设备部及上级专业管理部门。

4）本单位设备部收集、汇总、编制全面的设备风险。

5）设备状态评价结果、电网风险信息等风险评估重要状态量发生改变，应组织开展动态设备风险评估。

6）设备管控级别应根据设备健康度、重要度的变化及时进行调整。

7）电网网架改变或设备健康状态变化，管控级别提升至Ⅰ级或Ⅱ级，且预估持续时间超过1个月的设备，报分公司、子公司生产设备管理部审批；其他管控级别的变更均由供电局审批。

8）设备风险评估结果应及时反馈到计划、物资、基建、系统运行、市场、安监等相关部门，作为设备选型、采购、安装、调试、验收、运行维护、方式安排等工作的管理依据。

（4）运维策略制定评价要点。

1）设备管理部门应根据设备管控级别制定年度设备运维策略。

2）设备运维策略分为日常运维、特别运维两大类，特别运维包含专业运维、停电维护、动态运维。

3）制定运维策略时应明确设备维护类别、运维项目、周期、触发条件、责任部门、工作要求等相关内容。

4）运维策略应符合设备及现场实际。

5）针对Ⅰ级、Ⅱ级管控设备应编制"设备运维策略落实卡"，明确工作内容及责任主体。

6）计划、物资、基建、系统运行、市场、安监等相关部门应根据设备风险等级和原因，从规划、选型、采购、安装调试、方式安排等方面提出控制措施，并反馈至设备管理部门。

（5）运维策略执行。

1）设备运维部门应根据确定的设备运维策略，制度年度、月度工作计划。

2）生产班组根据设备运维部门月度计划和新增的工作，编制班组周（日）设备运维计划。

3）按班组周（日）设备运维计划选择合适的作业文件，开展设备运维工作。

4）应严格执行设备维护计划。

5）电网风险，设备状况，气象条件，保、供电等发生变化时，应及时调整维护计划，并按要求落实。

6）应按维护作业指导书要求开展维护工作，维护到位。设备维护记录应正确、齐全。

7）每月第一个工作日应将设备管控工作月报表按要求上报上级单位。

（6）运维绩效评价要点。

1）设备管理部门应收集设备运行信息，分析、评估重点设备管控开展效果，进行分析。

2）设备管理部门应定期对设备运维情况进行回顾总结，针对设备管控中存在的不足提出改进措施。

2. 设备运行分析与评价管理

（1）设备运行分析管理评价要点。

1）应按月度、季度、年度对所辖设备的运行信息如缺陷、事故、障碍发生情况等进行统计分析。

2）发生设备重大质量问题时，需进行专项分析。

3）应编制、审定并发布设备运行分析报告。设备运行分析的内容包括设备的运行现状、存在问题与风险、设备的管理状况、运行的安全性与经济性。

（2）设备运行评价管理评价要点。应根据评价周期内设备运行的可靠性数据、缺陷周（月）报、事故事件分析报告、设备出厂监造、基建调试、运行维护、技术监督中发生的设备质量问题，按照电网公司相关要求开展设备运行评价，履行审核手续，并及时上报上级单位。

3. 隐患管理评价

（1）隐患排查评价要点。

1）应结合外部隐患高发季节、时段等特征，每年定期组织开展隐患排查专项活动，建立台账并及时更新，并将隐患纳入设备健康度分析，落实差异化运维管控要求。

2）针对排查出的隐患，做好隐患处置记录，并制定有效的防范措施，跟踪落实处置情况。

（2）隐患防控评价要点。

1）针对已发现的外部隐患点，应及时书面签发"电力安全隐患告知书"、函件、安全指引并传达到位。做好录音、拍照、签字等痕迹保存。对构成重大及以上隐患的外力破坏行为，应依照《中华人民共和国电力法》和《电力设施保护条例》相关条款采取制止措施。

2）发现可能危及电力设施安全的行为，应立即制止。应设置必要的警示标志、围栏、限位设施、防撞墩等，发放安全宣传单，督促各项安全措施落实到位。如遇复杂施工项目，应派人 24h 值守。

3）对可能造成严重后果或治理难度大的安全隐患点，应及时向当地政府主管部门汇报，加大隐患的治理力度。针对排查出的重大隐患，若不可避免发生危及安全的行为时，应主动调整运行方式，降低运行风险。

4）应采取多种形式做好电力设施保护宣传，充分利用各种新闻媒介，宣传《中华人民共和国电力法》和《电力设施保护条例》等法律法规，提高广大群众电力设施保护法律意识。

5）应结合实际情况，每年对外部隐患防控工作进行总结分析，完善本单位防控措施。

4. 缺陷管理评价

（1）设备缺陷管理评价要点。

1）设备缺陷应按资产全生命周期阶段进行管理。

2）缺陷处理应做到及时发现、正确定级、按时消除、原因清晰、责任明确、措施到位，坚持闭环管控与持续改进原则。

3）设备全生命周期各阶段的缺陷信息应通过信息管理系统实现信息交互，并建立详细、准确的设备缺陷信息档案，满足设备全生命周期管理的需求。

4）物资、基建等阶段设备缺陷信息作为基础资料移交。

（2）发现和报送评价要点。

1）设备在施工安装、运维阶段发现缺陷或收到其他信息源提供的缺陷信息后，缺陷管理人员应及时记录，并将缺陷信息报送至对应的缺陷受理部门。

2）缺陷报送信息应包括缺陷发现时间，设备名称，资产编号，设计编号，缺陷部件、部位，缺陷表象，缺陷类别，缺陷原因，严重等级，缺陷发现来源等内容，且应填写正确、完整。

3）当发现同批次或同类型设备存在同样设计、材质、工艺等质量问题时，应按照批次缺陷处理流程及时报送。

4）设备运维部门应保留设备施工安装阶段、运行维护阶段的缺陷记录。

（3）消缺和验收评价要点。

1）设备缺陷应在规定时限内消缺，并进行验收，缺陷记录的消缺、验收内容应与消缺、验收时的工作记录有对应关系。

2）应按上级单位下发的批次缺陷整改方案进行缺陷排查。

3）信息系统中的缺陷闭环信息（消缺、验收、原因分析等）应正确、完整。

4）设备缺陷未得到处理前，应采取相应的风险控制措施，并有缺陷定期跟踪记录。

5）降级的原缺陷应视为已处理完毕，降级后的缺陷应作为新缺陷进行登记，新旧缺陷应有一一对应关系。

（4）缺陷反馈评价要点。

1）缺陷原因应填报完整、正确。

2）应根据缺陷原因分类，将缺陷反馈至相关责任方。

3）设备缺陷分析结果应作为备品备件、设备采购的依据。

4）针对重复出现的缺陷，要对设备采购、施工、验收、运行维护等阶段的相关制度、流程、技术标准、作业标准、人员培训等方面提出改进措施。

（5）缺陷的统计分析与考核。

1）设备专业管理部门及设备运维单位应按月度、季度、年度定期组织进行设备缺陷统计分析。

2）运维阶段缺陷应按年度进行考核。

3）运维阶段，设备重大及以上缺陷消缺率和消缺及时率应为 100%，一般缺陷消缺率与消缺及时率不低于 85%。

5. 工作票管理评价

（1）人员资格管理评价要点。

1）应每年根据工作需要，为各专业合理配置"三种人"，并对其资格进行审核。

2）应对本单位所有经批准的"三种人"以书面形式公布，公布内容应包括资格范围、有效时间等。

3）应每年组织外单位工作票签发人和工作负责人资格考试，并公布结果。

（2）典型工作票管理评价要点。生产部门应根据电网和设备的实际情况，组织编写包括变电、输电等专业的典型工作票，典型工作票应具有代表性，并结合实际应用中发现的问题及时组织修编。

（3）工作票执行管理评价要点。应严格按 GB 26860—2011《电力安全工作规程　发电厂和变电站电气部分》和 Q/CSG 10004—2004《电气工作票技术规范》的要求正确填写和执行工作票。

（4）工作票检查评价要点。

1）生产部门各班组应对工作票的执行工作进行动态跟踪、全面检查，安全活动日对工作票的执行情况进行分析，查找存在问题和提出改进意见。

2）生产部门应每月不少于一次组织对本部门各班组工作票执行情况进行全面检查，并对工作票上安全措施的有效性和可执行性进行分析总结。

3）生产设备管理部应每月组织对生产部门的工作票执行情况及工作票安全措施的分析情况进行检查，并将检查情况作为工作票的评价依据。

4）安全监管部应不定期对生产部门的工作票执行和管理情况进行抽查，并将抽查情况反馈至本单位生产设备管理部。

6. 操作票管理评价

（1）人员资格管理评价要点。

1）每年应组织操作人员资格考核，合格后以书面形式公布对应的资格范围和有效时间。

2）其他人员因工作需要转为操作人员岗位时，应在 3 个月内完成资格考试公布认定后方可上岗操作。

3）操作人员因违反相关制度或安全规章制度被取消相应资格的，必须重新考试合格并以书面形式公布认定后，方可从事相应资格工作。

4）操作人员连续半年没有从事电气倒闸操作相关工作的，应经考试认证合格后方可重新从事相应工作。

（2）典型操作票管理评价要点。

1）运行部门应根据电网接线方式和一、二次设备投退原则，编写典型操作票，并根据实际情况及时修编。

2）典型操作票改变时，应按照审批流程需重新审批。

（3）操作票执行评价要点。应严格按 GB 26860—2011 和 Q/CSG 10006—2004 的要求正确填写和执行操作票。

（4）操作票检查评价要点。

1）运行部门各班组应对操作票的执行进行动态跟踪、全面检查，安全活动日对操作票的执行情况进行分析，查找存在问题和提出改进意见。

2）运行部门应每月不少于一次组织对本部门各班组操作票执行情况进行检查。

3）生产设备管理部应每月组织对运行部门的操作票执行情况进行检查，并将检查情况作为操作票的考核依据。

4）安全监管部应不定期对运行部门的操作票执行情况进行抽查，并将抽查情况反馈本单位生产设备管理部。

9.4.3 设备检修管理评价

设备检修管理评价是依据检修规程、导则、规范等，结合检修项目、工艺、质量、试验结果等方面的情况，对设备检修过程和设备性能恢复情况进行评价。设备检修情况评价应结合检修工作进行，并在设备检修完成后进行评价总结。

1. 检修管理评价

（1）检修需求规划制定评价要点。

1）应依据检修规程、预试规程、维护检修手册、反措要求等内容，制定设备检修需求规划。

2）需求规划须包括修理、技改、预试、维护检修、检查性操作等内容。

3）检修需求规划中设备的检修项目和周期应严格按照检修规程、厂家说明书规定的周期和项目编制。

4）每次检修完成后，应根据检修结果更新现场运行检修规程中相关设备检修信息，明确下次检修类型和时间。

（2）检修策略确定评价要点。

1）应根据检修需求规划，确定设备的 A、B、C 类检修、检查性操作及技改策略等要点。

2）对于严重状态的设备，应尽快安排检修。

3）异常状态的设备，应在一年内安排检修。

4）对于注意状态的设备，检修周期不超过检修规程和厂家说明书规定的周期。

5）对于正常状态的设备，可延长 A 类检修周期，每次延长时间最长不超过 3 年，延期不超过 2 次。

（3）年度检修计划制定评价要点。

1）应结合检修规划和检修策略，制定年度检修计划，包括年度设备修理计划、设备技改计划、设备维护检修计划、设备预试计划、设备检查性操作计划。

2）应结合年度运行方式，做好年度停电检修计划安排。

3）设备运维部门应在每年第四季度前组织编制下一年度的年度检修计划。

4）设备管理部门应在每年年末前组织对年度检修计划进行汇总、补充、修订、审查。

（4）月度、周计划制定评价要点。

1）应将年度计划分解为月度计划、周计划，同时，综合考虑设备巡视维护情况、设备状态评价和风险评估结果、反措和消缺等要求，实时调整、滚动修编。

2）设备运维部门应在每月月末前根据年度计划和新增加的工作，最终形成本专业下月设备检修计划。

3）生产班组应在每周五前根据月度计划和新增加的工作，编制和执行下周的周计划；周计划应细化到每一天，各项工作任务落实到具体人员；周计划执行由班长向班组成员安排工作。

4）由于停电原因无法开展检修工作时，相关调度部门需说明原因，签字确认并进行风险评估，提出系统运行方面的预控措施。

（5）检修工作准备评价要点。

1）按周计划组织实施检修工作，检修工作前，应做好物资、工器具、技术资料等准备，对检修过程中可能危及人身、电网、设备安全的各种因素进行系统、充分的风险评估，落实控制风险的安全、技术和管理措施。

2）应按要求选取正确的作业文件进行作业。

（6）检修工作实施评价要点。

1）作业时应严格执行现场有关的安全工作规程和检修、试验等有关规程、规定。

2）在现场应对测试数据进行多维度分析，发现异常立即上报本单位相关专业专责。

3）设备检验使用的仪器、仪表须经专业检测且在检定合格期内。

4）设备不应超期进行检查性操作和超周期维修。

5）应在到期前90天开始跟踪设备预试、定检、检查性操作和周期维修计划是否如期开展。

6）对于预试、定检、检查性操作和周期维修超期设备，及时对设备的运行状况进行风险评估，并根据评估结果调整维护策略。

（7）检修工作验收评价要点。

1）检修过程中要严格执行检修规程和检修文件中的质量验收。

2）工作负责人需会同设备运行人员对作业完成情况进行验收，严格把关，保证检修质量。

（8）检修绩效评价要点。

1）建立并执行检修质量追溯和考核机制，未达标或运行中发生检修质量事故事件的要严格考核。

2）运行维护部门专业专责年初将上一年设备检修工作计划完成情况进行总结，分析成效与问题，有针对性地编制改进措施，报基层单位专业管理部门。

3）基层单位专业管理部门年初完成上一年设备检修计划完成情况进行总结，分析成效与问题，有针对性地编制改进措施，并根据专业要求报上级单位专业管理部门。

4）运行维护部门专业专责月初完成上月设备检修工作计划的完成情况统计分析与回顾，报基层单位专业管理部门。

5）基层单位专业管理部门月初完成上月设备检修工作计划的完成情况报表审核，并根据专业要求报上级单位专业管理部门。

2. 反措管理评价

（1）计划编制与实施评价要点。

1）应在年底前编制、审核并上报本单位年度反措实施计划。

2）反措实施应纳入生产综合计划。

3）反措实施计划应实行闭环管理。

4）对需要发生资金的反措计划，列入技改、修理项目计划。技改、修理预算必须首先保证反措项目资金。

5）对于重大反措且完成时间要求比较紧急的项目，应按照应急项目管理要求组织实施。

（2）反措应用评价要点。自公司反措发布执行之日起，公司所有新建、在建未投产工程必须严格执行反措要求后，才能投运。已投运的工程必须严格执行反措要求，按时完成。

（3）检查与监督评价要点。

1）专业管理部门应不定期检查反措及反措计划的落实情况。

2）年初应向上级单位生产设备管理部上报本单位上一年度反措工作总结。

3）公司下达的反措计划完成率应达 100%。

4）应对反措的落实情况进行监督检查和考核。因反措未落实或落实不到位引起重复性事故、事件，应对相关单位及责任人给予问责。

3. 抢修管理评价

（1）抢修启动评价要点。

1）应核查设备情况，及时将现场信息报送到上级管理人员。

2）当设备发生紧急、重大缺陷或故障，确认需要抢修时，应启动抢修流程。

（2）抢修实施评价要点。

1）设备抢修流程启动后，应按抢修工作需要组织抢修队伍、调配抢修物资。

2）落实相关安全措施后，组织实施现场抢修工作，并做好工作情况记录。

（3）验收及复电评价要点。

1）若抢修工作需要设备启动，应编写设备启动方案，并按设备启动方案对设备进行启动。

2）设备抢修完成后，应按规定要求组织验收，设备验收合格后，结束工作票，尽快恢复用电。

（4）总结与回顾评价要点。

1）抢修完成后 24h 内，设备运维部门应在安全生产管理信息系统内完成相关信息的录入，将相关资料进行归档。

2）设备运行维护单位年初对上年度设备抢修情况进行回顾总结并报设备管理部门。

3）设备管理部门应在年初组织对上年度设备抢修情况进行回顾总结，并上报上级单位设备管理部门。

4. 项目实施管理评价

（1）自主实施管理评价要点。

1）生产部门应合理统筹自主检修实施比例，每年安排本部门生产班组自主实施检修业务。

2）自主检修数量应不低于各单位下达的要求。

（2）外委实施管理评价要点。

1）安全管理。

a. 不应非法转包、违规分包。

b. 作业人员应经安全教育培训并考试合格。

c. 对外发包项目，应与项目承包商签订安全协议，明确各方安全责任及违约责任以及规定的承包商管理奖惩条款。

d. 承包商进入运行变电站内施工，应严格执行"承包商进入运行变电站作业安全管理基本要求及内容"。

2）开工管理。项目签订施工合同后，施工单位开工前应按规定办理开工许可手续，提出开工申请，填写"生产项目开工申请表"，并经审查批准后方可进场开工。

施工风险评估及施工方案审查。

a. 应要求外委单位编制施工方案。

b. 项目实施部门应核对项目施工方案中风险评估的等级、安全措施。

c. 项目施工方案应履行相关审批手续。

3）施工安全交底管理。应分三级开展施工安全技术交底，项目实施部门在项目实施前对施工单位进行总体安全技术交底（第一级），生产运行部门在工作票填写前对施工单位进行安全技术交底（第二级），工作负责人每日开工前对工作班成员进行安全技术交底（第三级）。

4）现场监督管理。项目建设单位应按照作业风险等级对作业过程进行旁站、到场、动态监督，检查安全技术措施落实执行情况及施工现场安全情况，落实相关安全管控作业标准，控制各类风险，避免人身、电网、设备事故的发生。

5）施工质量管理。

a. 开工前建设单位应组织设计、施工、监理、运行等单位对施工图纸进行会审。

b. 隐蔽工程、部分关键工序须经建设单位验收合格后方可进入下一道工序施工。

5. 作业风险评估管理评价

（1）基准作业风险评估评价要点。

1）每年应组织一次基准作业风险评估，发布作业风险评估报告，并建立作业风险库，作为每次作业时风险控制应用的依据。

2）作业危害类别辨识应全面，包括物理危害，化学危害，机械危害，生物危害，人机工效危害，社会、心理危害，行为危害，环境危害，能源危害。

3）作业风险评估应覆盖本单位所有作业任务。

4）应基于基准作业风险评估结果建立作业风险库。

5）应跟进作业风险评估结果，并制定相应的控制措施，控制措施应具有针对性、可操作性。

6）应形成作业风险概述，并按规定时间以正式文件发布。

7）作业风险评估结果应与实际情况相符。

（2）基于问题的风险评估评价要点。根据任务观察的结果或系统内发生因作业导致的事故、事件（人身伤亡、误操作、误整定等）经分析存在风险控制措施不足的情况时，应于 7 个工作日内开展基于问题的风险评估，重新制定风险控制措施，并履行上报审批手续，同步更新作业风险库。

（3）持续的风险评估评价要点。

1）计划实施新的作业任务、作业方法、作业流程，或者应用新型式的作业装备前，应在实施前开展基于变化的风险评估，并履行上报审批手续，同步更新作业风险库及作业指导书。

2）每次作业前，工作班组应根据现场工作情况，按照作业指导书做好风险评估并落实控制措施。

（4）关键任务分析评价要点。

1）应基于作业风险评估结果识别关键任务，关键任务需形成清单并发布。

2）应对所有作业任务进行关键任务分析，并对关键任务制订作业指导书。

6. 备品备件管理评价

（1）定额编制评价要点。

1）每年应依据设备缺陷分析结果、在网设备的运行情况等开展备品备件定额编制、审核、上报。

2）定额内容包括物资编码、物资名称、型号规格、需求数量、供应时效、轮换年限、单一来源供应商及相关订货技术规范等，定额应进行滚动修编，每年 1 次。

（2）采购、储备管理评价要点。

1）各级物资部门应编制储备方案，方案应合理。

2）应定期检查维护存储的备品备件，确保备品备件齐全并处于完好状况。

（3）调拨、配送、轮换管理评价要点。各类备品备件台账清册应齐全，存放达到 2/3 轮换年限的备品，应优先在基建工程、技改项目中轮换调拨使用，并做好记录。

（4）领用管理评价要点。

1）备品备件的领用应填写领用申请表。

2）若急救包中有备品备件，有则应从急救包领用；否则需经生产设备管理部或系统运行部设备专责审核后，提交物流中心领用。

3）如因抢修时间紧急，来不及办理上述手续时，可由设备维护部门班组人员向物流中心电话申请，先行领用和配送。在抢修工作完成后 2 个工作日内，补办审批和领用手续。

（5）维护管理评价要点。应定期对备品备件进行检查与维护，并做好记录，确保备品备件完好。

7. 验收管理评价

（1）验收计划评价要点。

1）项目建设单位应根据项目投产计划制定验收计划，验收计划应合理。

2）应严控计划外的验收，压缩验收时间。

（2）验收实施评价要点。

1）应按公司相关规定开展材料、设备验收、过程验收、启动预验收、启动（竣工）验收。

2）设备验收应落实厂家安装使用说明书、设备检修维护手册、技术规范书等要求。

（3）紧急、重大缺陷处理要求。对于新建、改扩建及修理项目，影响启动投产的问题

（包括紧急、重大缺陷及重大隐患），未处理完毕不得召开启动会议。

（4）遗留缺陷处理要求评价要点。

1）对于新建、改扩建及修理项目，暂不具备整改条件且不影响送电及运行的一般缺陷，需经启委会同意后方可投运。

2）存在的遗留缺陷由建设单位（业主项目部）和生产运行部门共同确认，明确责任人和处理期限，并由建设单位（业主项目部）负责跟踪、组织、协调，按时消缺。

（5）责任追溯评价要点。应建立责任追溯机制，对上述违反验收要求的责任单位（部门）及责任人进行考核。

9.4.4　设备技术监督管理评价

设备技术监督管理评价是对设备全过程技术管理工作质量的评价，包括设备预防事故措施的制定及执行情况评价，设备预防性试验、故障设备跟踪处理情况评价，对故障设备的缺陷、隐患诊断水平和测试手段的评价，在线监测、状态诊断等新技术手段应用及效果情况评价，设备检修、技术改造开展情况评价等。设备技术监督情况评价应结合各阶段评价工作，针对技术监督工作开展情况同步进行。

1. 组织体系评价

组织体系评价要点。

（1）应建立地市局层面的技术监督组织体系。

（2）应承接网省公司要求，建立各类设备的技术监督专家团队。

2. 资产全生命周期技术监督评价

（1）设备选型关评价要点。

1）应熟悉掌握装备技术导则及所辖区域的特殊要求。

2）监督装备技术导则和技术标准在规划、设计、选型环节的落实情况。

3）应积极参与项目可研、初设审查、图纸会审记录等审查工作，督促设计单位按装备技术导则要求进行设计、选型。

4）应严控质量关，要对不符合技术导则的设计选型坚持原则，并及时上报上级设备管理部门。

（2）设备入口关评价要点。

1）应组织相关人员特别是评标专家熟悉掌握并应用设备技术规范书。

2）应组织责任心强、技术过硬的人员对重要设备制造过程进行技术监督。

3）应检查装备技术导则、技术规范书、技术标准等在招标、监造、抽验、出厂验收等环节的应用，落实设备监造装备的关键技术措施，对重要设备进行自主监造和抽检。

4）应对技术规范书提出修编建议和要求。

（3）移交验收关评价要点。

1）监督验收人员是否熟悉相关验收标准及方法。

2）监督设备技术规范、设备验评标准、反措等在设备安装、调试、验收等环节的执行。

3）检查安装环境是否符合要求，并对关键节点、关键内容、关键试验项目进行抽检。

（4）运维检修关评价要点。

1）应监督生产运行管理办法、检修管理办法、设备状态评价及风险评估导则、检修规程、预试规程、检修维护手册、现场运行检修规程、作业指导书等制度及标准文件相关要求的执行。重点对设备运维、检修的周期、项目和要求的落实情况进行检查。

2）参与设备运维检修过程中问题的分析，提出技术监督意见。

（5）退役报废关评价要点。

1）应监督设备退役、报废、处理过程中是否符合相关管理要求、技术标准。

2）每年应编制下达年度退役计划。

3）应对需退役电气设备进行全面评价，提交评价报告。技术监督管理部门应参与评价，并对评价意见进行审核、备案。

4）对鉴定为报废或闲置设备应及时移交入库或处置。

9.4.5　设备指标管理评价

设备指标管理评价是对设备全过程指标管理的评价，包括报废资产净值率、变压器强迫停运率等常用指标和附加指标管理的评价。设备指标管理评价应结合各阶段评价工作。

1. 常用指标管理评价

常用指标管理评价要点：

（1）报废资产净值率应不高于上级单位下达的年度指标。

（2）变压器强迫停运率应不高于上级单位下达的年度指标。

（3）输电线路强迫停运率应不高于上级单位下达的年度指标。

（4）断路器强迫停运率应不高于上级单位下达的年度指标。

（5）直流强迫能量不可用率应不高于上级单位下达的年度指标。

（6）直流单极闭锁次数应不高于上级单位下达的年度指标。

（7）直流双极闭锁次数应不高于上级单位下达的年度指标。

（8）直流其他非计划停运次数应不高于上级单位下达的年度指标。

（9）安自装置正确动作率要求达到100％。

（10）故障快速切除率要求达到100％。

（11）220kV及以上电压等级继电保护正确动作率要求达到100％。

2. 附加指标管理评价

当出现下列情况，对附加指标给予加分：

（1）设备管理工作获得公司表扬、嘉奖。

（2）参加公司组织的专项技术管理工作（如编写制度、标准、规范、相关技术报告、调研等）。

（3）及时针对公司制度、标准、规范等提出完善建议，并被公司采纳。

（4）积极采用新设备、新技术，并在公司范围内推广。

（5）根据事故信息，总结提炼反措建议并纳入公司反事故措施。

（6）积极组织实操培训，且效果明显。

（7）积极开展规范化检修工作，大力开展自主检修，检修计划完成情况良好、检修质量良好。

第 10 章

特高压变压器状态评价与运维案例

10.1 特高压变压器的故障统计

1. 换流变压器和平波电抗器的故障分析

换流变压器和平波电抗器故障导致的非计划停运见表 10 - 1 和表 10 - 2，换流变压器和平波电抗器设备故障所导致的非计划停运占一次设备故障所致非计划停运的 8.89%。

表 10 - 1 换流变压器故障导致的非计划停运

换流站	停运时间/h	极	相/连接	故障简述	故障分类
南桥	9.67	II	A	有载分接开关压力释放保护回路接地	非电量保护
葛洲坝	17.48	I	C	有载分接开关马达电源开关故障	有载分接开关
南桥	624	I	B	有载分接开关起火	有载分接开关
葛洲坝	672	II	C	套管爆炸	套管
龙泉		II	C/Y - Y	有载分接开关压力释放继电器误动	非电量保护
政平	4.88	II	C/Y - Y	有载分接开关重瓦斯释放继电器误动	非电量保护
灵宝	218.93	022B	C	套管击穿	套管
南桥	102.5	II	C	阀侧套管爆裂	套管

表 10 - 2 平波电抗器故障导致的非计划停运

换流站	极/单元	故障简述	故障分类
葛洲坝	I	绕组冒烟	本体
葛洲坝	I	绕组冒烟	本体
政平	I	有载分接开关重瓦斯继电器勿动	非电量保护
政平	II	有载分接开关重瓦斯继电器勿动	非电量保护

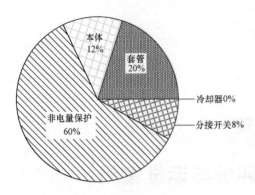

图 10-1 换流变压器和平波电抗器
引起的非计划停运计划分布

从换流变压器、平波电抗器 5 部件（本体、套管、冷却器、分接开关和非电量及其二次系统）所引起非计划停运的比较可以看出，非电量保护误动是主要原因，套管故障也占有相当大的比例，如图 10-1 所示。

非电量保护误动原因可归纳为设计、制造和运行维护环境等，主要有继电器跳闸接点回路问题（设计）；继电器密封质量问题（制造）；继电器控制箱交流电源在雷雨中波动（运行维护环境）。非电量保护误动不会导致换流变压器、平波电抗器主设备的损坏，但其发生频繁，多次导致极闭锁，成为危害直流系统安全稳定的主要因素，必须重点治理。

套管故障往往导致换流变压器长期停运。

（1）1997 年 9 月 2 日 2：17，某换流站极Ⅱ换流变压器 C 相高压套管爆炸，引燃换流变压器。其原因为套管制造工艺不良，导致主绝缘击穿而引起爆炸，套管泄漏的绝缘油燃烧引燃换流变压器。事故造成极Ⅱ停运 28 天。

（2）2008 年 12 月 21 日 11：02，某换流站极Ⅱ换流变压器 C 相阀侧套管下瓷套爆裂，造成换流变压器器身受到不同程度的污染，出线绝缘成型件等损坏，如图 10-2 所示。事故造成极Ⅱ停运 102.5h，其原因为套管质量差。

换流变压器和平波电抗器等设备的缺陷是影响换流站稳定运行的重要因素。换流站一次设备缺陷统计见表 10-3。

图 10-2 某换流站阀侧爆裂事故现场图

表 10-3 换流站一次设备缺陷统计

年份	一次设备缺陷次数					
	换流变压器	交流场设备	交流滤波器	直流滤波器	换流阀	站用设备
2002	13	93	15	7	1	10
2003	48	91	16	5	1	22
2004	125	90	34	20	4	34
2005	286	182	96	19	3	49
2006	120	46	113	13	7	38
2007	117	76	74	9	5	11
2008	101	257	135	35	4	23

由表 10-3 可以看出：换流变压器缺陷和平波电抗器缺陷占一次设备缺陷的 33.1%。

其缺陷主要表现为：设备本体、套管、冷却器及其表计渗漏油、风扇故障、异常产气、套管发热和二次回路故障等。设备异常产气是设备内部零件及其结合件故障的特征。通过分析诊断异常产气，可发现分接开关极性开关操作不到位、铁芯虚接地、阀侧套管出线对屏蔽管放电等缺陷。经检查发现故障点位于阀侧直流套管 a 的连接引线上，引线绝缘纸已烧损，损坏的区域约为 15mm²。

放电点对应的套管出线和屏蔽管内壁（转弯处）都存在放电痕迹，如图 10-3 和图 10-4所示。换流变压器、平波电抗器等油浸设备的异常产气缺陷隐蔽性强、拖延时间长，检测需耗费大量的人力物力，是系统安全稳定运行的潜在威胁。

图 10-3　套管出线表面放电的放电痕迹

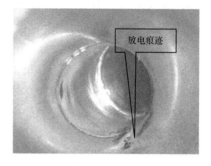

图 10-4　套管出线护套内壁上的放电痕迹

2. 换流变压器充油套管故障分析

设备的另一个缺陷是换流变压器充油套管异常发热。下面就其中两次比较典型的案例进行说明。

（1）2005 年 3 月 10 日，某换流站极 Ⅱ 换流变压器 B 相 2.1 套管红外图谱异常，局部温度过高，最高温度较正常温度高 10℃ 左右，如图 10-5 所示。对发热套管进行温升试验及套管解体分析，得到结论：连接套筒的法兰内径与电容芯子间隙（0.3mm）过小且法兰内径无导油槽，导致油自循环不畅，散热能力下降，造成套管异常发热。

（2）2009 年 2 月 4 日，某换流站极 Ⅱ 换流变压器 A 相、C 相阀侧 2.1 套管有发热现象。接近满负荷时，A、C 相 2.1 套管较 B 相 2.1 套管温度偏高 7～9.5℃（套管最高温度为45.5℃），功率降低后温度及温差均明显回降，如图 10-6 所示。套管温度偏高可能由变压器本体油温加热套管绝缘油，同时套管内部油回路不畅，散热不良引起温度升高。

图 10-5　某站阀侧套管的红外测温图片

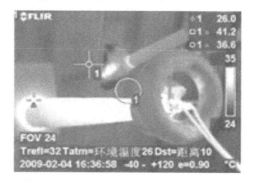

图 10-6　某站相间套管温度差不平衡

10.2　特高压变压器状态评价

10.2.1　术语及定义

对称单极柔直变压器、双极柔直变压器油浸式换流变压器的状态评价可采用权重因素法，有关术语可定义如下：

1）状态量。直接或间接表征设备状态的各类信息数据，如数据、声音、图像、现象等。本导则将状态量分为一般状态量和重要状态量。

2）一般状态量。对设备的性能和安全运行影响相对较小的状态量。

3）重要状态量。对设备的性能和安全运行有较大影响的状态量。

4）批次缺陷。经确认由设计、材质、工艺等共性因素导致的设备缺陷称为批次缺陷。如出现这类缺陷，具有同一设计、材质、工艺的其他设备，不论其当前是否可检出同类缺陷，在这种缺陷隐患被消除之前，都称为有批次缺陷设备。

5）正常状态。设备各状态量均处于稳定且在规程规定的警示值、注意值（以下简称标准限值）以内，可以正常运行。

6）注意状态。设备单项（或多项）状态量变化趋势朝接近标准限值方向发展，但未超过标准限值，仍可以继续运行，应加强运行中的监视。

7）异常状态。设备单项状态量变化较大，已接近或略微超过标准限值，应监视运行，并适时安排停电检修。

8）严重状态。设备单项重要状态量严重超过标准限值，需要尽快安排停电检修。

10.2.2　权重因素法的评价

1）状态量选取原则。选取的状态量应能直接、有效反映设备运行状况，以及发生故障的趋势。状态量的获取在技术上可行，对状态的判断有明确的标准、规范。

2）状态量构成及权重。

a. 状态量的构成。

a）原始资料。设备的原始资料主要包括：订货技术规范、铭牌、型式试验报告、设备监造报告、出厂试验报告、运输安装记录、交接验收报告、安装使用说明书等。

b）运行资料。设备的运行资料主要包括：短路冲击情况、过负荷情况、设备巡视记录、历年缺陷及异常记录、红外测温记录等。

c）检修试验资料。设备的检修试验资料主要包括：检修报告、预试报告、油色谱检验分析报告、在线监测信息、特殊测试报告、有关反措执行情况、设备技改及主要部件更换情况等。

d）其他资料。设备的其他资料主要包括：同型（同类）设备的运行、修试、缺陷和故障的情况；设备运行环境的变化、系统运行方式的变化；其他影响油浸式换流变压器安全稳定运行的因素等。

b. 状态量权重。根据设备状态量对油浸式换流变健康状态的影响程度，从轻到重分为1、2、3、4四个等级，对应不同的权重系数。权重1、权重2与一般状态量对应，权重3、权重4与重要状态量对应。

3）状态量劣化程度。视状态量的劣化程度从轻到重分为四级，分别为Ⅰ、Ⅱ、Ⅲ和Ⅳ级。其对应的基本扣分值为 2、4、8、10 分。

4）状态量扣分值。状态量应扣分值由状态量劣化程度和权重共同决定，即状态量应扣分值等于该状态量的实扣分值乘以权重系数。状态量正常时不扣分。扣分明细如表 10 - 4 所示。

表 10 - 4　　　　　　　　　　状态量的权重、劣化程度及对应扣分表

状态量劣化程度	基本扣分值	权重系数			
		1	2	3	4
Ⅰ	2	2	4	6	8
Ⅱ	4	4	8	12	16
Ⅲ	8	8	16	24	32
Ⅳ	10	10	20	30	40

5）柔性直流输电用变压器的状态评价。柔性直流输电用变压器的状态评价分为部件评价和整体评价两部分。根据柔性直流输电用变压器各部件的独立性，将其分为本体、套管、冷却系统、分接开关、非电量保护系统以及在线监测装置六个部件。本节仅列举本体和套管等部件的状态量扣分标准。柔性直流输电用变压器状态量扣分标准如表 10 - 5 所示。

表 10 - 5　　　　　　　　　柔性直流输电用变压器部件状态量扣分标准

序号	部件	分类	状态量描述	基本扣分	权重系数	应扣分值	扣分标准
1	概况	原始资料	铭牌	2	1	2	铭牌缺少或损坏，参数不清晰
			出厂试验报告	2	2	4	不完备
			施工安装记录	2	1	2	不完备
			交接试验报告	2	2	4	不完备
			竣工验收记录	2	1	2	验收发现问题、整改记录等资料不完备
			安装使用说明书	2	1	2	不完备
		检修资料	缺陷记录	2	3	6	缺陷发现、处理记录不完整、不规范
				8	3	24	在同一评价周期内发生两次重大、紧急缺陷
			检修工艺	10	3	30	检修工艺不符合公司技术要求
			检修记录	2	1	2	检修记录不完整
			试验记录	2	1	2	试验报告不完整
		其他	专项检查执行情况	4	4	16	未按照上级单位的要求开展专项检查
			反措执行情况	8	3	24	未按照上级单位的要求落实反事故措施
			备品备件库存情况	2	2	4	备品备件不齐备
			批次缺陷	4	3	12	有批次缺陷未整改，但已采取限制措施
				8	3	24	有批次缺陷未整改
		专项	运行年限	4	2	8	运行时间超过 25 年

序号	部件	分类	状态量描述	基本扣分	权重系数	应扣分值	扣分标准
2	本体	运行工况	短路电流、短路次数	2	3	6	短路冲击电流在允许短路电流的50%~70%，次数累计达到6次及以上；或短路阻抗与原始值的差异在1.6%~2%
				4	3	12	短路冲击电流在允许短路电流的70%~90%，按次扣分；或短路阻抗与原始值的差异在2%~3%
				8	3	24	短路冲击电流达到允许短路电流90%以上，按次扣分；或短路阻抗与原始值的差异大于3%
			过负荷	2	2	4	超过换流变压器固有负荷运行规定： 1）过负荷110%p.u.大于2h。 2）过负荷150%p.u.大于3s
			中性点直流电流	4	3	12	中性点直流电流超过其耐受能力，且未采取抑制直流分量的措施
		巡视检查	接线夹及引线	2	3	6	新建或扩建变电站内的一次设备线夹使用了螺接接线夹或铜搭铝接线夹
				4	3	12	引线出现扭结、松股现象
				8	3	24	引线出现断股、损伤严重、严重腐蚀等现象
			基础下沉	8	3	24	基础有轻微不均匀下沉或倾斜，不影响设备安全运行
				10	3	30	基础有严重下沉或倾斜，影响设备安全运行
			接地检查	8	3	24	换流变外壳接地不良、螺栓紧固有松动
			外观检查	2	1	2	本体出现大面油漆脱落、变色
			就地控制柜	2	2	4	箱内照明异常
				2	2	4	加热器运行异常
				8	2	16	密封不良，有进水受潮
				8	2	16	箱体内有放电痕迹，电缆进出口的防小动物措施不良
				8	2	16	接线端子有松动和锈蚀，接触不良
				8	3	24	冷却器控制箱中冷却器电源状态异常、各选择/控制开关的位置异常
			渗漏油	2	3	6	一般渗漏油（每分钟不超过1滴）
				4	3	12	一般渗漏油［一般渗漏油（每分钟大于1滴，小于12滴）］
				8	3	24	滴油（每分钟12滴及以上，未形成油流）
				10	3	30	喷油，或形成油流
			油枕胶囊	8	3	24	破损
			噪声及振动	2	3	6	噪声、振动长时间（如超过2h）异常，绝缘油色谱正常
				4	3	12	噪声、振动长时间（如超过2h）异常，绝缘油色谱异常
			红外测温	8	3	24	油箱红外测温结果异常
			呼吸器	2	3	6	吸湿器破损，或吸附剂潮湿超过2/3，或硅胶有受潮板结现象
				2	3	6	呼吸器无气泡流动
				2	3	6	油杯油位过高或过低
			本体油位	4	3	12	油位过高或过低
				2	3	6	后台油位信号与油位计指针指示油位不一致

续表

序号	部件	分类	状态量描述	基本扣分	权重系数	应扣分值	扣分标准
2	本体	试验	绕组直流电阻	10	3	30	各相绕组相互间的差别大于三相平均值的 2%，无中性点引出线的绕组，线间偏差大于三相平均值的 1%；与以前相同部位测得值折算到相同温度其变化大于 2%
			温升	8	3	24	相同负荷水平下，换流变油温变化趋势与环境温度变化趋势不相同；绕组最大温升超过 65K；绕组热点最大温升超过 80K
			铁芯接地电流	2	3	6	铁芯多点接地，但运行中通过采取限流措施，铁芯接地电流不大于 0.1A
				4	3	12	铁芯接地电流为 0.1～0.3A，色谱无异常
				10	3	30	铁芯接地电流超过 0.3A，未采取措施；或虽采取限流措施，但色谱仍呈现过热性缺陷特征（相对产气速率＜10%/月）
			铁芯绝缘	8	3	24	与以前测试结果相比有显著差别
			绕组连同套管的绝缘电阻、吸收比或极化指数	10	3	30	1）绝缘电阻值与前一次测试结果相比有显著变化，低于上次值的 70%。2）测试吸收比，其值低于 1.3；吸收比偏低时测试极化指数，低于 1.5。3）绝缘电阻大于 10000MΩ 时，吸收比低于 1.1 或极化指数低于 1.3
			绕组连同套管的介质损耗因数	2	3	6	介质损耗因数未超标准限值，但有显著性差异。（tanδ 值与历年的数值比较偏差大于 30%，或绝对值偏差大于 0.3%）
				8	3	24	介质损耗因数大于 0.6%，电容量无明显变化
			绕组变形测试	10	3	30	1）采用频率响应分析法与初始结果相比，或三相之间结果相比有明显差别，无初始记录时可与同型号同厂家对比。2）采用电抗法分析判断同一参数的三个单相值的互差和同一参数值与原始数据及上一次测试值相比之差，其差值超过注意值：横比大于 ±2%，纵比大于 ±1.6%
		色谱分析	总烃	4	3	12	总烃含量大于 150μL/L
				8	3	24	相对产气速率大于 10%/月
				10	3	30	总烃含量大于 150μL/L，且有增长趋势，总烃相对产气速率大于 10%/月，或者绝对产气速率大于 12mL/d

序号	部件	分类	状态量描述	基本扣分	权重系数	应扣分值	扣分标准
2	本体	色谱分析	乙炔	2	3	6	存在微量乙炔，含量小于 3μL/L 且无明显增长趋势
				4	3	12	乙炔含量大于 3μL/L，经分析无异常
				10	3	30	乙炔含量大于 3μL/L，经分析有异常
			氢气	4	2	8	氢气含量大于 150μL/L
				8	2	16	氢气含量大于 150μL/L，且有增长趋势，绝对产气速率大于 10mL/d
		绝缘油测试	油介质损耗因数	8	2	16	tanδ>2%
			油击穿电压	8	3	24	小于 50kV
			油中水分	8	3	24	运行中水分含量大于 15mg/L
			油中含气量	8	2	16	换流变油中含气量（体积分数）大于 3%
			油中颗粒度测试	4	2	8	100mL 油中大于 5μm 的颗粒数≥3000 个
			油中糠醛含量	4	2	8	运行年限（mg/L）：1～5 年≥0.1，5～10 年≥0.2，10～15 年≥0.4，15～20 年≥0.75
				10		20	测试值大于 4mg/L
			绝缘纸聚合度	10	3	30	绝缘纸聚合度≤250
		检修	入箱检查	10	3	30	绕组表面绝缘状态异常
				10	3	30	相间隔板和围屏有破损、变色、变形、放电痕迹
				10	3	30	绕组各部垫块有位移和松动
				10	3	30	内部引线有变形、变脆、破损、断股、过热等现象，引线与各部位之间的绝缘距离不满足设计要求
				10	3	30	内部绝缘支架松动、损坏、位移
			阀门和放气塞检查	8	3	24	本体及附件各阀门开闭不灵活或指示错误
3	套管	巡视检查	外绝缘爬电	4	2	8	爬电现象少于伞裙的 1/3
				10	3	30	爬电现象多于伞裙的 1/3
			紫外巡视	4	2	8	设备有明显放电点
			外绝缘配置	8	3	24	外绝缘爬距不满足安装地实际污秽等级要求
			瓷质绝缘破损	4	3	12	瓷质绝缘破损面积小于《高压绝缘子瓷件技术条件》（GB/T 772—2005）规定
				8	3	24	瓷质绝缘破损面积大于 GB/T 772—2005 规定

序号	部件	分类	状态量描述	基本扣分	权重系数	应扣分值	扣分标准
3	套管	巡视检查	复合外绝缘龟裂	4	3	12	轻微复合外绝缘龟裂（指压后可见）
				8	3	24	一般复合外绝缘龟裂（目测可见）
				10	3	30	严重复合外绝缘龟裂，外护套脱落
			相色检查	2	3	6	相色标志不清晰
			油位指示	8	4	32	套管油位异常
			SF_6 压力表检查	2	3	6	SF_6 压力表数字指示不清晰，表面观察窗积污
				4	3	12	SF_6 压力表外观破损，密封不良
			渗漏油检查	4	3	12	一般渗漏油（每分钟不超过 12 滴）
				8	3	24	滴油（每分钟 12 滴及以上，未形成油流）
				10	3	30	喷油，或形成油流
			末屏	10	3	30	末屏放电
				8	3	24	有渗漏油或接地不可靠、密封不良，有受潮、浸水痕迹
			气体密度表校验	8	3	24	告警、跳闸功能异常
			SF_6 气体压力	10	3	30	SF_6 气体压力低于告警值
			将军帽	8	3	24	将军帽接头连接不可靠或有损伤
			套管电流互感器	4	3	12	一般渗漏油（每分钟不超过 12 滴）
				8	3	24	滴油（每分钟 12 滴及以上，未形成油流）
				10	3	30	喷油，或形成油流
			红外测温	8	3	24	接头发热，热点温度＞55℃ 或相对温差 $\delta \geq 80\%$
				10	3	30	接头发热，热点温度＞80℃ 或相对温差 $\delta \geq 95\%$
				8	3	24	本体发热，热像特征呈现为套管整体发热热像
				8	3	24	红外测温时套管本体温度分布异常，相间温差大于 2K
				8	3	24	红外检查套管液面异常
		试验	密封性试验（SF_6 绝缘）	10	3	30	年泄漏率＞1% 或不符合设备技术文件要求注意值
			介损及电容量	8	3	24	介质损耗因数值达到标准限值的 70%，且与出厂值或上一次试验值的差超出 30%
				10	3	30	介质损耗因数值超过标准要求；电容值与出厂值或上一次试验值的差超出±3%

序号	部件	分类	状态量描述	基本扣分	权重系数	应扣分值	扣分标准
3	套管	试验	绝缘电阻	2	3	6	主绝缘的绝缘电阻值小于10000MΩ或末屏对地绝缘电阻值小于1000MΩ
			憎水性能	4	3	12	硅橡胶憎水性能HC5级
				8	3	24	硅橡胶憎水性能HC6级
			套管电流互感器	8	3	24	与初值或出厂值比较，应无明显差异
				8	3	24	DL/T 596规定
		油中溶解气体	绝缘油	8	3	24	DL/T 596规定
		SF$_6$气体绝缘	SF$_6$气体湿度	10	3	30	500μL/L＜含水量
			SF$_6$气体分解产物	8	3	24	SF$_6$气体分解产物：SO$_2$＞3μL/L；H$_2$S＞2μL/L；CO＞100μL/L
			SF$_6$气体成分分析	10	3	30	1）CF$_4$增加超过0.1%（新投运0.05%）。2）空气（氧气＋氮气）超过0.2%。3）可水解氟化物超过0.1μg/g。4）矿物油超过10μg/g。5）密度（20℃，1个标准大气压）大于6.17g/L。6）SF$_6$气体纯度小于99.8%。7）酸度大于0.3μg/g
				8	3	24	切换次数未达到厂家规定，但运行年限超出制造厂规定检修时间
			循环油泵动作次数	10	3	30	达到15000次以上时，未检修
			与前次检修时间间隔	10	3	30	超出制造厂规定检修时间间隔
			在线滤油装置	2	3	6	工作时压力、噪声、振动等有异常现象
				2	3	6	连接部分松动，有渗漏油
				8	3	24	试运转30～60min后，有载瓦斯、顶盖、滤油装置等各个排气孔排气异常
				4	3	12	在线滤油装置压力异常
			传动机构	8	3	24	调压时跳挡、滑挡或拒动
				8	3	24	电动调压卡阻
				10	3	30	极限位置闭锁故障
			控制回路	8	3	24	操作控制、信号回路异常，过电流闭锁不可靠

序号	部件	分类	状态量描述	基本扣分	权重系数	应扣分值	扣分标准
3	套管	试验	动作特性	8	2	16	DL/T 596 规定
			直流电阻	8	3	24	与初值或出厂值比较，应无明显差异
			控制回路	8	3	24	接触器等电气元件破损，接地不可靠
				10	3	30	回路接线端子绝缘电阻测量不符合要求
			油压	8	3	24	油温在 25℃以上时，油压大于 3.5bar 且小于 4.0bar
				10	3	30	油温在 25℃以上时，油压大于 4.0bar
			油击穿电压	8	3	24	DL/T 596 规定
			油色谱检测	10	4	40	油色谱数据有异常（真空有载分接开关适用）
			绝缘油含水量	10	3	30	DL/T 596 规定
		检修	吊芯检查	8	3	24	过渡电阻值，与铭牌数据相比偏差值大于±10%
				8	3	24	试验不符合 DL/T 574—2010《有载分接开关运行维护导则》的相关规定
				8	3	24	各触头编织软连接有断、股散股
				10	3	30	分接变换超过厂家规定值
				8	2	16	动作接点未接入信号回路
				8	2	16	结合大修或必要时进行校验，发现动作值异常
			油流（压力）继电器	4	3	12	一般渗漏油（每分钟不超过 12 滴）
				8	3	24	滴油（每分钟 12 滴及以上，未形成油流）
				10	3	30	喷油，或形成油流
				8	2	16	继电器定值校验不符合厂家规定
				8	3	24	视窗镜有裂纹
			速动油压继电器	4	3	12	一般渗漏油（每分钟不超过 12 滴）
				8	3	24	滴油（每分钟 12 滴及以上，未形成油流）
				10	3	30	喷油，或形成油流
				10	3	30	油压速动继电器发信号
				10	3	30	油压速动继电器动作
			气体（瓦斯）继电器	4	3	12	绝缘电阻<1MΩ（采用 1000V 绝缘电阻表）
				10	3	30	告警、跳闸信号试验异常
			压力释放阀	4	3	12	二次回路绝缘电阻不合格
				8	3	24	动作信号试验异常
			温度计	8	2	16	温度计指示异常，二次回路绝缘电阻不合格
				4	3	12	温度计未进行定期校验

6）柔性直流输电用变压器部件的状态评价方法。柔性直流输电用变压器部件（仅列举概况、本体和套管）的评价应同时考虑单项状态量的扣分和部件合计扣分情况，部件状态评价标准见表 10-6。

当任一状态量单项扣分和部件合计扣分同时在表 10-6 规定的正常状态范围内时，视为正常状态；当任一状态量单项扣分或部件所有状态量合计扣分达到表 10-6 规定注意状态时，视为注意状态；当任一状态量单项扣分达到表 10-6 规定异常状态或严重状态时，视为异常状态或严重状态。

表 10-6　　　　　　　　　油浸式换流变压器部件状态与评价扣分对应表

序号	扣分与状态 概况及部件	正常状态（同时满足以下两项条件）		注意状态（满足以下两项条件之一）		异常状态	严重状态
		合计扣分	单项扣分	合计扣分	单项扣分	单项扣分	单项扣分
1	概况	<30	<10	≥30	12～16	24	≥30
2	本体	≤30	<10	>30	12～20	24	≥30
3	套管	≤20	<10	>20	12～20	24	≥30

7）柔性直流输电用变压器整体评价。柔直变压器应符合 GB/T 1094.1—2013《电力变压器　第 1 部分：总则》中所规定的使用条件，但其中明显不适用于柔直变压器或本标准中另有规定时除外。若无其他说明，均假设柔直变压器是在近似对称的三相系统中运行的。如果柔直变压器的任何部件（如阀侧套管）伸入阀厅内，除正常环境温度外，还应规定阀厅内的最高温度。

当所有部件评价为正常状态时，整体评价为正常状态；当任一部件状态为注意状态、异常状态或严重状态时，整体评价应为其中最严重的状态。整体评价总评分为各部件总扣分之和。特殊情况下，应在工程技术规范中提出，并应在设计时充分考虑。

10.3　运维管理案例

1. 油色谱在线监测的原理与应用

（1）油色谱在线监测原理。变压器油色谱在线监测系统是指在不影响变压器运行的条件下，对其安全运行状况进行连续或定时自动监测的系统。变压器油色谱在线监测系统主要分为单组分、多组分气体在线监测两大类，目前使用较多的是多组分气体在线监测。

1）系统组成。变压器油色谱在线监测系统由在线色谱监测柜（内带 10L 载气钢瓶）、后台监控主机、油色谱在线分析及故障诊断专家系统软件、变压器阀门接口组件以及不锈钢油管几部分组成；主要包含了气体采集模块、气体分离模块、气体检测及数据采集模块、图谱分析模块等。

2）工作原理。气体采集模块实现变压器油气分离的功能。在气体分离模块中，气体流经色谱柱后实现多种气体的分离，分离后的气体在色谱检测系统中实现由化学信号到电信号的转变。气体信号由数据采集模块采集后通过通信口上传给后台监控系统，该系统能进行色谱图的分析计算，并根据集体标定数据自动计算出每种气体的浓度值。故障诊断系统根据气体浓度值，用软件系统内的变压器故障诊断算法自动诊断出变压器运行状态，如发现异常，系统能诊断出变压器内部故障类型并给出维修建议。其工作流程如图 10-7 所示。

图 10-7　油色谱在线监测流程图

（2）换流变压器油色谱在线监测的应用。

1）应用情况。南方电网±800kV 楚穗直流输电工程因每极分为高端阀组及低端阀组，故其换流变压器的数量比普通的换流站多出数倍，巡检及取油样工作量非常大，且南方夏天温度较高，换流变压器本身产生的热量也非常大，给巡检和取油样工作增加了困难。而且该工程输送功率较高，满负荷达到 5000MW，换流变压器若出现故障对电网影响较大。综合考虑，在该工程安装了油色谱在线监测装置，实时监测换流变压器的运行情况。在±500kV 兴安直流输电工程中，其终端宝安换流站所处深圳，直流电转变成交流电后，直接通过宝安换流站内 3 台主变压器送出负荷至深圳各地。根据超高压输电公司最新反事故措施，220kV 及以上主变压器也需安装油色谱在线监测装置，故在宝安换流站换流变压器安装了油色谱在线监测装置，3 台主变压器也装设了油色谱在线监测装置，不仅能实时监测换流变压器及主变运行情况，而且还能对比分析数据，有利于监控运行工况更为恶劣的换流变压器。

2）数据分析。变压器故障种类不同时，其内部产生的气体也不一样。具体包括以下方面：

a. 过热性故障是由于设备的绝缘性能恶化、油等绝缘材料裂化分解，所以产生的故障气体主要是 CO 和 CO_2。

b. 放电性故障是设备内部产生电效应（即放电）导致设备的绝缘性能恶化，又可按产生电效应的强弱分为高能放电（电弧放电）、低能量放电（火花放电）和局部放电三种，产生的气体主要为乙炔、氢气，其次是甲烷、乙烯等烃类气体。

c. 变压器绝缘受潮时，其特征气体 H_2 含量较高，而其他气体成分增加不明显。

表 10-7 为 2012 年 4 月某几日宝安换流站 500kV 1 号主变压器 A 相和 500kV 极 2 换流变压器 Y/△ A 相的在线数据，无论是 CO、CO_2，还是总烃类气体，换流变压器数据都要比主变压器大得多。这是因为换流变压器的运行环境比主变压器恶劣，一般运行温度在 60℃～70℃，而主变压器因为负荷变化，温度保持在 50℃左右。且换流变压器处于交直流变换的关键部位，其绝缘材料老化速度也不一样。

表 10-7　　　　　　　　　　500kV 主变及换流变在线数据对比　　　　　　　　　　单位：μL/L

设备	时间	H_2	CO	CH_4	C_2H_4	C_2H_6	C_2H_2	CO_2	总烃
1 号主变压器 A 相	04.08	0.87	94.11	2.4	0.07	0.17	0	526.4	2.7
	04.05	0.93	88.52	2.9	0.09	0.17	0	581.2	3.2
	04.03	0.70	77.21	1.96	0.05	0.17	0	493.5	2.3
	04.01	0.79	83.49	2.23	0.04	0.27	0	526.4	2.5

设备	时间	H_2	CO	CH_4	C_2H_4	C_2H_6	C_2H_2	CO_2	总烃
极 2 换流 变压器 Y/△A 相	04.08	1.1	117.1	13.38	1.67	2.09	0	4837.5	17.2
	04.05	1.39	206.1	13.87	1.06	1.92	0	5212.5	16.9
	04.03	0.78	86.9	9.19	1.28	1.59	0	4762.5	12.1
	04.01	0.89	89.37	10	0.85	0.99	0	4837.5	11.8

（3）案例分析。2004 年 07 月 18 日某换流站极 2C 相换流变压器（N408136）的定期油试验结果中，油色谱分析总烃、氢气和乙炔严重超标见表 10 - 8，复测后退出运行。为查出故障原因，对其进行了相关的电气试验：绕组的直流电阻、铁芯及夹件的绝缘电阻、绕组

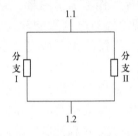

图 10 - 8　绕组 1.1 - 1.2
简图

的变比和极性测量、空载损耗测量、潜油泵试验（含潜油泵电机绝缘电阻测量、潜油泵声音检查、潜油泵电机启动电流测量）、绝缘油试验（含介损及油击穿强度试验）等。分析、比较试验数据后认为，造成其油色谱数据超标的原因来自变压器绕组本身。为进一步确定故障原因和位置，重点对绕组的直流电阻进行了测量，包括分别测量网侧绕组 1.1 - 1.2 两个分支的直流电阻，如图 10 - 8 所示。

通过试验，分支 I 的直流电阻与出厂值相近，分支 II 的直流电阻已明显高于出厂值，从而造成整个网侧绕组（1.1 - 1.2 端）的直流电阻也明显高于出厂值。由此可以判断，网侧绕组的分支 II 存在故障并导致换流变油色谱数据超标，决定更换网侧分支 II 的绕组。

表 10 - 8　　　　　　换流变压器油色谱试验及规程注意值　　　　　　单位：μL/L

ψ(B)	CH_4	C_2H_4	C_2H_6	C_2H_2	H_2	CO	CO_2	总烃
试验室	1572	5427	1363	28	2546	500	3340	8390
注意值	—	—	—	5	150	—	—	150

为了验证故障判断的正确性，对换下的网侧分支 II 绕组进行了解剖。吊出调压绕组、剥开基本绕组绝缘纸板后发现，基本绕组下部第 60 焊点处有严重烧伤痕迹，绝缘全部炭化，周围区域也有炭化痕迹，导线上出现明显断点，断点如图 10 - 9、图 10 - 10 所示。解剖证明通过试验判断的换流变压器故障类型及处理是正确的。

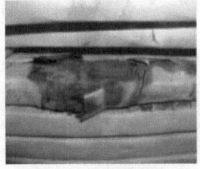

图 10 - 9　基本绕组发热点

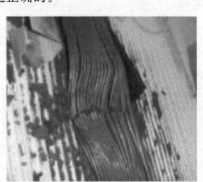

图 10 - 10　导线上的断点

由于换流变压器其自身的特点及工作环境的恶劣，通过以上案例，更加说明换流变压器装设油色谱在线监测装置的必要性。

2. 换流变压器油色谱在线监测的运维管理

(1) 运维现状。在实际生产中，换流站油色谱在线监测装置由专业的检修人员进行维护管理，并不属于换流站站内值班人员管理及维护。站内值班人员并不了解该装置的工作原理及实际应用效果，也就不能及时地发现该装置存在的问题及其监测的换流变的运行工况。并且，专业检修人员定期对变压器取油样，然后做实验分析换流变内部运行情况，而不是根据油色谱在线监测装置的结果来判断换流变的运行工况，因此，该装置并没有发挥其应有的作用。

(2) 暴露的问题。

1) 告警信号未接入后台。对于油色谱在线监测装置，运行人员以普通用户权限登录查看通信是否正常，并未规定每天都要登录网站查看数据，加上告警信号并没有接入后台监控程序，这样就存在变压器在故障形成期间没有被觉察的隐患。因此，有必要将告警信号通过测控接入后台，以便第一时间发现变压器异常运行状态。

2) 回油管道阀门存在渗油问题。该装置运行初期存在比较严重的渗油问题。时值冬季，早晚温差变化大，造成阀门法兰垫圈老化密封不好，造成渗油现象存在。

3) 运行人员对装置重要性认识有欠缺。实际工作中，运行人员很少关注该装置的运行情况，平时巡检只是关注该装置是否正常通信，对于其监测的气体成分变化缺乏具体的分析，这将弱化油色谱在线监测装置的监测作用。

4) 载气管理。变压器油色谱在线监测系统所使用的载气多为高纯氮气，一般使用高纯氮气瓶作为载气源。钢瓶中的氮气量是有限的，使用一段时间后就会发生高纯氮气用完或欠压无法进行检测的情况，虽然有载气压力指示，但是等载气压力指示欠压再联系厂家更换气瓶需要较长时间，在线监测系统监测功能的连续性就无法保证。变压器油色谱在线监测系统每次检测所消耗的高纯氮气量基本相同（排除漏气的情况），而高纯氮气瓶所含气量也是一定的，可以通过简单计算估计一瓶高纯氮气可以使用的时间，准确记录气瓶更换时间，在高纯氮气用完之前提前 1～2 周更换气瓶，从而保证系统连续稳定运行。在换流站场地允许的情况下，可以考虑采用大容量的高纯氮气瓶，以减少气瓶的更换次数。

(3) 技术展望。国内外目前对单组分气体或混合气体多组分实施离线监测技术研究较多，大多产品已商品化，而多组分气体，特别是六种及以上组分的在线监测技术尚处于成长期，还有待进一步研究和完善：

1) 国内变压器油色谱在线装置的商品化产品并不多，现有在线测量装置大多采用色谱加热导检测，结构复杂，维护起来麻烦，造价较高，投运率不高，需要进一步提高技术水平。

2) 在运设备的稳定性和可靠性需要进一步提高，使设备在室外各种天气环境和干扰下长期、安全、稳定地工作。

3) 现有的在线监测装置的故障诊断功能较为简单，需要进一步完善，综合各方面数据与经验，使故障诊断更加智能化。

4) 国内对实验室的油气色谱装置制定了相应的行业标准，而对换流变压器油纸绝缘老化特征及判据还有待进一步研究。

10.4 特高压变压器运维案例分析

1. 500kV 换流变阀侧套管开裂漏气故障分析及处理

（1）缺陷介绍。2016 年，某站检修人员检查发现换流变 C 相 2.1 套管、A 相 3.1 套管气体压力偏低，通过红外成像 SF_6 检漏仪发现该套管近升高座法兰与金属筒连接拐角处上

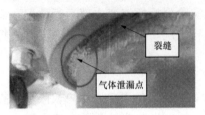

半侧存在裂缝，SF_6 气体从裂缝中漏出，如图 10-11 和图 10-12 所示。

图 10-11 某站换流变 C 相 2.1 阀侧套管法兰根部开裂漏气

（2）故障分析。综合阀侧套管法兰开裂情况，2.1/2.2 套管根部法兰主要裂纹位置在法兰的上半部，以 12 点钟方向为中心向两边扩展。3.1/3.2 套管法兰的裂纹扩展形式分为三种，裂纹位置仅出现在 12 点钟方向加强筋焊接位置处；加强筋两侧出现裂纹扩展；加强筋焊接处开裂，裂纹由法兰 12 点方向向两侧扩展。

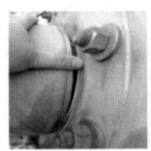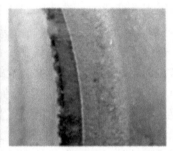

图 10-12 某换流变 A 相 3.1 阀侧套管法兰根部开裂

经查阅图纸，法兰铸件使用的金属材料为 6082 铸铝合金。由于该型号铸件材料在 T6 态下的拉伸强度和屈服强度分别为 310MPa 和 260MPa。套管法兰由法兰盘和法兰筒两部分经过氩弧焊焊接而成，经过焊接后，热影响区的性能较差，焊缝和母材的性能较好，从之前的分析可知，断裂未发生在焊缝区域，而是发生于法兰的根部，因此需要考察热影响区的力学性能。从晶相上看，母材组织和焊缝组织相同，均为 α-Al 与第二相粒子，但第二相粒子稍少，并未发现过烧、夹杂等缺陷。

采用线切割方式从大法兰上制取片状拉伸试样，经拉伸试验后获得母材与热影响区的抗拉强度与延伸率。通过拉伸试验发现，2.1/2.2 套管法兰母材与热影响区的抗拉强度相当，但热影响区的延伸率较低，3.1/3.2 套管法兰母材的抗拉强度高于热影响区的抗拉强度，但两者的塑性相当。综合考虑 2.1/2.2 和 3.1/3.2 套管法兰试验结果，相比母材特性，热影响区拉伸强度平均下降 264MPa，下降幅度约为 10%，拉断伸长率均值为 13.05，下降约 7%。但热影响区的力学性能都比母材力学性能低，而断裂发生在力学性能较差的位置，而力学性能较差时，疲劳性也会变差。

从套管的结构设计和应力分析可知，运行时法兰长期运行于弯矩应力情况下，法兰拐角处最大应力处于法兰开裂的起始位置基本一致。由于拐角处的应力小于铸件材料的屈服

强度，在静载时法兰不会发生开裂。

综上所述，该阀侧套管法兰开裂的根部原因：法兰结构设计不合理，安全裕度偏低，法兰拐角处曲率偏小、应力集中，长期运行过程中受到弯矩与振动载荷作用，在应力集中位置产生裂纹，最后导致疲劳断裂。

（3）修复方案。综合考虑修复工期、修复效果、修复风险和可操作性，可采用在套管法兰盘根部增加加强筋的修复方法。为了选取最优的加强筋安装位置方案，通过模拟试验对多种位置方案的应力改善效果进行了实测，随着加强筋个数的增加和厚度的增加，法兰拐角处最大应力呈下降趋势。加强筋连接方案应能够在现场实施，无需移动换流变或拆除套管，加强筋的连接强度要满足受力要求，连接过程中不会给套管或附近带来其他风险。综合考虑修复质量、狭小的作业空间、套管内部的温升限制等因素，采用冷金属过渡焊法。

基于 3.1/3.2 套管优化，调整加强筋厚度为 20mm，且仅在套管上半部焊接加强筋。在套管端部施加不同的静载荷，通过应变片测量不同载荷下的应力，比较加强筋前后的应力差异。试验发现，增加加强筋后，其机械性能明显增强。焊接加强筋后，又对套管进行了绝缘电阻、直流电阻、介损和电容量、局放以及耐压等试验，试验结果合格。

2. 导电管断裂引起的变压器高压套管故障分析

（1）套管故障简述。某 110kV 三绕组自冷变压器，型号为 SSZ11 - 50000/110，高压侧套管为油纸电容式套管，型号为 BRDLW - 126/630 - 4。

1）保护动作情况。

16 时 56 分 09 秒 8 毫秒，故障录波启动，波形图显示 110kV，A 相电压明显下降（接近 0V），A 相电流一次达到 3641A，故障时间持续 44ms。

16 时 56 分 09 秒 11 毫秒，主变压器 B 套差动保护启动，8ms 差动动作。

16 时 56 分 09 秒 14 毫秒，主变压器 A 套差动保护启动，8ms 差动动作跳闸。

16 时 56 分 09 秒 122 毫秒，主变压器本体重瓦斯动作，主变压器本体智能终端本体重瓦斯、本体轻瓦斯和压力释放动作均亮起。

2）现场检查情况。现场检查发现，主变压器本体平台、油池和四周路面均有明显的喷出的油迹，高压侧 A 相套管储油柜与上瓷套结合处发生错位，错位处密封件被挤压突出，套管储油柜已松动。B、C 相套管外观无异常。主变压器本体压力释放阀已动作。

采集主变压器下、中部油样进行油色谱分析，并与故障前最后一次数据比较，结果见表 10 - 9。数据显示乙炔、氢气、总烃含量均严重超标。三比值法编码为 202，判断故障性质为低能放电。

表 10 - 9　　　　　　　　　　油色谱检测结果　　　　　　　　　　单位：μL/L

取样	甲烷	乙烯	乙烷	乙炔	氢气	一氧化碳	二氧化碳	总烃
故障前取样	1.10	0.19	0.26	0	12.34	61.45	301.27	1.55
故障后下部	84.42	136.8	10.45	542.7	599.1	128.48	472.79	774.49
故障后中部	100.8	169.5	13.15	646.71	633.82	136.02	504.29	930.2

故障后对高、中、低压侧绕组进行了变形测试，中、低压侧绕组变形测试曲线与故障前最后一次测试结果基本一致，高压侧绕组变形曲线与故障前最后一次测试结果在中频段

有较明显的差异，说明高压绕组有轻微变形现象。

故障后高压侧绕组直流电阻测试结果见表 10 - 10。可见故障前后高压绕组直阻测试数据基本一致，相间互差未超过 2％，依据《输变电设备状态检修试验规程》，直流电阻测试结果正常。

表 10 - 10　　　　　　　　　　故障后高压侧绕组直流电阻测试结果　　　　　　　　单位：GΩ

位置		挡位 1	挡位 2	挡位 3	挡位 4	挡位 5
A 相	前	456.1	449.9	443.7	437.5	431.5
	后	451.4	445.4	439.1	433.1	427.1
B 相	前	456.7	450.9	444.8	438.8	432.8
	后	453.3	447.1	441.0	435.0	429.0
C 相	前	429.2	453.1	446.9	440.6	433.6
	后	455.5	449.6	443.3	437.4	431.3
互差/%	前	0.68	0.71	0.72	0.71	0.49
	后	0.9	0.94	0.95	0.99	0.98

进行零相套管介损试验时，试验过程正常，试验结果合格；进行 A 相套管试验时，加压到 5kV 时可以听到末屏有悬浮放电声，判断发生了断续放电现象，仪器无法采集到末屏电流信号；进行 B 相套管试验时，升压过程中有放电声，试验结果合格；进行 C 相套管试验时，升压过程放电声增大，测量无法完成。

综合分析以上试验结果，初步判断变压器内部发生了放电，产生了大量的乙炔和烃类特征气体；变压器高压侧绕组存在轻微变形，但未出现短路、断股等现象；高压侧 A 相套管主绝缘末屏与外部引出端之间接触不良；B、C 相套管试验过程中产生放电，可能是变压器油中气体含量超标的原因，也可能是引线绝缘受到污染破坏的原因，需要进一步解体检查确认。

3）返厂解体检查情况。对变压器进行返厂解体检查。发现高压侧 A 相套管导电管在其与压圈的螺纹连接处断裂，断面新鲜整齐，如图 10 - 13 所示。在断口附件有 6 个放电烧蚀点，如图 10 - 14 所示。套管末屏引线在其与末屏的连接处断裂，如图 10 - 15 所示。电容芯子在末屏引线处被彻底击穿碳化，如图 10 - 16 所示。

图 10 - 13　导电管与压圈的螺纹连接处的断裂面

图 10 - 14　导电管断口附近的烧蚀点

图 10-15　末屏引线在其与末屏的连接处断裂

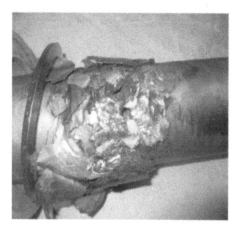

图 10-16　电容芯子在末屏引线处彻底击穿碳化

（2）故障原因分析。综合考虑保护动作情况、现场检查情况和返厂解体情况，分析本次故障的直接原因是 A 相高压套管导电管由于局部材质质量问题断裂，弹簧释放，使套管成为一体的轴向压紧力失去，失去弹簧作用后，套管整体性被破坏，密封失效，套管储油柜松动，套管储油柜与上瓷套结合处发生错位，错位处密封件被挤压突出；套管芯子整体下坠，下坠过程中，断口放电烧蚀；末屏引线被拉断裂，末屏失地，末屏引线处电容芯子被击穿碳化；导电管下部对金属套筒放电造成下瓷套内电容芯子大面积击穿碳化。套管密封破坏后，套管中的油和放电产生的气体进入变压器本体，从而引起重瓦斯动作，压力释放阀动作。

为进一步验证，从库存导电管中选取断裂导电管的同批次产品，进行导电管性能试验。发现导电管性能分散性较大，部分导电管机械强度不满足要求。故障套管导电管为铝合金管，规格为 $\phi 46 \times 5.5$，端部加工外螺纹 M45×2。套管储油柜内弹簧的正常工作力在 40～60kN，作用到导电管螺纹部位（最薄弱处）最大强度为 128MPa。合格导电管的抗拉强度不小于 380MPa、屈服强度不小于 255MPa；而缺陷导电管在机械性能试验时无明显屈服点，抗拉强度在 260～300MPa。

参 考 文 献

[1] 刘振亚. 全球能源互联网 [M]. 北京：中国电力出版社，2015.

[2] 刘振亚. 特高压交直流电网 [M]. 北京：中国电力出版社，2013.

[3] 康重庆，夏青，刘梅. 电力需求预测 [M]. 北京：中国电力出版社，2017.

[4] 国网能源研究院有限公司. 全球能源分析与展望 [M]. 北京：中国电力出版社，2018.

[5] 国网北京经济技术研究院. 电网规划设计手册 [M]. 北京：中国电力出版社，2016.

[6] 刘振亚. 中国电力与能源 [M]. 北京：中国电力出版社，2012.

[7] 国网宁夏电力有限公司中卫供电公司. 新能源并网及调度运维 [M]. 北京：中国电力出版社，2021.

[8] 国网浙江电力有限公司. 特高压交流变电站运维技术 [M]. 北京：中国电力出版社，2020.

[9] 刘泽洪. 大容量特高压直流输电技术 [M]. 北京：中国电力出版社，2022.

[10] 中国南方电网超高压输电公司. 高压直流设备基础 [M]. 北京：中国电力出版社.

[11] 孙勇，陈晓鹏. 特高压多端直流主设备品控技术与应用 [M]. 北京：中国科学技术，2022.

[12] 程建登. 特高压直流运维技术体系研究及应用 [M]. 北京：中国电力出版社，2017.

[13] 周浩. 特高压交直流输电 [M]. 杭州：浙江大学出版社，2017.

[14] 张燕秉，郑劲，汪德华，等. 特高压直流换流变压器的研制 [J]. 高电压技术，2010，36（01）：255 - 264.

[15] 汤广福，罗湘，魏晓光. 多端直流输电与直流电网技术 [J]. 中国电机工程学报，2013，33（10）：8 - 17＋24.

[16] 舒印彪，刘泽洪，高理迎，等. ±800kV 6400MW 特高压直流输电工程设计 [J]. 电网技术，2006，4（01）：1 - 8.

[17] 李清泉，王良凯，王培锦，等. 换流变压器油纸绝缘局部放电及电荷分布特性研究综述 [J]. 高电压技术，2020，46（08）：2815 - 2829.

[18] 张施令，彭宗仁. ±800kV 换流变压器阀侧套管绝缘结构设计分析 [J]. 高电压技术，2019，45（07）：2257 - 2266.

[19] 廖瑞金，王季宇，袁媛，等. 换流变压器下新型纤维素绝缘纸特性综述 [J]. 电工技术学报，2016，31（10）：1 - 15.

[20] 程建登，吴斌，毛文俊，等. 特高压换流站故障统计与反措 [J]. 高压电器，2018，54（12）：292 -298.

[21] 齐波，魏振，李成榕，等. 交流与直流电压比例对油纸绝缘内部气隙放电特性影响分析 [J]. 中国电机工程学报，2015，35（01）：247 - 254.

[22] 刘昌，邵山峰，廖瑞金，等. 特高压换流变压器绝缘油老化特性研究 [J]. 高电压技术，2019，45（03）：730 - 736.